相対論の正しい間違え方

相対論の正しい間違え方

パリティ編集委員会編（大槻義彦責任編集）
松田卓也・木下篤哉 著

丸善株式会社

CONTENTS

第1章　歴史編 ———— 1
第2章　同時の相対性編
　　　　——ニュートンの時間とアインシュタインの時間———— 9
第3章　光速度不変編 ———— 21
第4章　速度の合成編 ———— 39
第5章　エーテル編 ———— 52
第6章　加速度運動編 ———— 74
第7章　ローレンツ収縮編 ———— 93
第8章　一般相対論編 ———— 111
第9章　質量増加編 ———— 137
第10章　幾何光学編 ———— 153
第11章　双子のパラドックス編 ———— 166
第12章　科学的方法論編 ———— 204

あとがき ———— 223
索引 ———— 226
著者紹介 ———— 230

歴史編

　相対論の話題には何度も登場するお約束のネタというものがある。独立にいろいろな人が疑問に思い，いろいろな人が解説を試みているが，その間違え方やパラドックスと思う部分には一定のパターンがあり，端で見ているほど多岐にわたっているわけではない。ただし，同じネタや同じ間違いであっても，提唱者の反応は多岐にわたっており，「どこを間違えたのだろうか？」と自分の思考手順を再考する人もいれば，「相対論は間違っていることを発見した」と喜ぶ人もいるのがおもしろい。

　そこで本論では，多くの人が陥っていると思われる部分を，多数決で考えて「正しい間違い」と規定して紹介してみる。なお，この「正しい間違い」を知るには，相対論の教科書や啓蒙書より，むしろ，相対論は間違っていたと主張する本の方が，いろいろな間違いが載っていて参考になる[1]〜[4]。それらの本を独自に論破できれば，より知識が深まること受け合いである。

　基本的に科学史のことは，科学そのものの理論や実験とは関係ない。しかし，歴史的経緯を知らないがゆえに，無用な勘違いが多いのも事実である。そこで，とくに目立ったものを歴史編として集めてみた。肩慣らしとしてどうぞ。

【正しい間違い1-1】
　特殊相対論はそれまで誰も考えなかったような，アインシュタイン独自のアイデアである。

　まあこれは間違いとはいえないものだが……。事実，アインシュタイン（A.

Einstein)は独自の考えで論文を書いており，1905年の論文(6月論文と9月論文の2つがある)中には引用された科学論文は1編もない[*1]。アインシュタイン自身は16歳からほぼ丸10年の間，時間に関する考察を続け，独自に特殊相対論をつくり出したのは間違いない事実である。しかし，いくら独自に法則を発見したとしても，それがすでに発見されていたものならば単なる再発見となってしまう。さて，特殊相対論はどうだったか？

まず，モノサシが縮んだり時計が遅れたりする原因となるローレンツ変換であるが，アインシュタインは論文の中で一から導出している[*2]。そりゃそうだ。引用論文がまったくないのだから，「くわしい導出法はこれこれを参照のこと」なんて書けない。

このローレンツ変換がアインシュタイン以前に存在しなかったオリジナルかどうかは，説明するまでもないだろう。もしアインシュタインのオリジナルならば，アインシュタイン変換という名前が付いているはずである。つまり，ローレンツ変換は確かにアインシュタインが独自に解いているけれども，それは再発見であったわけだ！

では，ローレンツ変換はローレンツ(H. A. Lorenz)の発明であるのか？ この疑問には少し説明を要する。ローレンツ変換を初めて表したのはアインシュタインでもローレンツでもなく，フォークト(W. Voigt)であり，1887年のことだった。

その後独自にローレンツ変換を導いた人は，1889年にフィッツジェラルド(G. F. FitzGerald)，1899年にローレンツ[*3]，1900年にラーモア(J. Larmor，書き上げたのは1898年)など……。もちろん独自でなくとも，それを応用した実験や理論は多々あり，電磁気学的な分野では特殊相対論発表以前に日常的に使われていた。ローレンツ変換を独自に解いたことだけ考えれば，アインシュタインの理論はフォークトの主張から18年も遅れての提案であり，この期間はロッキード事件が発覚してから最高裁判所の判決が出るまでの期間ほどあるわけで，「いまさら何を……」ということになったはずである。

続いて，特殊相対論で初めていわれ始めたとされる時間の相対性——すなわち，時間は宇宙全体で一元的に流れているのではなく，おのおのの慣性系によって流れ方が違うというような認識は1905年以前にあったか？

これもあった。まずはローレンツ変換がすでにあったのだから，別々の慣性系

の時間 t と t' との関係はわかっていて，これを局所時間と控えめに述べていた。そして，これが単に数学的な便宜上のものなのか，物理的な意味をもつものなのかという話があった。また，1898年の段階でポアンカレ(H. Poincaré)は「時間の測定」という論文の中で，時間の同時性についての考察を行っており，2つの事象の間にある同時性やその順序について言及している。

1904年のセントルイスでの講演でポアンカレは，エーテルの絶対的運動の検出は光学的手段では不可能であろうと述べている。この講演では，相対性原理が述べられ，ローレンツ収縮，速度によって変化する質量，光速度が超すことのできない最高速度であろうことなどが含まれていて，この後アインシュタインの出番があるのかと心配になってしまうほどだ。光を交換することによる2つの事象間の時計の比較の考察まである。

ようするに特殊相対論は，アインシュタインの登場以前に数学的にはもちろん，物理的な概念としても生まれつつあった。あとは，熱力学で登場した熱素説のように，エーテル説が次第に不要なものとして消えていくことになったであろう。特殊相対論の登場のタイミングは絶妙で，数年遅ければ特殊相対論はアインシュタインのものではなかったかもしれない。

……と，ここまでいうと「ローレンツがつき，ポアンカレがこねた相対論。やすやすと食うはアインシュタイン」みたいになってしまい*4，アインシュタインがかわいそうなので(^_^;)，少しフォローする。

それまでのローレンツ変換の導出は，実際に行われた実験結果をどうすれば説明できるかという問題が先にあり，実験式としてまず登場した。アインシュタインの導出法はその逆である。まず，基本となる公理をデンともってくる。そこから演繹的に実験結果を説明する式を引っぱり出すのである。

いきなりだが，人物の彫刻をつくることを考えてみよう。たぶん，初めての場合は見たままを忠実につくろうとし，まるで生体写真機になったが如く写そうとする。これをやると途中で測量ミスが発生して，顔の一部の比率が狂うことが多い。さてさて，本職(？)の彫刻屋サンはこんな測量技師のようなつくり方はしない。まずは骨格を"眺め"る。もちろん透けて見えているわけではないが……。そしてそれを踏まえて肉づけをする。彫刻がどうもヘンだという場合，その骨格まで考慮すると，脱臼したり，骨が外に出ていたりするわけである。

アインシュタイン登場以前，相対論という"人物彫刻"はすでにでき上がっていたが，粘土でつくった人形のようなもので，そういう形になる必然性がわからなかった。人間の形をしたナマコのようなものだった。アインシュタインはその人形の形状の説明に，内部にこのような骨があるからだということを示し，それに肉付けをし，説明したのである。それは現物からの複写ではなく，基本公理からの創造だった。

　相対性原理と光速度一定の基本原理だけからローレンツ変換を導き出したのは，確かにアインシュタインが初めてだったのである。

【正しい間違い1-2】
　特殊相対論はマイケルソン（A. A. Michelson）-モーレー（E. W. Morley）の実験をふまえて構築された。

　ほとんどの相対論の啓蒙書は，次のような順序で特殊相対論の登場の経緯を解説している。光波を伝える媒質としてのエーテル仮説がまず登場する。続いて，エーテルの流れを検出するためのマイケルソン-モーレーの実験の説明があり，これでエーテルが発見されなかった理由としてローレンツの収縮仮説が登場。ところが，すでに観測されていた光行差現象はエーテル中を地球が運動していることを示していて，矛盾した結果となった。八方ふさがりでみんながウンウンと唸っているときに，さっそうと特殊相対論が発表されるというシナリオである。

　歴史的にはこのとおりであるが，特殊相対論がまるでマイケルソン-モーレーの実験を説明するためにつくられたように受け取られることが多いようである。極端な話，アインシュタインはマイケルソン-モーレーの実験結果を信じて，それに理論的に合うようにローレンツ変換式を導いたと勘違いされている場合も少なくない。

　マイケルソン-モーレーの実験（1887年）を踏まえてそれぞれ独自に収縮仮説を発表したのは，フィッツジェラルドとローレンツである（1892年）。よって，マイケルソン-モーレーの実験を踏まえてつくられたというならば，この2人の理論にこそふさわしい表現である。

　肝心のアインシュタインはというと，特殊相対論の中ではマイケルソン-モー

レーの実験のことはふれられておらず,「特殊相対論の発表以前(1905年以前)には実験を知らなかった」とまで述べている[*5]。アインシュタインが参考にしたのは,恒星からの光行差現象と,水中の光速度の変化を調べたフィゾー(A. H. Fizeau)の実験であった。

【正しい間違い1-3】
　マイケルソン-モーレーの実験のようなエーテル検出実験は,19世紀末から20世紀初頭に行われた古臭い実験で,現在は行われていない。

　物理実験は2種類に分かれるといえる。「何かが起こることを確認する実験」と,「何も起こらないことを確認し続ける実験」である。
　マイケルソン-モーレーの実験は,電磁気学で有名なマクスウェル(J. C. Maxwell)の手紙がマイケルソンの目に止まったことに端を発する。マクスウェルはエーテル流を発見するため,木星の衛星の食を利用した天文的規模の観測を考えたが,十分な観測はできず,実際の解析をするまでには至らなかった。このときマクスウェルが木星の観測データを求めた相手が米軍海事局局長のトッド(D. P. Todd)であり,彼宛の手紙の中に,地球上でのエーテル測定実験は不可能だという考えが書かれていたのである。
　このトッド宛の手紙をどうしてマイケルソンが目にすることになったかは,多少因縁めいたものがある。手紙が書かれたのは1879年であり,当時,海軍学校の教官として物理と化学を教えていたマイケルソンは,トッドのいる天測暦事務所へ転勤になったばかりだったのだ。マイケルソンはその翌年にはドイツへ留学してしまう。まるでマクスウェルの手紙を読むためにマイケルソンはそこにいたような錯覚さえ感じるではないか。
　マイケルソンはその後,留学先のベルリンで自らが考案したマイケルソンの干渉計を使い,1881年にエーテル流測定の実験を発表する。
　この実験にはまだモーレーの名前は出てこない。この実験に使用されたのは腕の長さが120cmの干渉計であり,2つの腕の先に鏡がついた形の,教科書の説明図に出てくるようなシンプルなものだった[*6]。もちろん結論は,エーテル流は検出されなかったというものである。この結論に対し,ローレンツが実験の理論

的なミスを発見し，計測誤差によって干渉縞が動かなかった可能性を指摘した。そこで再度実験をしようということになり，共同実験者にモーレーを加えて行われたのが1887年の歴史的実験である。

この実験は，アメリカのオハイオ州クリーブランドにある地下室で行われた。実験装置は正方形の砂岩の上に固定され，鏡で光を4回反射させることで干渉計の腕の長さを11mと大幅に延ばし，砂岩の塊の装置そのものを水銀に浮かべて回すという精度重視の設計。しかも実験当日は，振動を抑えるためクリーブランド中の交通機関が止められたという徹底ぶりであった。精度的には1881年の実験の10倍以上のものである。

実験は"失敗"であった。干渉縞はやはり動かなかったのである。

ここで，エーテル流検出に失敗した理由として登場したのは，「マイケルソン・モーレーの実験は地下で行われたので，部屋とともにエーテルが動いていたのではないか？」というものであった。ようするに，実験場所が閉鎖的であったという反論が登場するのである。実はマイケルソン自身も同じ見解を述べている。

それならばということでモーレーは，マイケルソンの同僚であったミラー(D. C. Miller)と共同で，丘の上で実験をする(1904年)。ミラーはその後も単独で，ウィルソン天文台で同様の実験をしている(1921年)。丘の上や天文台は，夜空を観測して星の光行差現象を確認できる場所であり，光行差現象はエーテル流の仕業だと考えられていたので，この地で干渉実験が成功しなければ，非常に困ったことになる。しかし，実験はやはり"失敗"であった[*7]。

ここまでの経緯でいえることは，一連の実験はエーテル流によって干渉縞が動くことを確認する実験——すなわち，「何かが起こることを確認する実験」であった。だかこそ，何も変化がなかったことが実験の失敗を表す。

特殊相対論では，エーテルそのものが不必要になり，あらゆる慣性系はすべて対等となった。光速度はどの方向へでも同じ値cであり，干渉縞が動くことは最初からありえない。すなわち，マイケルソン・モーレーの実験を特殊相対論の検証実験とみれば，それは「何も起きないことを確認し続ける実験」へと変わる。

「何かが起こることを確認する実験」であったならば，一度成功すればそれでよい。原子爆弾がちゃんと連鎖反応を起こすことがわかれば，何度も確認実験する必要はないのである。が，「何も起こらないことを確認し続ける実験」の場合は，

実験そのものに終わりはない。

1930年までに，マイケルソンやモーレー，ミラーだけでなく，トマシェック(Tomaschek)やケネディ(R. J. Kennedy)など，多くの人々が実験を行い，有名なものだけでも十数回に及ぶ。観測条件もいろいろと変えられ，年間通しての季節変化がないことも確かめられた。マイケルソン‐モーレー型の実験とは違い，2つの腕の長さが違う実験も行われた(ケネディ‐ソーンダイク(E. M. Thorndike)の実験，1932年)。ローレンツの収縮理論では，腕の長さが違えばその差によって干渉縞の動きが生じるはずであるが，この実験でも干渉縞は動かなかった[*8]。

マイケルソンは1931年に亡くなるまで光速度を測定し続けている。それはマイケルソン型干渉計を使ったものだけではなく，1925年にはゲイルとともに地球の回転によって干渉縞が動くことを調べるリング干渉計を使ったりもしている。特殊相対論の帰結を「何かが起こることを確認する実験」によって検証したのである。そのときのリングの大きさは0.4マイル×0.2マイルにもなる。そしてこの実験はちゃんと"成功"した。後にこのリング干渉計はファイバージャイロと形を変え，現在はロケットや車に搭載されて，毎日特殊相対論の検証をしているといってもよい[*9]。

また，マイケルソン型干渉計を使った実験も，新たな技術が発明されるたびに行われている。たとえばレーザーは1960年にルビーレーザー，1964年にヘリウム・ネオンレーザーが発明されたが，1964年中に早々とネオンレーザーを使った干渉実験が行われているのである。結果は観測されるべき値の0.1%であった。

なお，現在に至ってはすでに大学の学生実験になってしまっている。つまり，現在は行われていないどころか，あちこちで検証実験をやっているわけであり，普通に実験しても誰も注目されないレベルになっている。そういうわけで，スペースシャトルで実験しようなどという奇抜なものしか最近は表に出てこない。

マイケルソン型干渉計はすでに実用となっており，重力波を検出する装置に使われているし，すでに述べたようにファイバージャイロは車にも搭載されているポピュラーなものになっているのである。

参考文献
1) 窪田登司：『アインシュタインの相対性理論は間違っていた』 徳間書店 (1993)．

2) 窪田登司, 早坂秀雄, 後藤学, 他：『相対論はやはり間違っていた』 徳間書店 (1994)。
3) コンノケンイチ, 後藤学, 窪田登司, 他：『ニュートンとアインシュタイン, 科学をダメにした7つの欺瞞』 徳間書店 (1995)。
4) 松田卓也：「相対論は間違っているとする説は間違っている」科学朝日1995年4月号。

補注
*1 引用がないのは失礼だというような批判も存在している。
*2 アインシュタインは1895年のローレンツの論文をすでに読んでいたが, ローレンツがローレンツ変換を書いたのは1899年の論文であり, アインシュタインはこちらは知らなかったようである。
*3 本によってはローレンツ変換のことを, ローレンツ-アインシュタイン変換とか, ローレンツ-フィッツジェラルド変換とか書いてある場合もある。呼び方はいろいろあるようだ。
*4 実際にホイッタカー（E. T. Whittaker）の書いた "History of the Theories of Aether and Electricity" という本にはこのような批評がある。
*5 ただし, これが事実かどうかは疑問が残る。アインシュタインが物理学者ジャンクランドに対して1950年の初めには, 1895年のローレンツの論文を読んだ結果, マイケルソン-モーレーの実験に気づいたのは1905年以後だとしている反面, 1952年に送った手紙には, 1905年以前に知っていたという記述が存在するのである。どちらにせよ, 相対性原理からすれば, マイケルソン-モーレーの実験結果は当然のことであり, アインシュタインはこの実験を（知っていてもいなくても）あまり重要視していなかったことは確かなようだ。
*6 この初期バージョンの装置を示して, マイケルソン-モーレーの実験に使われた装置と間違える例もある。細かいことですが……。
*7 ミラーは1921年のこの実験でエーテル流を発見したと主張したが, 実際の実験結果は観測されるべき値の7％程度であった。
*8 この実験により, ローレンツの収縮理論と特殊相対論との違いが検証されたことになる。そのわりにはこの実験はあまり知られていない。
*9 ところが, このファイバージャイロが「特殊相対論が間違っていることの証拠だ」とあべこべの主張をしている人もいて, なかなかおもしろい。これは第8章「一般相対論編」で取り上げようと思う。

第2章
同時の相対性編
ニュートンの時間とアインシュタインの時間

　ニュートンは絶対時間という考えを提唱した。それによれば，時間は誰に対しても一様に流れるとみる。だから，ある2つのできごとが私にとって同時に起きたとすれば，そのできごとは宇宙内の誰にとっても同時に起きたと考える。この絶対時間の考えは，われわれの常識的な時間の見方に近い。だから多くの人はこれこそが唯一の考えであって，それ以外はないと信じている。しかし，絶対時間の存在はあくまでも仮定であって，証明されたことではない。

　アインシュタインは，時間をどのように考えるかに思いをめぐらした。時間を計るものは時計である。それも正確な時計でなくてはならない。神戸の12時と東京の12時が同時であるためには，神戸と東京に置いてある2つの時計が合っていなければならない。

　それでは2つの時計の時刻をどうして合わせるか。時計を運んでいって合わせるということもできる。しかし，この方法は不便であるだけでなく，時計を動かすときにその加速度のため時計の進みが狂うという問題がある。それは単に時計をゆらしたから狂うといった機械的な問題だけではなく，もっと原理的な問題である。時計は運動させると，静止した時計とは異なる進み方をするのである。

　そこでもっと確実に時間を合わせる方法は，時計の間で光や電波をやりとりすることである。実際われわれは，テレビや電話の時報で時計を合わせている。世界中にある，基準となる原子時計も電波で時刻を合わせている。もちろん正確に合わせるには，電波や光が伝わる時間を正確に考慮に入れなければならないのは当然である。このようにして時計を合わせたものが，アインシュタインの考える時間である。この場合，時計をどの座標系で合わせたのかということが問題になる。

　そこでこの時間をニュートンの絶対時間に対して，アインシュタインの相対時

間とよぼう。相対時間では，2つのできごとが同時かどうかは，観測者の運動状態によって異なるのである。このことを"同時の相対性"という。

　さてニュートンの絶対時間が正しいのか，アインシュタインの相対時間が正しいのか。これは"哲学的な論争"ではない。"物理的な論争"である。どちらの立場も論理的には矛盾はない。どちらが正しいかは，哲学的に考えていただけでは決着はつかない。論理矛盾がないからといって，正しい物理理論であるとは限らない。物理的に正しい理論かどうかは，実験や観測をして，その結果と理論が合うかどうかで決まる。現在までに山のように集まった証拠は，アインシュタインの主張を完全に支持しているのである。

　相対論は間違っているという主張をする人は，ほぼ間違いなく同時の相対性について誤解をしている。さらに相対論批判者のみならず，相対論信奉者[*1]でも間違えて覚えている場合が少なからずあるのだ。例を上げて説明してみる。

【正しい間違い2-1】
　同時の相対性とは，ある慣性系にいる観測者が，左右からきた光を同時に見たとしても，それを別の慣性系から眺めると，その観測者には同時に光が届いていないように見えるという現象のことを指す。

　相対論を間違いだと主張する人は，これが相対論の主張だと指摘し，この奇妙さや矛盾を示すことがある[*2]。上記の主張がどれだけ奇妙なものかは，次のような思考実験を考えてみればわかるであろう〈図1〉。
　静止時に測った長さLの列車が，ホームに対して右へ速度vで動いているとする。列車にはある装置と観測者が，列車のちょうど中央に乗っている。またホームにも別の観測者がいる。列車の前後（図の右左）にはランプが取りつけてある。列車中央にある装置とは実は爆弾であり，左右に受光器があって，ここに光が同時に飛びこむとドッカーンという代物である。
　さて，まずは列車内の観測者が前後からきた光を同時に見たとしよう。列車内の観測者にとってそれは，「列車の前後のランプが，自分が観測する$L/2c$秒前に同時に光ったのだ」と理解することになる。そして，観測者のところにある装置にも同時に光が飛びこむことになり，装置は爆発する。アニメなら実験の後，列

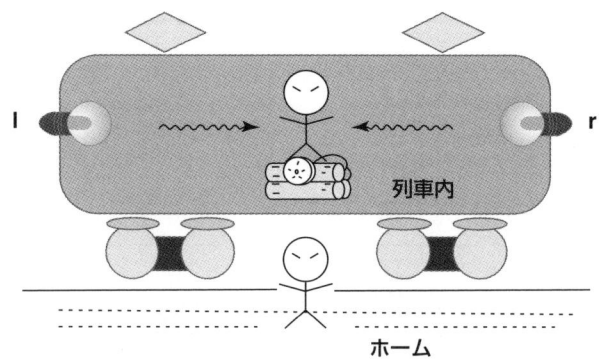

〈図1〉列車での実験
列車の前後にはランプがある。また，列車の中央には前後に受光器を付けた装置があり，光が前後から同時に到着すると，信管が働き爆弾が爆発する。列車はちょうどホームにさしかかったところである。列車にもホームにも観測者がいる。

車が止まってホームに降り立った観測者は髪の毛が逆立ちボロボロになって，ホームにいた観測者と会うことになる。

　一方，ホームにいる観測者が前後からきた光を同時に見たとしよう。ホームの観測者にとってそれは，「列車左右のランプが，自分が観測するある時間前に同時に光ったのだ」と理解することになる。ではこの場合，列車に乗っている観測者と装置にはどのように光が届くのか？

　列車内の観測者は，図でいえば速度vで右に動いているのであるから，右からのランプの光を迎えにいくことになるから，右のランプの光が列車内の観測者にまず届くはずである。逆に，左からの光は観測者を後ろから追いかけることになる。だから，列車内の観測者には左のランプからの光が後で届くはずである。

　だから$v=0$でないならば，列車内の観測者には光は同時に届かないから，装置にも光は同時に届かず爆発しない。実験の後，ホームに降り立った観測者は何事もなく降りてくる。さあどうだ，おかしいだろう。だから相対論は間違っているのだ，とくる〈図2〉。

　相対論懐疑派の中には，この2つの実験について，同一の実験を2人の観測者の立場で表現したものであると思う人がいる。一度きりの実験を，立場の違う2人の観測者が見た場合，列車内で観測すると同時に光を観測するが，ホームで観

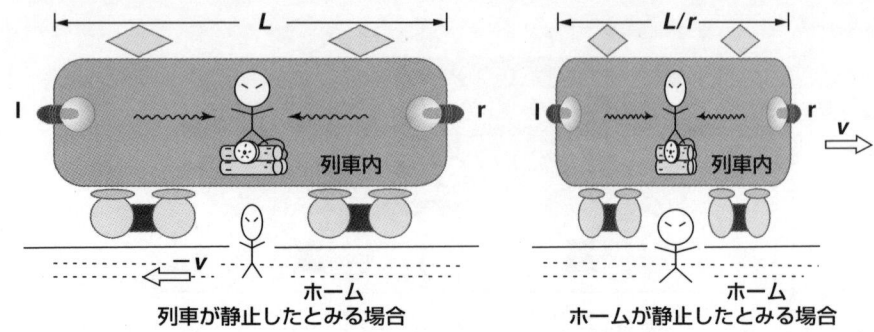

〈図2〉どちらの立場の同時?
列車の中の観測者から見ると,列車の長さはLであり,ホームは速度$-v$で左に流れていく。列車の右(前)rと左(後ろ)lにはランプがあり,同時に光った。一方,ホームから列車をながめると,列車は右に速度vで進んでいる。列車は相対論的効果のためにL/γに縮んで見える。ここで$\gamma = [1-(v/c)^2]^{-1/2}$($>0$)は相対論的効果を表すローレンツ因子である。

測すると同時には見えない……と相対論は述べていると主張するのである！ ではこの実験終了後,列車から降りてくる観測者は,ボロボロで降りてくる人と,ピンピンで降りてくる人の量子論的重ね合せ状態で出てくるのであろうか？

　相対論懐疑派の人々は,多くの場合,自分の勘違いした解釈を相対論の主張だと信じ込み,そこから派生する矛盾を指摘し攻撃することが多い。ややこしいのは,いま述べた例を相対論の主張であると勘違いしているにも関わらず,素直に相対論は正しいと信じ込み,2重の間違いをクリアして主張する人が少なからずいる点である。たとえばNHKの『アインシュタインロマン』という番組では,まさしくこの説明がなされた。内部で観測者に同時に届く光も,外から見れば同時に届かないというのである[*3]。

　では,この説明のどこが間違いなのか？

　慣性系によって同時だったり同時でなかったりするのは,離れた2点間にある別々のものを比べるときに生じる現象であるということである。つまり,左右のランプのように,離れた2点間にあるものが同時に光ったかどうかは慣性系に依存する。つまり走る列車から見て同時に光ったが,ホームでは同時に光ったとは思わないのである。

　ところがここで述べた例では,ランプが同時に光ったということが前提となっ

ているが，列車でもホームでも同時に光ったとしているのが問題なのだ。その光が列車の中央にいる観測者と装置に同時に届いたか否かを比べている。このため，ある慣性系で見ると爆発し，別の慣性系で見ると爆発しないなどという奇妙なことが生じるのである。

つまり，「列車内の観測者が左右のランプが同時に光ったのを見た」という実験と，「ホームにいる観測者が左右のランプが同時に光ったのを見た」という実験は，違う前提の別々の実験なのである。違う実験なのであるから，一方の実験で爆発し，他方の実験では爆発しないという結論でもかまわない。この2つの実験を同一視する方が変なのだ。

逆にいえば，爆発する実験（列車内の観測者が同時に光を観測する実験）の場合は，ホームにいる観測者にとっては「自分には光は同時に届かなかったが，列車中央の観測者には同時に光が届いた」と観測することになる。ただし，同時に光を受け取る理由が，列車内の観測者の解釈と，ホームにいる観測者の解釈とで違うのである。列車中央の観測者は「左右のランプが同時に光ったため，同時に観測した」と解釈するのに対し，ホームにいる観測者は「左のランプ（進行方向後方のランプ）が先に光り，後から右のランプ（進行方向前方のランプ）が光ったため，列車内の観測者には光が同時に届いた」と解釈する。

くり返しになるが，このように離れた位置にある左右のランプが同時に光ったかどうかは，慣性系に依存することになる。しかし，同一の観測者が，同一の実験で同時に光を受け取ったり受け取らなかったりすることはないのである。

このことをわかりやすく説明するには，ミンコフスキーの発明した時空図を使うのが一番である〈図3〉。いま，列車の進行方向に沿ったx座標だけを考えた，空間1次元の場合を考える。横軸に空間座標，縦軸に時間座標をとったものが時空図である。ただ，目盛りの選び方には多少の注意が必要である。横軸の目盛りをメートル単位，縦軸を秒単位に選ぶとしよう。光の速さは，秒速30万キロメートル＝秒速3億メートルであるので，光の進行を表す線はx軸にはほとんどくっついた線になり，見にくいことははなはだしい。光の世界線を±45度の線にするには，横軸の単位がメートルであるなら，縦軸は光が1メートルを横切る時間にとればよい。あるいは時間tの代わりに，ctを縦軸にとる。これは時間の単位を，たとえばメートルで表すことになる。時間が1メートルとは，実は光が1メ

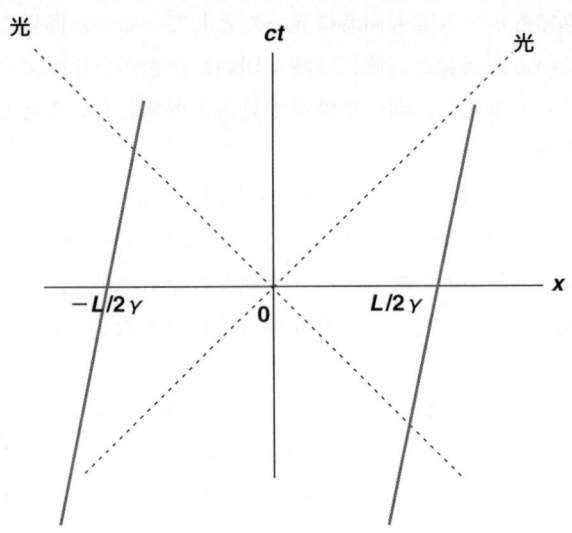

〈図3〉ミンコフスキーの時空図と列車
横軸に x,縦軸に ct をとる。点線は原点Oから出た光の世界線で,45度の傾きをもつ。太い実線は列車の前端と後端の世界線で,c/v の傾きをもつ。$t=0$ において列車の中心部は原点Oを通過する。そのとき列車の前端,後端はそれぞれ $X=L/2\gamma$,$-L/2\gamma$ のところを通過する。だから,ホームから見ると列車は L/γ に縮んでいるように見える。

ートルを横切る時間のことである。こうすると都合がよいのは,世界線の傾きの単位が無次元になることだ。

　それでは,この (x, ct) 時空図の中に走っている列車を描いてみよう。列車が等速直線運動をしていると,列車の前端も後端も,傾きが $1/\beta$ の直線となる。ただし,ここで β は光の速さを単位として測った列車の速さで,$\beta=v/c$ である。

　さて,列車に乗っている観測者の座標を x',t' としよう。(x', ct') 座標系は,(x, ct) 座標の中ではどう表されるか。列車の中央を $x'=0$ とすると,それはいつまでたっても $x'=0$ であるはずだ。時間座標軸 ct' 上ではつねに $x'=0$ であるから,列車の中心の世界線が時間座標軸となる。

　それでは空間座標軸 x' はどうなるだろうか。ここで特殊相対論の基本原理である「光速度一定の原理」を用いる。(x', ct') 座標でも光の速度が1であるためには,x' 座標は〈図4〉に示すように,その傾きが β でなければならない。$v>0$ なら〈図4a〉のようになるし,$v<0$ なら〈図4b〉のようになる。このようにして列車

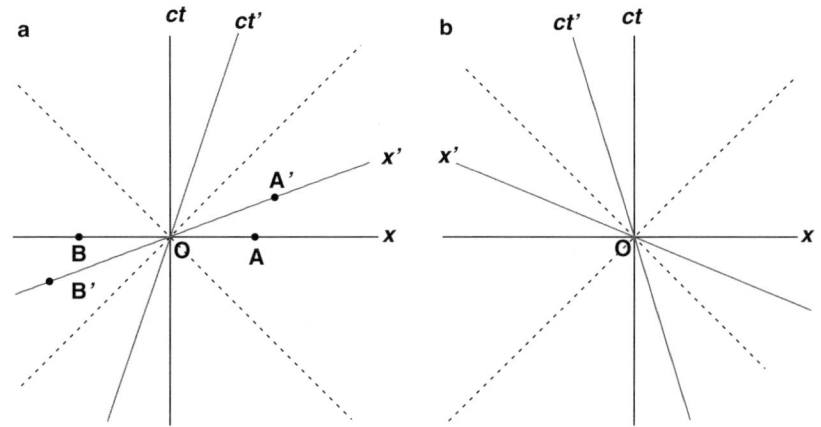

〈図4〉列車から見た座標系（x', ct'）
ホームから見た（x, ct）座標系の中に，列車の座標系（x', ct'）を描いてみる。$\beta>0$ならa，$\beta<0$の場合にはbのようになる。光の速さはどちらの座標系で見てもcとなる。

上の（x', ct'）座標系は，座標線がお互いに直交しない，斜交座標になる。斜交座標なんておかしいと思う人もいるかもしれないが，そもそも空間座標と時間座標が"直交"するという理由もない。座標とは，時空の1点と1組の数字を対応させる装置だから，その対応がうまくいきさえすればなんでもよいのである。

さて，ホームの座標系（x, ct）における同時は，x軸に平行な線，つまり水平な線である。x軸に沿って，多数の時計が配置されているとすれば，それらは前に述べたようなやり方で時刻合わせ（時計の同期化）をしておく。

ところが，列車の中で見た同時刻を連ねた線はx'軸に平行な線である。やはりx'軸に沿って無数の時計が配置されているとすると，それらも同期化しておく。x'軸は先に述べたように，水平な線ではない。ここが重要なところだ。つまり，列車で同時刻と見た，離れた2点の事象（たとえば〈図4a〉のA'，B'）は，ホームでは同時とは見えない。逆に，ホームで同時と見た2つの離れた事象（たとえばA，B）は，列車では同時にはならない。これが同時の相対性なのである。ところがこの時空図の1点（たとえばO）は，どちらの座標系から見ても1点は1点である。つまり，ある1点で同時に起きたこと（たとえば左右から光が同時にその1点に達したということ）は，列車で見てもホームで見ても，同じことである。この

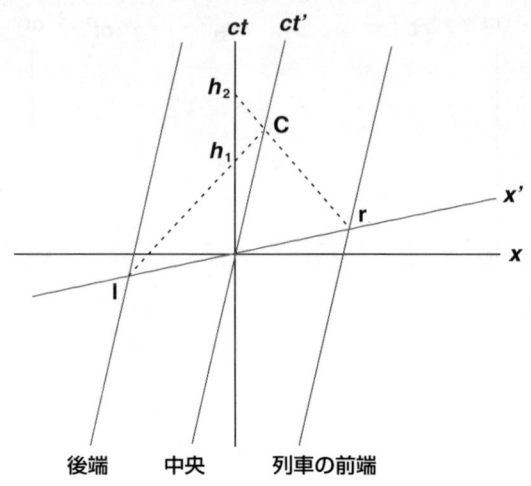

〈図5〉
列車の前後（図の左右）のランプから，列車の同時刻に出た光は，中心にある受光器に時刻Cに届いて，爆弾はドカーンと爆発する。ホームにいる観測者には光は同時には届かない。

2つのことを混同したのが，先に述べた間違いの原因なのである。

　それではこの時空図を使って，先ほどの実験を説明しよう。〈図5〉に示すように，列車の中の同時刻r, lにランプから出た光は，図のCで列車の中央にある受光器に同時に届く。だから爆弾はドカーンである。この現象をホームから見ると，光が放出されたのは同時ではない。まずlから，続いてrから光が出るように見える。その光は，ホームの観測者にはそれぞれ時刻h_1, h_2に届くように見える。つまり同時には届かない。しかし列車の中央ではCに届くので，やはりドカーンである。つまり，観測者によってドカーンであったりなかったりすることはない。

　一方，〈図6〉に示すように，ホームの観測者から見て同時刻R, Lにランプを出た光は，ホームの観測者にはhに届くが，列車の観測者にはそれぞれC_1, C_2に届く。つまりドカーンではない。R, Lは列車から見て同時刻ではない。つまり，いま論じている間違いは，〈図5〉と〈図6〉を混同することから生じた誤解である。

【正しい間違い2-2】
　ガレージがあり，そこに車が入ることを考える。ガレージの長さと車の長さ

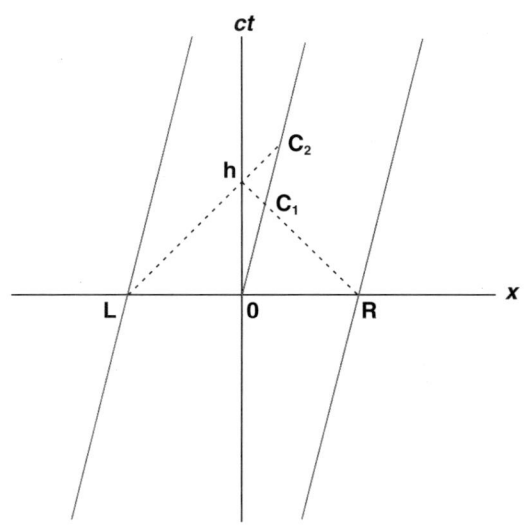

〈図6〉
列車の前後のランプがホームの同時刻に光り，それはホームの観測者には同時に届くが，列車の観測者には同時には届かない。つまりドカーンではない。

が等しくLで，車が走って入庫するとする。地上の人から見ると，走っている車はローレンツ収縮をして縮むから，ガレージの中にスッポリ収まってしまう。ところが車に乗っている立場で考えれば，縮んでいるのはガレージの方であり，車が収まるはずはない。これは矛盾ではないか？

　これは"ガレージのパラドックス"といわれる有名なパラドックスである。実はこのような話がパラドックスとして語られるということ自体が，同時の相対性についての誤解が蔓延している証拠でもある。

　ガレージはふつう，前面にシャッターがあり，後ろは壁になっている。すると走りながら入庫したのでは，自動車は壁にぶつかり，運転手は死んでしまう。それでは気の毒なので，ガレージの前面も後面も開いているとする。

　結論から先にいってしまえば，これは列車の思考実験と同じである。車の後端がちょうどガレージに入ったときと同時刻に，車の前端はまだガレージの中にいる。すでにおわかりだと思うが，この同時というのはガレージに対して静止して

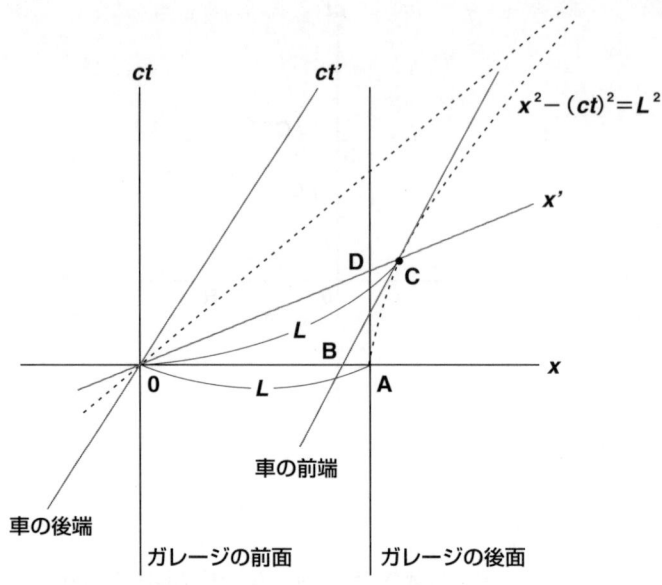

〈図7〉　ガレージのパラドックスのミンコフスキー図による説明

いる観測者の立場からのものであって，車に乗っている観測者の立場ではない。車とともに走っている観測者から見れば，車の後端がちょうどガレージに入ったときは，車の前端はすでにガレージの外に出ている。

　このことをやはりミンコフスキーの時空図を用いて説明しよう。〈図7〉がそれである。図で (x, ct) 座標はガレージに対して静止した座標系，(x', ct') は車に乗った観測者の座標系である。$x = 0$ がガレージの前面の世界線，$x = L$ が後面の世界線である。$t = 0$ において，車の後端がガレージの前面を通過した（図の原点O）とする。そのとき車の前端はBのところにいる。ガレージの後面はAである。OAの長さは L であり，OBの長さはローレンツ収縮して L/γ である。つまり，車はすっぽりガレージの中に入っている。

　さて，これを車に乗った観測者の座標系から見るとどうなるか。車の後端がガレージにちょうど入った瞬間（$t' = 0$）と同時刻に，車の前端はCにいる。そのときガレージの後面はDにあるのである。車から見ると，車の長さは L であるから，OCの長さは L になる。一方，ガレージの長さはODで，その大きさは L/γ である。

こう考えると，ガレージのパラドックスは少しもパラドックスではない。つまり，車の後端がガレージの前面にちょうど入ったときと同時刻に，車の前端はガレージの座標系ではBにいるし，車の座標系ではCにいるのである。つまり，違うことをいっしょくたにするから矛盾だということになる。

　ここで皆さんは，OA = L，OC = Lなら，座標の目盛りの振り方が座標系によって異なるのかといぶかられるかもしれない。そうなのである。そのことを少し説明しておこう。数式が嫌いな人はこの先の数式部分は読まなくてよい。問題の要点は，図だけで理解できるはずであるからだ。

　特殊相対論においては光速一定の原理が根本である。いま，原点Oから出た光は，時間tの後には$x^2 + y^2 + z^2 = (ct)^2$の球面上にいる。空間1次元の場合なら$x^2 = (ct)^2$である。これを$(ct)^2 - x^2 = 0$と書く。さて，この光を(x', ct')座標系で見たらどうなるか。光速はやはりcなのであるから，$(ct')^2 - x'^2 = 0$と記述される。つまり

$$s^2 = (ct)^2 - x^2 = (ct')^2 - x'^2 = 0$$

が成り立つ。sはミンコフスキー空間における距離とよばれる量である。ところが，一般的に$s = 0$の場合以外でもsは観測者によらない。つまり

$$s^2 = (ct)^2 - x^2 = (ct')^2 - x'^2$$

である。これはむずかしくいえば，距離sはローレンツ変換に対して不変であるという。このことに疑念をはさむ相対論懐疑派もいるけれど，これは正しい[*4]。これを自動車の場合に当てはめると，ガレージの後面は$t = 0$で$x = L (= OA)$だから

$$(ct')^2 - x'^2 = -L^2$$

となる。すると車に乗った観測者の時刻$t' = 0$(つまりx'軸上)で$x' = L (= OC)$となる。先の式は，光の世界線を漸近線とするような双曲線の方程式である。〈図7〉に描いた双曲線$x^2 - (ct)^2 = L^2$とx, x'軸との交点をA, Cとする。A, Cと原点Oとの空間距離がLとなる。C点で双曲線が車の前面の世界線BCに接していることは，簡単な計算からわかる。

補注
*1　理解者ではないことを明記しておく。

*2 たとえば『科学をダメにした7つの欺瞞』コンノ，窪田，後藤他著（徳間書店，1995）の後藤，窪田論文参照。なお，本書の著者の1人はアクシオンというハンドルネームを用いて，パソコン通信ニフティサーブの科学フォーラム，物理会議室で「科学をダメにした7つの欺瞞は科学をダメにした」と題してこの本を徹底的に批判的に検証した。また，SFS3フォーラムの「超科学お笑い劇場よ永遠に」会議室でも，いろもの物理学者という人が批判している。また，インターネットのニュースグループである fj. sci. physics, fj.book などでも，疑似科学，超科学に対するホットな議論はたくさん見受けられる。

*3 結局この番組の説明は，再放送のときにこっそり（？）改訂されて放映された。手直ししたものを再放送とよんでよいのかどうかは疑問の残るところである。ただし，本の説明は修正されていない。

*4 たとえば『相対論はやはり間違っていた』窪田，早坂，後藤他著（徳間書店）の後藤論文参照。これに対する反論は「相対論は間違っているとする説は間違っている」松田卓也著，科学朝日1995年4月号参照。このことはどんな教科書にも書いてあるが，たとえば『初等相対性理論…ジュニアからシニアまで』高橋康著（講談社サイエンティフィク，1983）にはくわしく説明されている。『…やはり…』本も，アクシオンが「相対論はやはり間違っていたはやはり間違っていた」と題して，ニフティサーブで徹底的に批判している。

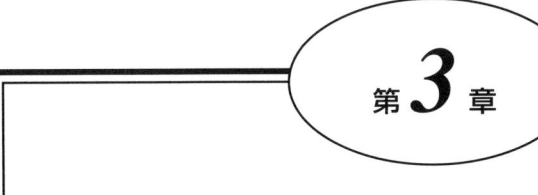

光速度不変編

　よく知られているように，特殊相対性理論の公理の1つに，真空中での光速度の不変がある。もちろんこれは仮定であるので，実験によって検証しなければならない。光速度の測定は正確な原子時計の発明などともあいまって，あらゆる物理定数の中でもっとも精度のよいものの1つになっている。

　光速度とは単位時間に光が走る距離，つまりたとえば1秒間に光が何メートル走るかである。光速度を正確に計るには，正確な時計と物差しがいる。従来，長さはメートル原器を基準として計られ，時間は原子時計で計られてきた。ところが近年，光速度測定の精度が9桁以上にも達し，長さの測定精度よりも光速度の測定の精度の方がよいという逆転した事態になってきた。

　そこで1983年10月の国際度量衡総会において，長さの基準を光速度で定義することになった。物差しと時計で光速度を測るのではなく，光速度不変を前提として，物差しの長さを逆に規定したわけである。

　こういう現状の中でも，いまだに真空中の光速度は一定ではないと主張する人がいることは驚きである。もちろん現在の測定精度以下の"ふらつき"が存在する可能性があるというのならば話はわかるが，19世紀に問題となったエーテル流に対する光速度の変化のような，現在の精度から考えて10万倍から100万倍も合わないような光速度の変化を信じている人が少なからずいるのである。それもれっきとした理工系の大学教授にすらいることは，驚きを通り越してあきれるしかない。

【正しい間違い3-1】
　光速度不変の"仮定"はまだ確かめられていないものである。マイケルソン-

モーレーの実験は精度が悪く，それを元に光速度不変が確認されたというのは間違いである。

　これら「光速度不変は間違っている」と主張している人々は，なぜかマイケルソン‐モーレーの実験を批判している場合が多い。あたかも19世紀ですべての光速度測定実験が終わったかのようである。これは第1章の「歴史編」でもふれたことだが，現在も，そしてこれからも光速度不変の検証は形を変えて続けられている。いや，現在から未来にかけてこそ，高精度を要求する機器運用のため，19世紀とは比べものにならないほどの精密な測定が不可欠なのである[*1]。光速度測定の歴史については，霜田光一先生が書かれた「歴史的物理学実験」を参考にしてほしい[*2]。

　19世紀には太陽が宇宙に静止していて，地球はそのまわりを公転していると考えられていた。だからニュートン力学が考える絶対空間，絶対静止系は太陽に対して静止した座標系であると考えられた。光を伝えるとされたエーテルは，絶対空間に対して静止していると考えるのがもっともらしいので，その中を動く地球にはエーテルの風が吹くことになる。

　さてここで少し考えてほしい。地球上に吹くエーテルの風によって，光速度の変化があったとする。地球の公転は約30km/sであり，光速度は約30万km/sであるから，その速さの比は10^{-4}程度である。つまり，19世紀的エーテル理論では，光速度は地球が進む方向と，その反対方向では10^{-4}程度の差があることになる。地球は自転しているために，1日でエーテル風の吹く方向が逆転し，10^{-4}程度の光速度の変動が観測されるはずだ。この変動の測定は，前世紀ではそれを測定すること自身が最高の精度実験であったくらいであるから，実生活ではまったく問題とならなかった。

　1980年代にアメリカが打ち上げたCOBE人工衛星は，もっと重要な観測結果を引き出した。COBEは絶対温度がほぼ2.7度の宇宙黒体放射の空間変動をきわめて正確に観測した。その結果，宇宙黒体放射の温度は，コップ座の方向で10^{-3}程度高く，その反対方向では低くなるということがわかった。このことは太陽系が宇宙全体に対して平均的に350km/s程度の速度でコップ座の方向に運動していることを意味する。この速度は光速度の実に10^{-3}，つまり千分の1である。つまり

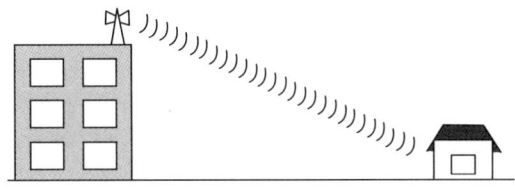

〈図1〉役場のサイレン

　光速度の変動は，もしあるとしたら19世紀に想像したような1万分の1ではなく，なんと千分の1もあるはずである。さて，この程度の光速度の変化があってもなくても，現代の科学技術にとって特に問題にならないのであろうか？

　まず，この光速度の変動が直接問題になるのは，世界中で使用されている国際原子時の運用においてであろう。日本では国際時刻比較ネットワーク・アジア地域の中心的機関として国際原子時決定に参加している国立天文台が困ることとなる。国際原子時（TAI）とは何かということと，これがなぜ問題になるかを補足しておこう。現在，世界中の時計は一元的に管理され，それぞれが同じ時を刻むように相互にデータを送り合っている。もちろん，場所によって昼夜が違うので，国々によって定められた時刻が違う（時差）のは当然であるが，時間の進み方がずれては困る。そのため，各国の原子時計を合わせる必要が生じた。そこで決められたのが国際原子時である。この国際原子時は1日の長さを24時間ピタリと想定している[*3]。そして，各国の原子時決定機関は人工衛星等を介しながら電波を送受信し，それを使って同期をとっている。これはわれわれが時計を合わせるとき，ラジオやテレビの時報を聞いて，時計を合わせるのと原理的には同じである。ただし，時報を送ってくる場所までの距離を考慮しているという点が違う。

　たとえば，数キロメートル離れた役場にあるお昼のサイレンを使って，自宅の柱時計を正確に合わせたいとした場合〈図1〉，サイレンの音を聞いた瞬間が12時であるとすれば間違いとなる。サイレンの音が耳元に届くまでに時間がかかるからである。よって，正確な時刻を知るには，まずは役場のサイレンの位置から，自宅の位置までの距離を正確に知っておき，その距離を音速で割った時間を計算しておく必要がある。そして，サイレンの音を聞いた瞬間から計算で得た時間を引き算した時刻が，ピタリ12時となる。もちろん，サイレンの鳴る時刻が十分正確だという条件が必要であることはいうまでもない。

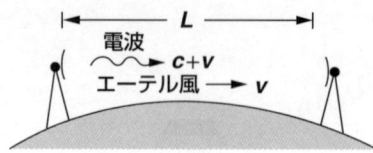

〈図2〉　もしエーテル風があれば

　毎日この作業を続けていく場合を考えよう。ある日，サイレンの音が異常に早く聞こえたとする。柱時計が壊れた気配もないし，役場へ確認しても，サイレンはいつもどおりの時刻に鳴ったという。このずれの原因は何かと考え外へ出ると，台風による猛烈な風が吹いていた……。すでにおわかりだと思うが，役場の時計と自宅の柱時計が原子時計を表し[*4]，サイレンは信号送信用のアンテナを表している。そして，音波による情報伝達を電波に置き換えればよい。

　では，風というのは何か？　これが光に対するエーテル風に相当するものになる。風の方向により，サイレンから出た音波が予想以上に早く届いたり遅く届いたりする。実際にエーテルというものがあった場合，相互に同期をとっている原子時計群はどのような電波を受信するだろうか？

　エーテル風に凪のときや暴風のときがあるとは考えにくいが，少なくとも地球の公転速度による約30km/sの風はあることが，光行差現象などから推測できる。昼中に光速度cがvだけ増え，夜中にvだけ減るとしよう。距離Lだけ離れた2点間で電波のやり取りをすれば，一昼夜で変化する電波の到達時間の差Δtは，

$$\Delta t = \frac{L}{c-v} - \frac{L}{c+v} = \frac{2vL}{c^2-v^2} \tag{3-1}$$

となるはずである。この時間のズレは，送られてくる電波の振動に重なった"うなり"として観測されるはずである。東京とワシントンで電波のやり取りをする場合，距離Lはほぼ10000kmであり，v = 30km/sであるとするとΔt = 7マイクロ秒となる。すなわち，ワシントンからの時報を聞いて東京で時間を合わせる場合を考えると，昼夜で7マイクロ秒程度のズレが観測されることになる〈図2〉[*5]。

　次に，原子時計の精度はどの程度だろうか？　もし1日の時計の狂いが数十マイクロ秒もあったならば，7マイクロ秒のズレは誤差にうもれて観測できないことになる。しかし心配ご無用。全世界にある原子時計網の精度は0.1マイクロ秒であり，エーテル風によるズレは，あるとすればそれを観測することは，十分可

能なのである*6。

　ここまで説明すれば，国際原子時決定に参加している国立天文台が困るといった意味がわかるであろう。0.1マイクロ秒以下の精度で時を刻んでいるはずの時計から，毎日毎日7マイクロ秒程度もの狂いが発生するのである。それもほぼ正確な周期で。もしこのようなズレが本当に観測されたならば，そもそも国際原子時を決める段階で大問題となっていたはずだ。特殊相対論を放棄し，エーテル風による変動の補正を組み込まねばならなくなる。そうしなければ，0.1マイクロ秒以下の精度を保持できないのである。

　もちろん，このような補正をしているとか，時計の日変動が知られているというような話はどこにも登場しない。原子時計の運用はすでに実用的な技術であり，世界中で使われている。世界中のどこにもエーテル風が吹いていないことは，毎日の原子時計群の運用で確認され続けているのである。もっともこのズレは観測されているのだけれども，世界中の研究機関が"陰謀"して，隠しているのだとする陰謀説*7をもち出せば，話は別である。しかし，この"陰謀"は後に述べるカーナビの話まで進めると，NASAや米国国防省，各国天文台だけではなく，ソニーや松下電器産業などのカーナビ製造の民間会社まで広げなくてはならず，陰謀は漏れやすいものとなる。

　さらにもっと身近な例を挙げよう。待ち合わせの時間が10マイクロ秒ずれたといって文句をいう人はいないだろうが，では，待ち合わせ場所を数キロメートル間違えたらどうなるか？

　最近流行のカーナビ（カーナビゲイション）というシステムがある。車に搭載して刻々と変化する車の位置を教えてくれるものだが，地図上に位置を表示したり，行き先を教えてくれたりという付加機能が盛んに宣伝されている。さらに個人がもち歩けるシステムもある。最近の宣伝では，もっとも安いものは10万円以下である。

　このカーナビを可能としているのが，GPS（Global Positioning System）だ。GPSとは，アメリカの国防総省がつくった，地球上のあらゆる場所の位置（緯度・経度・高さ）を知ることを目的としたシステムで，きわめて正確な原子時計を積んだ24個の人工衛星と，その人工衛星の軌道をこれまたきわめて正確に追跡観測する地上の衛星監視システムとで構成されている。このGPSこそが，相対論の正

第3章　光速度不変編　　25

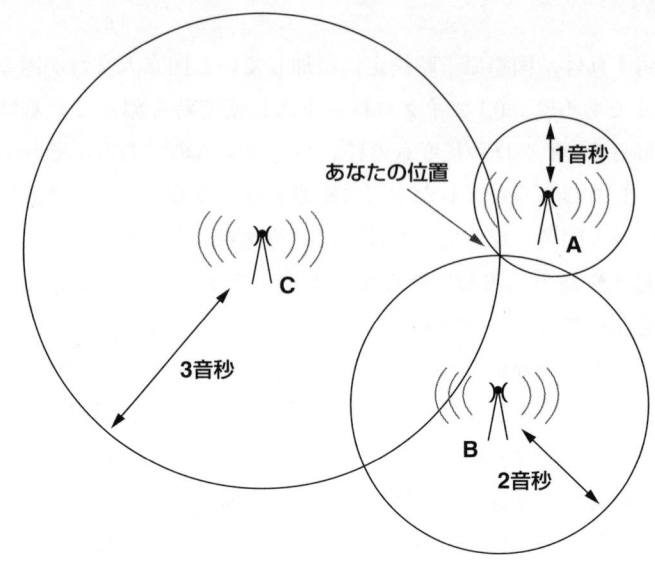

〈図3〉　3つの役場からのサイレン

しさの証拠なのである。

　前例にならって，役場のサイレンの例で考える。ただし今度は，道のない山中で迷ってしまったあなた自身の位置を知ることを考えてみよう。あなたは地図をもっていて，そこにはA，B，Cの3つの役場の"正確な位置"が載っている。そして，この3つの役場の時計はそれぞれが同期しており，「正確に同時にサイレンが鳴る」とする。それぞれのサイレンの音は異なっており，あなたはそれを聞き分けることができる。

　12時になったとき，3つの役場から一斉にサイレンが鳴るが，あなたがその音を聞くのはその瞬間ではないことはすでに説明したとおり。A，B，Cのサイレンをそれぞれ12時の1秒後，2秒後，3秒後に聞き取ったとすれば，地図上に"音速×秒速"で求めた距離を，それぞれの役場を中心にして同心円上に書き込み，その円が交わったところがあなたのいる場所だとわかる〈図3〉。もちろんこの例では，役場の時計とサイレンのセットがGPSの人工衛星を表し，あなたのもつ腕時計（と計算に必要な脳ミソ）が，カーナビなどのGPS受信機に相当している。

　あなたのもつ腕時計が狂っていた場合はうまく1点に交わらないが，役場の時

計が正確であるならば，そのずれは補正可能である。3つの円の大きさを，それぞれ同等に大きくしたり小さくしたりして，1点に交わるように調整すればよい。さらには，カーナビの場合，3つではなく4つの人工衛星を用いると，受信機側の時計が正確でなくとも，それを原子時計なみの精度に合わせることも可能である。

　このようなシステムで，誤差の原因になるのは次の3つが考えられるだろう。

1)　　人工衛星の時計が正確でない。
2)　　人工衛星の軌道の追跡精度が正確ではない。
3)　　電波（光）の速度が一定ではない。

　1)と2)の原因は，誤差としては同等である。つまり，人工衛星の時計が10マイクロ秒だけずれていたとしたら，それは軌道位置が3kmずれていることと同じだ。10マイクロ秒の時がたつ間に，光は3km進むからである。そのため，GPS用の人工衛星に搭載する時計は，正確無比でなければならない。

　「待ち合わせの時間が10マイクロ秒ずれたといって文句をいう人はいないが，待ち合わせ場所を数キロメートル間違えたら……」と述べたのは，こういう理由からである。実際のカーナビの測定精度は100m程度となっているが，これは敵方に軍事用に使われないようにということで米軍がわざと誤差を混入して，精度を落しているためである。理論的には現状のシステムで数メートル以内の誤差で運用できるし，軍事用にはそのようなものが使われている。

　なお，地球上の絶対的な位置を知るのではなく，任意の2点間の相対位置を知るだけならば，GPS衛星が発する搬送電波を直接干渉させることによって，もっと精度よく測ることができる。現在，地球上の2点間の距離は1cmの誤差で測定可能である。だから，GPSの電波と，地上からの補正用の電波を利用すれば，カーナビでも100メートルよりよい精度で位置を測ることもできる。

　3)については，エーテル云々の話を除いても現実に問題になる。人工衛星とカーナビなどの受信機の間には大気があり，大気中では光速度が減少するからだ。2点間の距離を1cmの誤差で測るには，この大気による光速度の減少を考慮せねばならない。実際には，GPS受信機のある場所の気圧を測定し，その上の空気が密度成層をなしていると仮定して，この光速度の減少にともなう遅延誤差を取り除くことになる。そして残ったのが1cmの誤差ということになる[*8]。

　こんなに正確に2点間の距離を測定して意味があるのかといえば，実は非常に

有益な利用法がある。地盤のごくわずかな移動を観測し続けて，地震予知に役立てようというのである。年間数センチメートル程度で動く地面を，ミリメートル単位で計ることが可能となりつつある。

　いくぶん話が脱線したので元に戻そう。ミリメートル単位という精度で地上の位置を計ることのできるシステムの中に，"エーテル風の影響"を組み込んでみる。昼夜の差によって，光速度が30〜300km/s程度変動すると考えるのである。

　計算方法は式(3-1)と変わらないが，今度求めるのは時間の変化ではなくて位置の変化となるため，光速度cを変動時間に掛け算する。そうすれば，エーテル風が吹いていたと仮定した場合に観測される位置のズレがわかる。

$$\Delta L = c\Delta t = \frac{2vcL}{c^2 - v^2} \tag{3-2}$$

　今回の計算の場合，距離Lというのは，GPS衛星から地上までの距離と考えるのがよい。GPSの高度は，地球の中心から26600kmである。地球の表面からでは，地球の半径6700kmを引かなければならない。GPSは頭上にあるとはかぎらないから，その値より大きくなる。ここでは簡単のために，人工衛星までの距離を26600kmとして計算しよう。この場合，光速度の変化として地球の公転運動の30km/sを考えた場合ですら，ΔLは約5.3kmにもなる。いわんや太陽系の宇宙に対する速度を考慮すると，この10倍，つまり50km以上にもなるのである。

　かたやミリメートル単位の精密観測が立ち上がりつつある現状で，数キロメートル〜数十キロメートルも，カーナビに誤差があることになるエーテル仮説を信じ，いまだに「光速度不変は確かめられていない」などと主張する人がいるということは驚きである。特殊相対論は，光速度不変の原理とカーナビという技術を通して，現代生活に入り込んでいるのである。もちろん，「ミリメートル以下のズレがあるかもしれないではないか」というのならばまだわかる。が，検出されるべきズレの100万倍もの精度で観測されているのが現状である。

　また，19世紀のマイケルソン・モーレーの実験とGPSによる検証の決定的違いは，片道の光の移動時間を直接計ることができるか否かの違いだといえる。マイケルソン・モーレーの実験では光を往復させた。それに対して，GPSでは同期した2台の時計を送信部と受信部双方に置くことによって，人工衛星から降ってくる片道の光の移動時間を直接計ることができる。つまり，光の往復時間ではな

く，往路の時間を測定できるようになったのである．相対論懐疑派の中には，GPSの測定をマイケルソン‐モーレーの実験と混同し，地上と人工衛星との間で電波を往復させていると勘違いしている人もいる．GPSの受信機はその名のとおり衛星の電波を受信するだけであり，送信機は付いていない．衛星に向けて送信をしなければならないとしたら，技術的にも法律的にもこれほど普及することはなかったであろう．相対論を批判するといった大それたことをするには，それなりにきちんと勉強してからにしてほしい．

いままで述べたことは，GPSは特殊相対論の基礎である光速度一定を非常によい精度で（少なくとも19世紀的エーテル説を完全に排除する程度には）検証することを示した．ところが話はここにとどまらない．GPSは特殊相対論を拡張した一般相対論の正しさをも証拠づけているのである．一般相対論によれば，重力が多少は弱い上空を飛んでいる人工衛星の時計は，地上に置いた時計より少し速く進む．また，高速度で飛ぶ人工衛星の時計は，特殊相対論効果では地上の時計より遅れる．この2つの効果を合わせると，人工衛星上の時計は地上のものより速く進む．この進みの割合は，計算では4.45×10^{-10}である．こんなにわずかな時計の進みも問題になるほどGPSの精度は高いので，GPSの信号にはちゃんとこの時計の遅れが補正されている．つまり米軍は特殊相対論，一般相対論の正しさを認識しているのである．

【正しい間違い3-2】
超光速度は存在する．たとえば，月軌道に環状のスクリーンを張り，地球から1秒で1回転するレーザーを当てれば，そのスクリーン上のスポット光は超光速度で移動するではないか．だから超光速で情報を送れるはずだ．

スポットの移動が超光速度になるのは間違いない．月までの距離を30万kmだとした場合，スポットの移動速度が光速度の約6.28倍になることは，円周の長さの計算ができる小学生でもわかることだろう．そして，このような超光速度ならば，スクリーンの大きさは理論上いくらでも大きくできるので，光速度の千倍でも1万倍でも可能である．このような巨大なスクリーンを360度人工的につくることはむずかしいが，月がその軌道上に現実にあるのだから，月に当たったレー

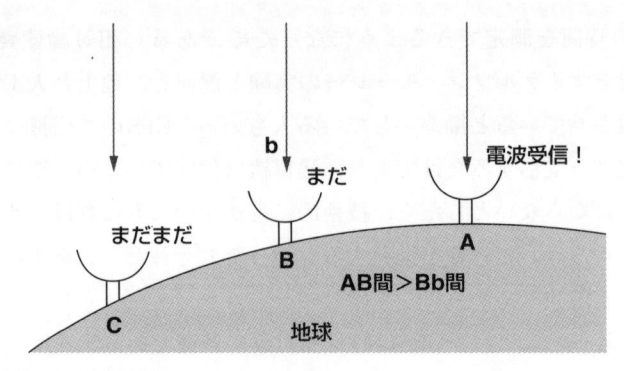

〈図4〉　電波望遠鏡による電波受信

ザーのスポット光の軌跡は超光速度で移動することに間違いはない。

　また，地上から光を発する話ではなくて，逆のパターンを考えることもできる。宇宙の彼方にあるクェーサーの光を，地球上に存在する電波望遠鏡群で捕えるときのことを考えてみよう。

　〈図4〉のような配置で地球上に電波望遠鏡があったとし，そこにクェーサーからの光がやってきたとする。Aにまず光が届き，その後B，Cと受信することになる。到着時間を後からチェックすれば，それはA→B→Cと直接信号を送るより早く，クェーサーからの光が受信されたことになる。つまり，クェーサーからやってきた光は，まずAに到着した後，地球上を超光速度で同心円上に広がるように見えるであろう。

　余談ではあるが，各国の電波望遠鏡をリンクさせた国際的な電波干渉システムは実在し，超長基線電波干渉計（VLBI：Very Long Baseline Interferometer）として知られている。日本では野辺山の電波望遠鏡がこのシステムに参加している。当然ではあるが，このシステムの構築にあたっては同期のとれた正確な時計が必要であり，ここでも国際原子時が登場する。VLBIを利用しても，GPSの場合のように地上2点間の距離をセンチメートル単位で測定できるのであるが，ここでは紹介だけにしておく。

　さて，ほかにも例を挙げれば，超光速度で光やガスが広がっていくように見える観測がある[*9]。これらを理由に，特殊相対論は間違っているというわけである。

　この勘違いは，A，B，Cへ届く光はそれぞれ別なものであるという認識の欠

如によって起こり，この光を使ってAでの情報をBやCに使えることができないという点に気づかないために生じる．Aに光がやってきたとき，Bに到着すべき光は，すでにAB間より近い距離（図中のBb間の距離）にまで到達しているのであり，この光がBに到着する前にAの情報を光に載せることは不可能である．

A→B→Cと"情報が伝わる"とはどういう意味か？ それはAからBへ，そしてCへと1つのボールを中継して送ることに相当する．だから，Bに届いた段階でボールをCに送らずにカットすることも可能であるし，ボールに爪痕をつけてCへ送ることもできる．

クェーサーからの光による超光速度の観測は，1人のピッチャーがA，B，Cのそれぞれに一度に3つのボールを投げることに相当する．そして，ピッチャーとA，B，Cの距離がわずかずつ違うために，それぞれ異なったボールがA→B→Cの順序で到着しているだけにすぎない．Bは中継プレーをするわけではなく，CもA→Bとわたった手垢のついたボールを受け取るわけではないのである．

情報の伝わらない超光速度をつくり出す遊びを1つ紹介しよう．日本の全長は3000kmほどであるので，端から端まで情報が伝わるのに最低でも0.01秒かかる．1000分の1秒単位の正確さで動く時計ならば原子時計を引っ張り出さずともたくさんあるのだから，この時計に連動して光る電球（反応性のよいもの）の装置を多数用意する．そして日本中で有志を募り，この装置を列島中にばらまく．ある日の真夜中に，沖縄で0時ジャストに発光させるようにセットし，北海道で0時プラス0.005秒で発光させるようにセットする．その中間の部分も距離に応じて発光時刻をうまくセットする．すると宇宙から見れば，光の筋が光速度の2倍の速度で動いているように見えるであろう．スペースシャトルが上空を飛んでいるときにやるとおもしろい．この，光速度の2倍の速度で動く光の筋が，光速度の2倍速で情報を運んでいないことは明白である．このお遊びは，途中で発光を中止しようと思っても不可能である．中止命令が届く前に，隣の電球は連動している時計に従って発光してしまうからである．

野球場でのウェーブを想像してもらいたい．隣りの人が立ち上がったのを見てから自らが立ち上がるのが，情報の伝わっているウェーブであり，伝達は遅い．各自が事前に時計をセットし，左右を気にせず自らのタイミングで立ち上がれば，超光速度で進むウェーブも可能なのである．ようするに，特殊相対論自体は超光

速現象を禁じているわけではない。情報を伝えるような超光速運動を禁じているのである。

【正しい間違い3-3】
素粒子加速器で粒子が光速度以上に加速されないことを根拠に，超光速度は不可能と結論するのは間違っている。素粒子加速器は電磁波で粒子を加速しているが，電磁波は光速度で移動するものだから，この方法では光速度以上に加速できない。

　この主張を目撃したときは，「そういう考え方もあるのか」と逆に感動してしまった。これは2つの間違いが絡まっている。
　まず，基本的な方を述べる。加速器は電場で粒子を加速し，磁場で転向させてリング内を回らせる構造になっている。線型加速器ならば電場だけでよい。ここに登場するのは電磁力による加速であって，電磁波を粒子にぶつけて加速しているわけではない。そして，加速器内での電場のかけ方は，粒子が来るタイミングに合わせて行うものであるから，電場の変化のタイミングを超光速度の粒子を加速するようなタイミングで行うことも可能であるはずである[*10]。もちろんこれだけで十分なのだが，おもしろいと感じたのはもう一方の間違いである。
　素粒子に電磁波——すなわち，光を当ててその反作用で加速させる装置を考えてみる。現実には，素粒子の加速というようなミクロな対象ではなく，宇宙空間に太陽光の反射板を張り，その光圧を受けて進むヨットを考えてみるとよい。このヨットは光という風を受けて次第に加速するのであるが，風の速度が光速度であるので，ヨットも光速度以上には加速されないという主張である。
　これは相対論云々という前に，一般的な力学の問題に還元できる。すなわち，「ある一定速度の風を受けてヨットが進むときに，そのヨットは風速以上の速度で運動することが可能であるか？」という問題である。そして，それが不可能だと上記の"正しい間違い"は結論している（前提としているというべきか）わけである。
　実は，これは可能である。受ける風よりも速く走れるヨットは現実に存在する。追い風だけでなく，風上に向かって進めるヨットが存在する。ただし，真正面の風ではだめで，風に対して斜めに進む工夫が必要となるため，〈図5〉のように，

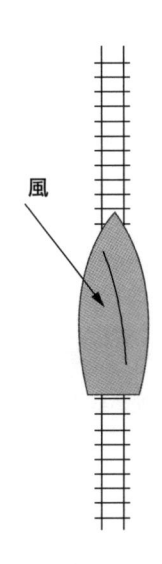

〈図5〉 レール上のヨット

　レールの上を進むヨットを考えるとよい。風が帆に当たって帆に反作用の力を与えるが，進行方向に対して帆の角度をうまく設定すれば，風上に向かってヨットは進む力を得る。ただ，向い風を利用して推進する場合，ヨットを横に流そうとする横向きの力が相当かかるので，これに対抗する抵抗力が必要だ。レールの上を進むヨットの場合，レールから脱線しない限り大丈夫である。本物のヨットの場合は，横流れ防止の板が船底にある。
　このことから次のようなことがわかる。光を受けて進むヨットが宇宙にあって，なおかつ，ニュートン力学の場合のように光速度を超えることが不可能でない限り，ヨットをうまく操縦すれば，超光速度で宇宙を移動できるということだ。ほぼ光速度で進むヨットに真横から光を当てたとする。この場合，ヨットは斜め45度前方から光を感じることになるが，上述のとおり，ヨットはこの光を受けてもっと速く進むことができるようになり，あっさりと光速度を超えることが可能になる。
　同じことが，加速器内の素粒子の衝突のさいに起こることは十分あり得る。それなのにそのような観測が1例もないということをどうやって説明するのであろうか？　ちなみに，特殊相対論に基づいた考察では，真横から光を受けてほぼ光速度で進むヨット上で光を見ると，ほとんど真正面からやってくるのがわかる。

斜め45度ではない*11。このような真正面からの光を使ってヨットを加速することは不可能である。

なお，超光速度の可能性ならばもっと簡単に，光速度の99％以上で動く素粒子が分裂した場合を考えてもいい。これは外部からの力によるものではなく，ロケットが推進剤を放出して加速するようなものであるから，ニュートン力学が正しければあっさりと超光速度になる粒子が観測されるはずである。これを確かめるような実験はいくつもあるが，光速度の99.975％で飛ぶπ中間子が2つのガンマ線（光子）に分裂したときのガンマ線の速度を精密に計った実験がCERNで行われている。もちろん，光速度が変化するようなことは観測されていない。

【正しい間違い3-4】
　量子力学の分野において，超光速度の情報伝達が存在していることはアスペクトの実験によって確認済みである。

　まず，本論と直接関係ないことで恐縮であるが，ベルの定理（不等式）やアスペの実験を元に，相対論は間違っていると主張する人は，なぜかフランス人のアスペ（Alain Aspect）のことをアスペクトとローマ字読みすることが多い。まあ人のよび方などはどうでもよいけれど，「アスペクトとは誰のことかとアスペ問い」といったところだろうか。彼らはまた，いわゆるEPRパラドックスに対する検証実験について，たいていの物理屋が知らないか，あるいは黙殺していると勝手に決めつけているふしがある*12。

　アスペの実験とは，レーザーによって励起されたカルシウム原子から放出される2つの光子を，左右に別々に用意された測定器で測定するというものである。同一の原子から発生した2つの光子なので，それは相関をもった双子であり，一方の測定器で光子の何らかの物理量を測定したならば，他方に届いた光子の物理量も計算で求めることができる。

　問題となるのは，その物理量が，光子が2つに分かれた段階で決定されたのではなく，どちらか一方の測定器で測定された時点で，他方も決定されるということが実験で確認されたことである。光子が2つに分かれた段階で，分かれた光子の性質が決定されていると仮定すると，待ち受けている測定器の状態がどのよう

なものであろうとも，その測定器の状態によって後から臨機応変に自らの状態を変えるようなことはできない。ましてや，他方の双子の片割れを測定する測定器の状況によって，自らの状態を変えるようなことはできないはずである。

　ところが，この考えが事実に反するのである。2つの光子の偏光を測定する測定器が，うんと遠くに離れているとしよう。そして，その中央に放射源の原子を置く。有限の時間後，それぞれの光子はそれぞれの測定器に到着する。測定器内には手動で回転する偏光板が入っている。板の方向はそこにいる観測者次第で変えられるとし，あるときは偏光方向と板の方向がそろっていて光が通過し，あるときは通過しなかったりする。つまり，2つの光子はそれぞれの測定器に到着したとき，それぞれの板の方向がどうなっているかによって通過か不通過かが決まるが，それを左右するのは観測者の気まぐれである。だから，運のいい（悪い？）ときは，双方の光子が通過するときもあれば，反対にどちらも通らない場合がある。

　偶然に2つの板の方向がそろっていた場合——つまり，それぞれの板の相対的な角度が0であった場合（反対の180度も含む），光子は2つとも通過するかしないかのどちらかであり，一方が通過して他方が不通過ということは生じない。測定結果は100％一致していることになる。

　逆に，2つの板の方向が90度ずれていた場合（反対の270度も含む）は，一方が通過すれば他方は必ず通過しない。ようするに測定結果は0％の一致となる。当たり前であるが，それぞれの板の相対的な角度は0〜90度の間のどこかであって，中間の角度もある。この場合は，100％一致と0％一致（100％の不一致）の中間の値をとる。もちろんずれが90度に近づくにつれて次第に一致率が減る。

　ここまでの説明で「うんうん」と納得されると，かえって困ってしまうのであるが(^^;)，もう一度最初の設定を思い出してもらいたい。板の相対的な角度というのは，結果を後から付き合わせて初めてわかるものである。測定中は，双方の観測者が目の前にある装置の結果のみを黙々と記録するだけだ。光子が2つに分かれた段階でその性質が決定されていたとすると，2つの測定には何の相関もないはずである。

　測定器の板どうしが30度のずれで固定されている場合，測定値の一致率が75％になる（4回に1回は，2つの測定器で通過と不通過という異なった結果を得る）としよう。偏光角度が測定器に届く前にすでに決まっていて，その偏光より

第3章　光速度不変編　　35

一方の測定器の板が右回りに30度ずれ，他方が左回りに30度ずれていたとすれば，双方別々に25％ずつの不通過の可能性があるから，一致率は75％から50％強に下がる。50％ちょうどでないのは，双方がともに通過するという場合だけでなく，双方がともに不通過で一致するという可能性があるからだ。
　続いて，別々に30度ずつずれているというのではなく，全体として相対的な角度が60度ずれているという視点で考えてみよう。これは，一致率が0％となる90度より30度ずれた状態と見ることができ，一致率75％とは逆に，不一致率が75％にならねば対称とならない。つまり，一致率は25％であり，上述した50％強という結論とはかなり異なる。
　どちらの考えが正しかったかを確かめたのが，クラウザー（J. F. Clauser）の実験であり，アスペの実験である。結論は後者が正しく，この例の場合は一致率が25％となる。ここで重要なことは，放射源である原子から2つの光子が出た後，その光子が測定器に届くまでの間に，双方の観測者が気まぐれによって測定器内の偏光板を回転させることができるという点である。つまり，2つの光子が出た瞬間には，偏光板の相対的な角度がいくらであるかは決定されていない。それにもかかわらず，後で変えられた全体としての相対的な角度がいくらかによって，一致率が決定されるわけである。
　つまり，観測器に2つの光子が到着した段階で，光子どうしが超光速度で話ができる電話でもって「お前の観測器の傾きは右30度か。俺のところは左30度だから，トータルして60度だな」という会話を交わしていると考えなければ，これが説明できないではないかという考えから，超光速度の情報伝達という話が登場するのである。
　まずは，このような経緯で超光速度の話が出てくるということを確認しなければならないのであるが，実はここまで納得していれば，超光速度という言葉だけを誤解して独り歩きさせることはないはずである。この実験で証明されたのは，2つの光子はそれぞれが局所的な実在となっているのではなく，あらゆる可能性が混然一体となった非局所的実在として存在しているということであった。
　ある場所で粒子が観測されると，それ以外の場所でその粒子が観測される可能性は瞬時に0となる。同様に，光子の偏光角度を測定したときに，それ以外の角度の可能性が突然になくなる。この瞬時の変化を使って超光速度の情報伝達が可

能かというと，答は否である．2つの測定器によって，そこを光が通過するかしないかを調べるとき，どのような操作をしても，相手に超光速度の信号を送ることはできないし，受け取ることもできない．もちろん光子の速度が速くなっているわけでもない．

現実に手元で行う測定は，ランダムに通過と不通過が確率半々で登場するだけである．これは，相手の測定についてもいえる．付き合わせた双方の結果の相関はあるが，個々の通過と不通過の確率に情報を載せることはできない．もちろん，手元の観測器で光子の通過を確認した場合，「相手が同じ角度に板を回していたならば，相手の観測器も光が通過しているはずだ」と仮定の話をすることは可能だし，それは正しい．しかし，それ以上のことは何も得られず，実際に相手が回した角度は光速度以下の伝達方法でなければ得られないのである．

客観的に見ればわかることだが，アスペの実験などを根拠として特殊相対論が間違っていると主張する人が，アスペその人をはじめとして[*13]，当の実験をしたグループ内にいない点がおもしろい．

補注
*1 正確にいうと，現在は光速度不変をもとにして長さが定義されるため，「光速度を測定する」という表現は間違いになる．今後，精密測定によって精度が上がるのは光速度ではなくて，物差しの長さの方である．
*2 霜田光一，「講座：歴史的物理実験，第6回　レーザーによる光速度測定とメートルの定義」パリティ1995年9月号79〜84ページ；パリティブックス『歴史をかえた物理実験』丸善（1996）．
*3 24時間ピタリというのは実は問題がある．地球自身の回転が原子時計に比べて正確ではなく，次第に遅れているからである．そこで地球の回転に合わせた世界協調時（UTC）があり，2つの時計のずれをうるう秒で調整している．ほかにGPS用に運用されている時計などもある．
*4 各国の原子時計網の中にも，特に精密に設計された標準時計というものがあり，ドイツのブラウンシュヴァイク物理工学研究所，カナダの学術会議，アメリカの国立標準工学研究所などにある．この例では役場のサイレンが標準時計であり，自宅の柱時計がそれ以外の原子時計ということになる．
*5 厳密にいえば，東京からワシントンが見通せるわけではなく，人工衛星を介しての通信となる．したがって東京とワシントンの距離は直線距離ではないので，上の計算はあくまでだいたいのオーダーを示しているにすぎない．
*6 原子時計そのものの精度はこれよりもはるかによく，優秀なもので3000万年に1秒程度しか狂わない．
*7 UFOや宇宙人の存在をNASAや米軍が隠しているという陰謀説，世界はユダヤやフリーメーソンに支配されているという陰謀説などは，"トンデモ本"の一大ジャンルとなっている．
*8 なお，この1cmの誤差の大半は，大気中の水蒸気によるものであることがわかっている．大気中に含まれる水蒸気の量でそこを通過する光速度が変化するのである．ここで，1cmの誤差を誤差とは見ずに，水蒸気量の測定値であると逆に考えれば，GPS観測によって大気中の水蒸気量を知ることが

できることになる．ひょうたんから駒の典型のような話だが，実際にラジオゾンデなどによる水蒸気量測定と，GPSによる水蒸気量測定とはピタリと一致することがわかってきた．このことをふまえて，水蒸気量による光速度変化を最初から組み込んでおき，1cmの誤差をさらに1桁低いミリメートル単位の誤差に押し込むことができるようになりつつある．

*9 クェーサーから放出されているジェットが超光速度で運動しているように見える現象が，天文学ではよく知られている．"超光速"というタイトルを見ただけで，相対論は間違っていると勘違いして喜んだ相対論懐疑派の人もいた．この現象は第10章「幾何光学編」で解説する．

*10 粒子速度が光速度に比べて遅いときは，古典的なサイクロトロンで加速できる．光速度に近い速度にするにはシンクロトロンで加速する．

*11 これも特殊相対論の重要な効果の1つであり，シンクロトロン放射とよばれる重要な概念はこれに関係している．西播磨研究学園都市のSPring-8という施設は，まさにこのシンクロトロン放射の応用のためのものである．もし特殊相対論が間違っていたら，この建設に投じられた数百億円はどぶに捨てられたようなものだ．

*12 もちろんこれは間違いで，アスペの実験についてはパリティ1986年5月号の「われ月見る，ゆえに月あり」の記事がくわしい．なお，アスペの実験からさかのぼれば，1972年のクラウザーの実験がある．

*13 アスペに対する次のインタビュー記事を読めばわかるだろう．インタビュアー：「つまりあなたは，光よりも速い信号のようなものが，分離した領域を伝わることが可能であると信じているんですか？」アスペ：「いや，そんな信号があり得るとは思っていません．ただし，信号というものが情報を本当に伝える物と考えた場合ですが．」——P. C. W. デイヴィス，J. R. ブラウン編，出口修至訳，『量子と混沌』地人選書，1987年．

第4章

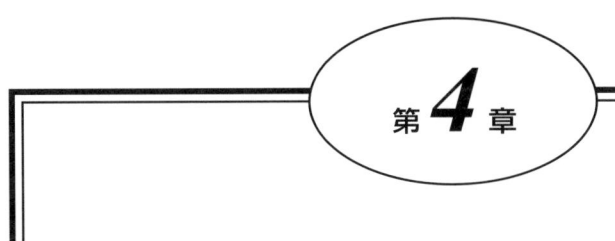

速度の合成編

　いわずもがなだが，高速で移動する物体には，物体が縮み，かつ，物体の時計が遅れるという，2つの相対論的効果がある。どちらか1つだけを考えて一方を忘れると，計算が合わず矛盾が生じる。また，高速物体の時計で，静止時の物体の長さを計算するという，木に竹を接ぐような間違いも多いのである。

　【正しい間違い4-1】
　左右に光速の80％の速さの宇宙船を飛ばすと，互いに光速の160％で離れていくはずである。これは，「光速は超えることができない」という相対論の帰結に反しないか？

　これは"正しい間違い"の王道をゆくものである。多くの本にあるような，あっさりした説明の場合は，いわゆる速度の合成則といわれる数式をポンともってきて，これで計算してしまう[*1]。方法はこうである。左に進む宇宙船の速さは $v = 0.8c$ であり，右向きに進む宇宙船の速さも $w = 0.8c$ である。左に行く宇宙船から右へ行く宇宙船の速さ U を測ると，速度合成則により，

$$U = \frac{0.8c + 0.8c}{1 + 0.8 \times 0.8} = 0.976c \tag{4-1}$$

である。以上終わり…。

　実にあっさりしている。速度の合成則そのものは，ローレンツ変換式からそのまま出てくるもので，特殊相対論の最初の論文[1])にも，もちろん出ている。そして，計算そのものは中学生レベルのものさえわかっていれば……具体的には，2乗やルートの計算とピタゴラスの定理さえ知っていれば，中学生でも解ける単純

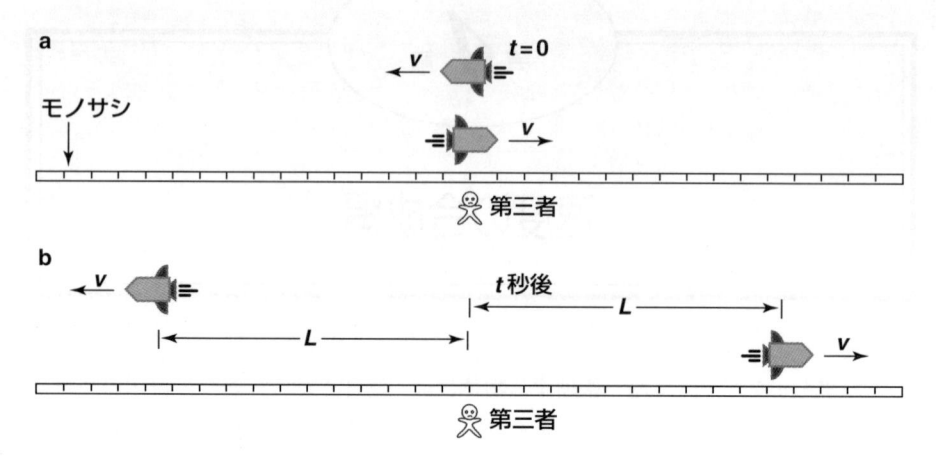

〈図1〉左右に飛んでいく宇宙船（a）と離れた宇宙船（b）

なものである*2。しかしながら，実際にまじめに（ジョークかもしれない）これに異論を唱える大学教授などもいたりするので，世の中おもしろいのである。結局はイメージが頭の中にできていないと，数式だけいじっていてもダメだということだ。

では，実際にイメージが湧くような説明を考えてみよう。まず前提となるのは，速度uで動いている宇宙船やモノサシの長さは$1/\gamma$倍に縮んでおり，かつ，時計がγ倍に遅れているということだけである。ただしここで$\gamma = 1/(1 - u^2/c^2)^{1/2}$であり，$\gamma$ファクターとよばれる量である。$\gamma$は式からわかるように必ず1より大きい。

「左右に光速の80％の速さの宇宙船を飛ばす」という視点は，左右どちらかの宇宙船に乗っている観測者の立場のものではない。2つの宇宙船の速さを同等と見る，第三者の視点からの見解である。当然ながらこの第三者は，自らのもつモノサシと時計で，2台の宇宙船の速度を計測している。よって，左の宇宙船あるいは右の宇宙船に乗っている観測者を基準として，相手の宇宙船の速さを計測する場合は，彼ら自身がもつモノサシと時計を使うはずである（〈図1〉参照）。

さて，さっそく，左に行く宇宙船のモノサシと時計で計測した，右へ行く宇宙船の速さを出して……みる前に，もう少しこの第三者の計測状況を熟考してみよう。左右に分かれる2つの宇宙船の速度を，第三者が計測するとはどういうことなのか？　それはいろいろな機器を使うことも含めて，宇宙船を目で見て観測す

ることであるから，光は瞬時に伝わらないことに留意せねばならない。

それでは，第三者の目の前を2つの宇宙船がさしかかったその瞬間を時刻0として考えてみる。宇宙船の速さを測るのであるから，時間t後に宇宙船がLだけ離れたとすれば，求める速さvは$v = L/t$でよいはずである。長さLの測定は，宇宙船の進む経路に沿わせるように非常に長いモノサシを空間に浮かせておき，モノサシと宇宙船がともに写っている写真を撮ればよい。同時に写真を撮るカメラにはデート機能（タイム機能か？）が付いていて，撮った写真にはその時刻が焼き付けられる。すなわち，この写真1枚で，宇宙船の移動した距離とその時間がわかるのである。

が，実際は話はもう少しややこしくなる。宇宙船がLだけ離れたということを知るには，Lだけ離れた場所からの光が，カメラのある第三者の手元に到着しなければならない。いま手元に，モノサシに刻まれた0.2光秒（1光秒とは光が1秒間で進む距離）の目盛りの前まで移動した宇宙船が写った写真があるとする。写真のすみに焼き付けられた時刻は1秒であった。ここで宇宙船の速さを0.2c/1とし，光速度の20％としてはいけない。1秒という時間は，0.2光秒向こうの離れた場所から光がやってくる時間込みである。0.2光秒の距離を光が移動するには，文字どおり0.2秒かかる。つまりこの写真は，宇宙船は時間$1 - 0.2 = 0.8$秒で0.2光秒の距離進んでおり，結果，0.2/0.8で光速度の25％の速さで移動していることを示していることになる。少なくとも，みずから用意したモノサシと時計を使った計測では，そのような解釈しかできない（〈図2〉参照）。

では，上記のようなことをふまえて，左へ進む宇宙船に乗っている観測者が右へ進む宇宙船の写真を撮り，その速さを測った場合を考えてみよう。左へ進む宇宙船が用意する長いモノサシは，第三者から見れば，当然ながら左に$v(= 0.8c)$で動いており，前述したように目盛りは$1/\gamma$倍に縮んでいるし，時計はγ倍に遅れている。前提より右行きの宇宙船の速さもvである。

第三者のモノサシと時計では，t秒の間に2つの宇宙船は$2vt$だけ離れていることになるが，左へ進む宇宙船のモノサシを使って，縮んだ目盛りをそのまま採用して測ると，t秒の間に$2\gamma vt$だけ離れていることになる[*3]。では，$2\gamma vt$の目盛りの前にいる右行きの宇宙船の映像が，左の宇宙船へ届くまで，どの程度の時間がかかるのであろうか？

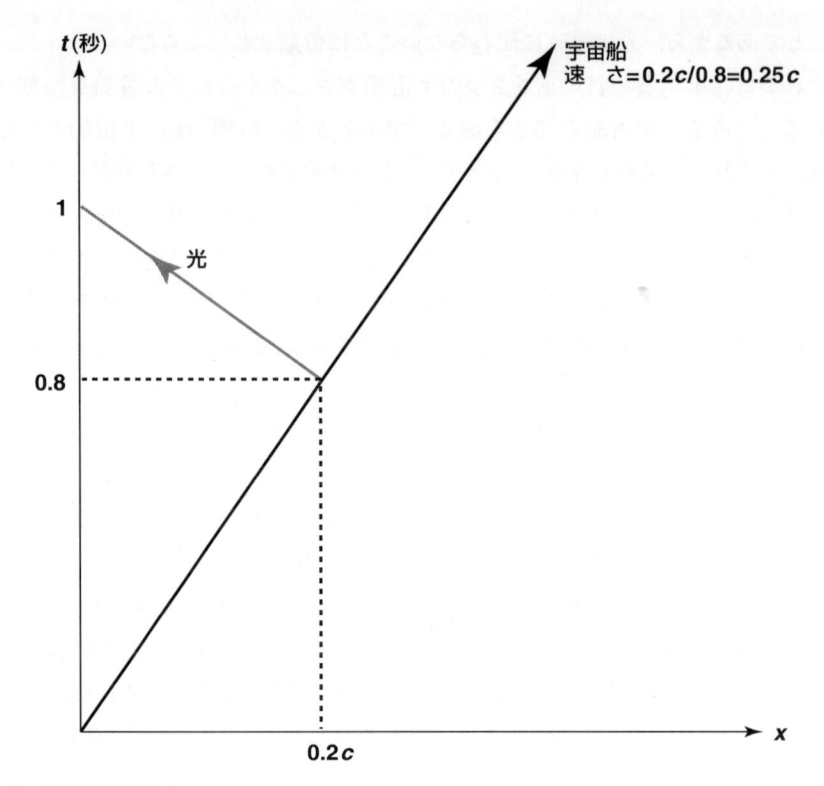

〈図2〉 宇宙船の時空図
速度の計算には，光の届く時間も考慮する必要がある。

　この$2\gamma vt$の目盛りと右行き宇宙船のツーショットの場面が，左の宇宙船へ届く時間をt'とすれば，
$$ct' = 2vt + vt'$$
だから，
$$t' = \frac{2vt}{c-v} \qquad (4\text{-}2)$$
となる。結果，ツーショット映像が左の宇宙船に届くのには，宇宙船と第三者がすれ違ってから$t + t'$の時間がかかることになる。だが，注意せねばならないのは，この時間測定は第三者がもつ時計で測った時間であるということだ（〈図3〉参照）。
　最終的に，宇宙船と第三者がすれ違ってから，ツーショット写真が撮れるまで

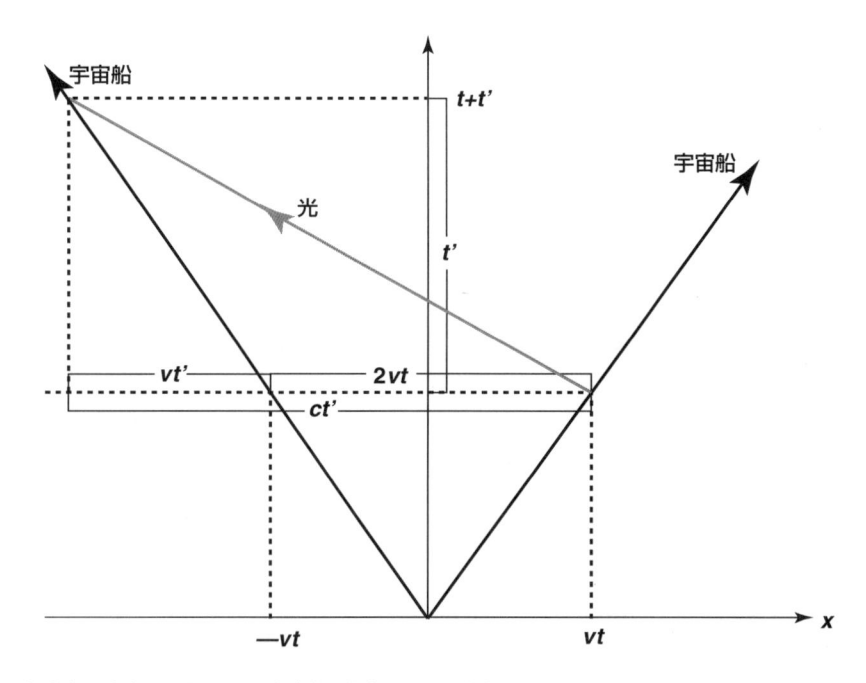

〈図3〉左右に速度 v で飛んでいく宇宙船の時空図による説明

の時間を，左に行く宇宙船の時計で測れば，

$$T = \frac{t+t'}{\gamma} = \frac{(c+v)^2}{c^2}\gamma t \tag{4-3}$$

となることがわかる。これが写真のすみに残る時刻になる。写真には $2\gamma vt$ の目盛りと宇宙船のツーショットが写っているのだから，左の宇宙船の中の観測者はそれをそのまま計算する。第三者の立場からいえば，宇宙船の間隔は $2vt$ しか離れておらず，左に動いているモノサシが縮んでいたために $2\gamma vt$ の目盛りが写ったと説明するが，左の宇宙船の中の観測者はそのようなモノサシの縮みは観測しないからである。

　なお，すでに指摘したように，写真に写っている時刻は，ツーショット場面の映像が左行きの宇宙船に届く時間も込みであるから，それを引き算せねばならない。その速度を U とすれば，

第4章　速度の合成編

$$U = \frac{2\gamma vt}{T - \dfrac{2\gamma vt}{c}} = \frac{2c^2 v}{c^2 + v^2} = \frac{2v}{1 + \dfrac{v^2}{c^2}} \qquad (4\text{-}4)$$

となり，補注の＊1で示した速度合成則で，$v = w$としたときと同じ結果をちゃんと得ることになる。

　まとめてみよう。左右に光速度の80％で離れていく宇宙船を考えた段階で，すでに第三者の視点に立っていることをまず理解せねばならない。なぜならば，左へ行く宇宙船，あるいは右に行く宇宙船に乗っている観測者ならば，自分のいる宇宙船は静止とみるはずであるから。

　そして，第三者のもつモノサシと時計を使って考えれば，左に行く宇宙船から見た右行きの宇宙船の速度は光速度の160％となるだろうと推測できる。ここで使ったモノサシと時計を，そのままどこでも使えるとしたのがニュートン力学である。特殊相対論では立場によってモノサシの長さも時計の動きも変わるので，左に行く宇宙船から見た右行きの宇宙船の速度を出すには，左行きの宇宙船が使用するモノサシと時計で計算をしなければならない。その計算結果が速度合成則として登場し，それにより光速を超える物体は観測されないことがわかるのである。

　ここでの計算方式をややこしいと感じた人は多いであろう。そうなのだ。速度の合成則を使えばおしまいのところを，あれこれと"わかりやすいように"（実はわかりにくいのだが）説明したのである。たとえてみるならば，連立方程式を使えばおしまいのところを，使わないで"鶴亀算"のたぐいのことをすると，よけいにむずかしくなるのと似ている。有名中学のお受験の問題のようなものなのである。

　ここで指摘した"正しい間違い"をする人は，ようするに「特殊相対論で計算される速度合成則は，ニュートン力学では説明できない」ということを再発見しているだけである。ここで述べたことは，超光速は出てこないはずの特殊相対論を使って計算した帰結として，超光速が登場してしまうような矛盾は生じないということを示したにすぎない。ニュートン力学の帰結（互いの宇宙船の速度を，光速の160％とみる）と，特殊相対論の帰結（互いの宇宙船の速度を，光速の97.6％とみる）のどちらが正しいかは，実際に実験してみないと決められないのである。

　もちろん，どちらが正しいかを実験で確かめることは行われており，CERNで行

われた実験では，光速の99.975％のπ中間子から飛び出した光であってもやはり光速度であったことなどが確かめられている。

【正しい間違い4-2】
　地球と月までの距離の半分の長さの宇宙船があり，光速の半分で移動している。宇宙船の後部が地球から離れた瞬間に，宇宙船の中で光速の半分の速度で物体を投げ上げる。すると，宇宙船の先頭が月に達したときに，宇宙船の中を移動した物体も先頭に届くはずである。ということは，この物体は光速で地球から月に届いたことにならないか？

　この勘違いも非常に多い。ただ，これに対する解説は啓蒙書の中にも多数見られるので，すでに根絶されたかと思ったがそうでもないらしい。
　間違いの元は単純である。宇宙船の速度を光速の半分としたのは，地球と月を静止と見た宇宙船の外の観測者のものであり，宇宙船の中の物体が光速の半分で飛んでいるというのは，宇宙船の中の観測者によるものである。この2つを混同すると，このような間違いをする。
　再びあっさりした説明では，速度の合成則を使って，

$$U = \frac{0.5c + 0.5c}{1 + 0.5 \times 0.5} = 0.8c \tag{4-5}$$

で終わりである。つまり物体の速度は光速ではなく，その8割である。もちろんこれで納得できず，勘違いする人が絶えないのであるから，もう少し説明を続けねばなるまい。宇宙船の外から見た場合と，宇宙船の中から見た場合とを比べることで，速度の合成則が出てくることを証明すればよかろう。
　では，お膳立てをする。地球から月までの距離を$2L$としよう。宇宙船の速度は$0.5c$であるが，一般的な解を求めるため，vとしておく。これは，宇宙船の外にいる観測者の視点のものである。宇宙船の中の観測者は，宇宙船の速度を0とするのであるから。
　続いて宇宙船の長さであるが，単純にLだと考えてはならない。速度vで動いている状態で，長さが，地球から見てLなのであるから，宇宙船の静止時の実際の長さ（固有長さという）はγLである。宇宙船の中の観測者は，宇宙船の長さを，こ

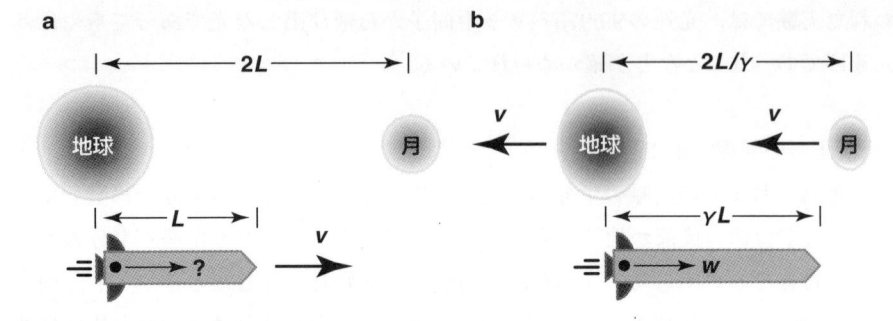

〈図4〉地球 - 月間を飛ぶ宇宙船

のように固有長さで観測している。

　そして，宇宙船の中で投げる物体の速度をwとしよう。ただし，この速度はどの観測者から見た速度かを述べねばならない[*4]。これはもちろん，宇宙船の中の観測者が見たものである。宇宙船の外にいる観測者の視点のものだとしたら，$v = w$の場合，宇宙船そのものも，中を飛ぶ物体そのものも速度が同じになってしまい，中から見ると物体は止まっていることになってしまうからである（〈図4〉参照）。

　ここまで説明すれば，宇宙船の中を飛ぶ物体の速度を外から見た場合，それを単に$v + w$としてはならないことはおわかりだろう[*5]。別々の時計とモノサシをもつ別々の観測者の計測を，そのまま足し算するというのは，100円 + 100ドル = 200円（あるいは200ドル）とするような初歩的な間違いであるが，これがけっこうあちこちで存在する。

　では，宇宙船の中の観測者の計測をちょっと考えてみよう。物体は長さγLの宇宙船の中を，速度wで飛んでいく。宇宙船の端から端まで飛ぶのにかかる時間をtとすれば，

$$t = \frac{\gamma L}{w} \tag{4-6}$$

である。ただし，【正しい間違い4-1】でも述べたように，これを宇宙船後部にいる観測者[*6]が知るのは，先頭に物体が届いたという映像が観測者に届いた後である。これは光速で届くから，その時間をt'とすると，

$$t' = \frac{\gamma L}{c} \tag{4-7}$$

46

ということになる。つまり，物体が宇宙船の中の観測者の目の前を飛び出した瞬間に，観測者がストップウォッチを押し，先端に物体が届いたことを見たときに止めるとすれば，そのタイムは $t + t'$ となるわけである。そしてそのタイムから t' を引き算して t を求めるというのが，宇宙船の中の観測者の観測である。このことをふまえて，宇宙船の外の観測者がこれをどう見るかを考えればよい。

　まず，ストップウォッチの針が指す数値は，宇宙船の中と外で変わらないということである。もちろん，ストップウォッチの形状が縮んでいたりということはあるが，中で見ると3で針が止まり，外で見ると4で止まるというようなことは生じない[*7]。

　しかし，針が3で止まっているとしても，それは宇宙船の中のストップウォッチなのであるから，外から見るとその針の示す数値をそのまま採用することはできない。外から見れば時計が γ 倍に遅れているのだから，指したタイムを γ 倍せねばならない。具体的には，$\gamma(t + t')$ が外から見たタイムである。

　また，このタイムは，先頭に物体が届いたという映像が観測者に届いた時間も含まれていたので，これを引き算せねばならない。ならば最初から，外から見たときの物体の移動時間を γt とすればよいではないかと思うかもしれないが，それは違う。宇宙船の先頭からやってくる映像の光を受け取る宇宙船後部の観測者は，外から見れば光をお出迎えしている。そして，宇宙船の長さは L である。ということは，先頭に物体が届いたという映像が宇宙船の中の観測者に届く時間 T'（t' に対応する時間ということで T' とした）を外で計測すると，

$$T' = \frac{L}{c+v} \tag{4-8}$$

となる。よって最終的に，外の観測者が測った，物体が後部から先頭部に届く時間 T というのは，

$$T = \gamma(t + t') - T' \tag{4-9}$$

であるといえる。これから，外から見たときの物体の速度が出せる。T の時間の間に，物体が宇宙船の後部から先頭部まで移動する。宇宙船の長さは，外から見れば L である。そして，宇宙船自身も vT だけ移動している。すなわち，時間 T の間の物体の移動距離は，$vT + L$ である。よってその速度 U は，

$$U = \frac{vT + L}{T} = v + \frac{c^2 w}{\gamma^2(c^2 + vw)} = \frac{v+w}{1 + \dfrac{vw}{c^2}} \qquad (4\text{-}10)$$

となる。説明は必要ないと思うが、これこそ特殊相対論で登場する速度合成則そのものである。ローレンツ変換からあっさりと出すだけでは納得できないというのならば、このように実際の思考実験で確かめてみればよいだけのことである（〈図5〉参照）。

【正しい間違い4-3】
　ほぼ光速に近い宇宙船が飛んでいるとする。この宇宙船が光とともに地球から月へ競争すると、（宇宙船の方がわずかに遅いものの）ほぼ同時に着く。これを宇宙船内から見れば、光速はやはり光速なので、光の方がずっと先に月に届くのではないか。

　これも非常に多い間違いで、もっとも初歩的なものだと思われる。しかし案ずることはない。工学部の教授でも同じ間違いをし、しかもそれを根拠に相対論が間違いであると主張をしているのであるから。
　答えは単純で、宇宙船内から見ても、宇宙船と光はやっぱりほぼ同時に着くのである。なぜか？　宇宙船内から見れば、地球と月の距離はごくわずかなのであるから。
　ようするに、宇宙船の外から見れば、宇宙船と光の速度はほとんど変わらないがゆえにほぼ同時に着くのであるが、宇宙船内から見れば、競争して差が着くほど地球と月の距離が離れていないのである。トラックの長さが5mしかない競技場だったら、カール・ルイスと走っても大きく差をつけられることはないだろう。
　地球＆月静止系から見た地球と月の間の距離をLとすれば、宇宙船から見た間隔はL/γになっていることになる。同じく地球＆月静止系から見た宇宙船の速度をvとすれば、宇宙船から見れば月がこの速度で近づいてくることになる。
　よって、ヨーイドンで地球から出発した宇宙船と光の、月への到達時間の時間差は、この競争を外から（地球＆月静止系から）見ると、これは中学校の練習問題で、$L/v - L/c$となる。宇宙船内で見れば、距離がL/γになっているので、これ

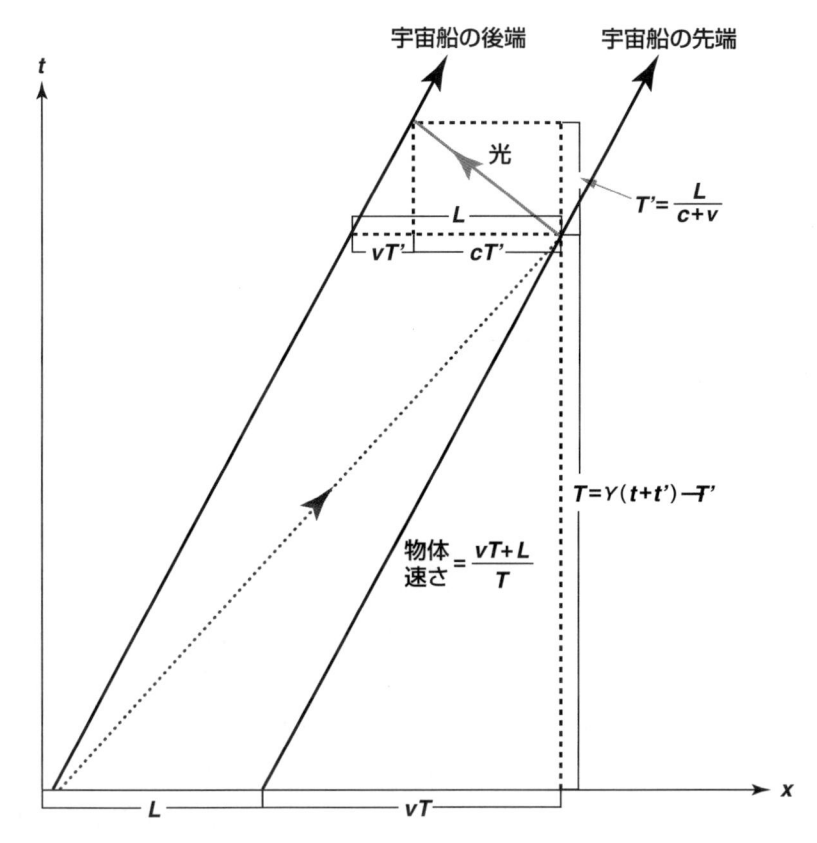

〈図5〉地球‐月間を飛ぶ宇宙船の時空図による説明

また中学校の練習問題で，$L/\gamma v - L/\gamma c$ となる。時間差に γ 倍の差が出ているのは，時計の進み方が γ 倍違っているからだ。すなわち，距離の縮みがそのまま時間の遅れと結びつくのである。このように，計算としては気が抜けるほど単純な話である。

もっとわかりやすいのは，宇宙船……ではなくて宇宙線の寿命に関する相対論的効果についての話である。宇宙からやってくる μ 中間子[*8]の計測により，粒子の寿命が伸びるというのは有名だろう。たとえば，光速の99.999％の速度の場合，$\gamma = 223.6$ 程度になる。つまり，粒子の寿命が223.6倍にも伸びるので，存命中（？）には到達不可能と思われる地上まで到達することができる。

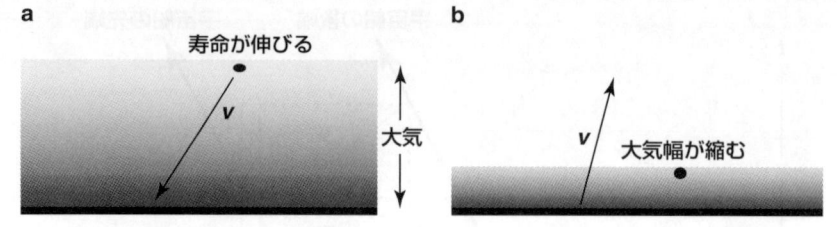

〈図6〉 μ中間子を観測する2つの立場*9

　ただ，この説明は一側面からのものである。μ中間子とともに動く観測者を考えれば，μ中間子の寿命は伸びたりはしていないはずである。だから，μ中間子は地面まで届くはずはないと，件の教授はいう。そこでμ中間子が実際に地面に届いてしまう理由を，どう説明すればよいのであろうか？

　ここまで書けば，すでにわかっている方が多いだろう。大気の厚さが$1/\gamma$に縮んでいるのである。寿命がγ倍に伸びることと，移動すべき距離が$1/\gamma$倍に縮むことは，まったく同じ効果を生む（〈図6〉参照）。

　たとえば，秒速10 mで走る人がいるとする。彼は10秒以上走ると筋肉の酸素がなくなって走れなくなると，みずから申告する。すると100 mしか走れないはずであるが，なぜか20秒間走り続け，200 m走ってしまったとする。外からこれを見た人は「彼のもつ時計の進み方が半分で，筋肉の酸素消費率も半分になった」と見る。しかし，走った本人に聞けばこう答えるだろう。「え？　俺は10秒しか走れないよ。でも，トラックの長さが半分になってたけどね」と……。

参考文献
1) A.Einstein: *Zur Elektrodynamik bewegter Körper* (1905).

補注
*1　速度の合成則とは次のようなものだ。ある観測者に対して，速度uで運動しているロケットがあるとする。そのロケットに対して，さらに速度wで運動しているロケットがあるとすれば，もとの観測者から見ると速度$U = (v + w)/(1 + vw/c^2)$で運動しているように観測される。
　　教科書の場合はこんな初歩的な部分でつまずいているわけにはいかないので，あっさりしたものになるのは仕方がない（いちばんあっさりした相対論の教科書というと，ディラックの『一般相対性理論』であろう）。勘違いをなくしてやさしく解説するのが目的の啓蒙書でも，意外と速度合成則の計算式をそのまま出して終わりというものも多い。もっといろいろな面から考察してもらいたいものである。

*2 相対性理論が誰にも理解できない(あるいは3人しか理解していないとか)という話をしたのは，どうもチャップリンのジョークが元らしい。チャップリンの4人目の子供の誕生にさいして，アインシュタインが「あなたの芸術は皆に理解されているすばらしいものだ」という主旨の書簡を送ったところ，チャップリンは「いやいや，あなたは誰一人として理解していないのに人々を魅了している」と返答したとか。(第8章補注も参照。)

*3 ここでの$2\gamma vt$という値は，宇宙船のモノサシで測ったものであり，tは第三者の時計で測った値である。これをよく把握し，混同しないように注意。ここが"正しい間違い"のツボである。

*4 この手の"正しい間違い"をする人は，どの観測者に対しての速度かということに無頓着である。

*5 ところが，$v+w$をそのまま採用し，「この考えには一点の誤りもない」と豪語する人もいておもしろい。

*6 ここでは観測者が後ろにいるとしたが，これは本来どこでもよい。先頭にいた場合は物体が投げ上げられた瞬間の映像を受け取るのに時間がかかり，宇宙船の真ん中にいたら，出発と到着の映像の遅れが半分ずつになるわけである。

*7 このことは，第2章「同時の相対性編」で何度も述べたことである。ただし，計測が3と4となり，中と外で異なるというのが相対論だという誤った認識を元に，これに反対したり賛同したりするという，いわば蚊帳の外での議論も多い。

*8 この表現は正しくない。宇宙から降ってくる高エネルギーガンマ線などが大気上層の分子に衝突して，多数の粒子シャワーを弾き出し，その中にμ中間子があるのだ。寿命が短い粒子であるから，大気上層で生まれ，地面に届くか届かないかで一生を終えるのである。ところで"μ中間子"というのは昔の表現で，いまはミューオンまたはμ粒子という。

*9 2つの立場でvの向きが違う点に注意。大気にナナメに入ってくる粒子の立場では，勾配がある地面に突っ込むという見方をするが，その勾配がローレンツ収縮でゆるやかになっている。端的に説明すれば，光速に近い粒子の衝突は，どのような場合でもほぼ正面衝突に近い衝突となる。

第5章

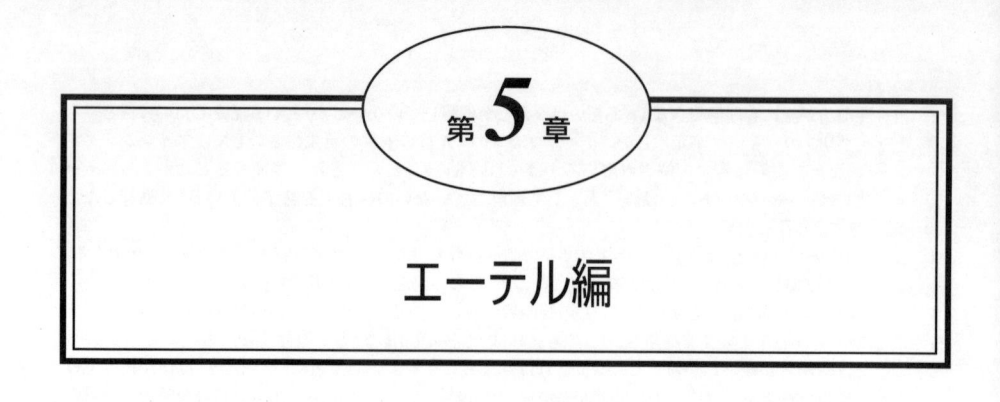

エーテル編

相対論登場以前,光はエーテルという媒質上を移動する波であると考えられていた。そして,エーテルの静止している慣性系を絶対静止系として他の慣性系と区別した。

ローレンツの理論とアインシュタインの理論とでは,数学的には同じであるが,エーテルに対する概念は180度違う。ところが,基本であるはずのこの違いを混同している人が少なくないのである。

【正しい間違い5-1】
エーテルに対して地球が運動していることは,ブラッドレーが発見した光行差現象が示している。

ある意味ではこれは正しい。いや,"正しかった"と過去形でいうべきであろう。19世紀半ばまでは皆がそう思っていたはずである。そこにマイケルソン-モーレーの実験が登場し,エーテルに対して地球が止まっているという結果が出たからこそ混乱が生じたのだ。

まずは光行差現象について簡単に説明しておこう。望遠鏡で星からくる光を観測すると,1年間で星の位置が回転して見える。この現象は1725年にブラッドレー(J. Bradley)により発見された[*1]。光行差現象は,よく空から降ってくる雨に例えられる。風がなければ雨は真上から降ってくるのだが,その中を観測者が傘をさして走った場合は,傘を前方に傾けねばならない。つまり雨は,観測者が走ったことにより前方から降っているように観測されるということだ。雨粒の速度がvで観測者の速度がwならば,雨の傾き角θは$\tan\theta = v/w$で表される。雨

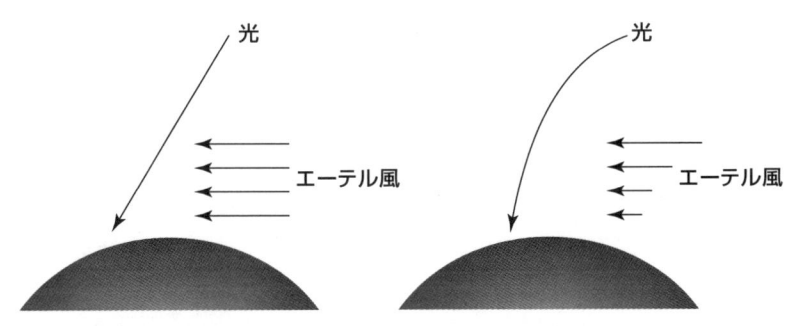

〈図1〉 エーテル風による光の傾き
左：地球がエーテルを引きずらない場合は，地上の実験室ではエーテル風が吹く。したがって，光行差現象が観測される。右：地球がエーテルを完全に引きずるなら，地上の実験室ではエーテル風は吹かない。したがって，光行差現象が観測されない。

粒を光と考えて速度を光速cとすれば，この式はそのまま適応できる。ただし厳密にいえばこれはニュートン力学の範疇での話で，相対論を考慮した場合は少し異なるが，観測者の速度が光速に比べて小さい場合はこの式で十分であるし，ブラッドレーが光行差を発見したときには相対論は存在していないので，この式しか出しようがなかったはずである。物理学者たちは，この現象を，エーテルに対して地球が動いているからだとした。エーテル風がビュービュー吹いている中を光が落ちてくるために斜めに降ると考えた。あるいは，当時は光の粒子説も健在だったから，粒子派は単に速度の合成を考えていただろう。しかし，粒子説はその後，光の波の性質が確認されて19世紀半ばまでには消えていく。

　光行差現象を，エーテルに対して地球が動いていることの証とした場合，地球の表面までエーテルの風が吹いているとする必要がある〈図1〉。雨粒の例で考えればわかるが，いくら上空で風が吹いていて雨粒が流されているとしても，実際に観測している場所が無風であるならば，雨は真上から落ちてくることになるからである。また，観測される光の速度も，エーテル風の分が加味されることとなる。当時の光速の測定は，光速そのものの決定というより，エーテルに対して地球がどの程度動いているかを測定するものと考えてもよい。現代ならばレーザーのような光源とものさしと原子時計をもって直接計ればOKなのだが[*2]，19世紀末にはそんなものはないから，少し工夫が必要となる。それがマイケルソン-モーレーの実験だった。そして，この実験ではエーテル風が吹いていないという

結果が得られた。そこで，この2つの観測と実験を同時に説明できる理論を物理学者たちは探したのである。

さて，これをどのように勘違いするかをみるには，"相対論は間違っている"とする人々の主張を聞くのが手っ取り早い。マイケルソン-モーレーの実験については"相対論は間違っている"とする人々も，色々な誤解はあるものの知っているので，これに対する反論を試みている。しかし，そのほとんどが100年前の実験の直後の反論となんら変わっていない。

代表例は次の2つであろう。
(1) マイケルソン-モーレーの実験は精度がよくないから，最新の技術で追試すべきだ。
(2) 実験室ではエーテルが地球に引きずられており，エーテルは相対的に実験室に静止している。だから，エーテル風が吹いていない状況だった。

これについてはすでに第1章の「歴史編」で述べているので，それぞれ個々の追試実験については詳しくは触れないが，(1)については，もちろん現在でも検証実験が行われている。精度的には100年前の10万倍（！）以上であるにもかかわらず，いまだエーテル風は観測されていない。

地球の公転速度が毎秒30 kmであるのに，いまだ毎秒3 cmのエーテル風すら観測されていないのである。これだけ精度がよくなっているにもかかわらず，(1)の主張を"相対論は間違っている"とする人々は言い続けているのである。これら追試実験が，たとえば秘密裏に行われていて決して学会には発表されない代物ならばともかく，これらは論文で読むことができる。またまったくの素人だとしても，追試実験が十分行われていることは，マイケルソン-モーレーの実験を述べてある本には必ず出ているので知らないとは思えない。一番手っ取り早いのは，物理関係の辞典で【マイケルソン-モーレーの実験】の項を探すことであろう。

また，いまだにマイケルソン-モーレーの実験にはミスがあったと述べている人もいる。たとえば銀を薄くメッキしたハーフミラーで光を分ける際に，そのまま直進する光は表面のメッキを通過してガラス内部を通るが，反射した光は通らない。このため，反射した光が通る方向には補償板といわれるガラスを設置して条件が同じになるようにする〈図2〉。マイケルソン-モーレーの実験ではこれを外していた"疑い"がある…という指摘である。もちろんそういう可能性はあるだ

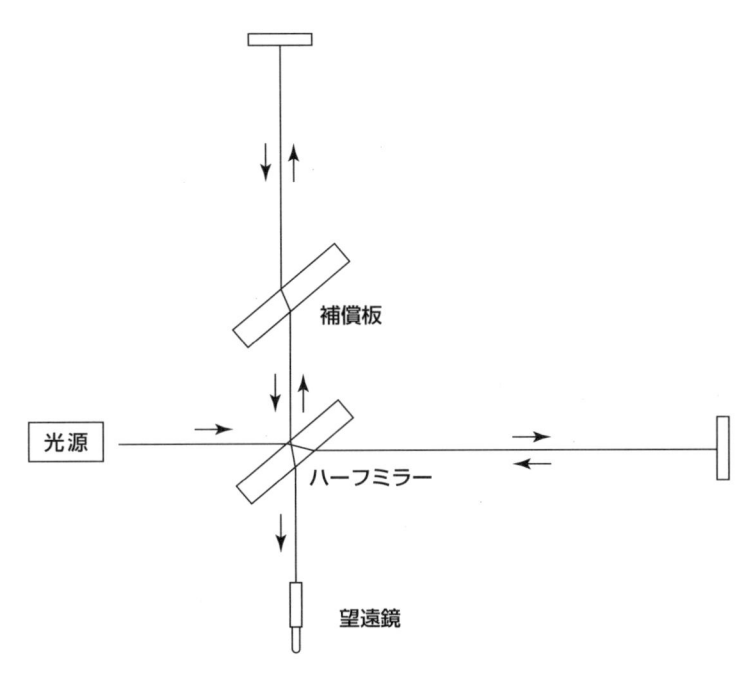

〈図2〉 補償板は入っていたか？

ろう。しかし多くの場合，その後が続かない。

　なぜ"疑い"で終わってしまい確かめようとしないのか？　先ほども述べたように これら実験は秘密裏に行われていたのではない。また，歴史的な実験であるので，実際の実験装置の形状や実験方法などは，普通の書店に並べられている啓蒙書にも多く取り上げられている。それどころか実物の写真まで載っている本もあるのだ。補償板となるガラス板が設置されているか否かは，それこそ一目瞭然でわかるのである。

　百歩譲って，補償板が入っていなかったとしてみよう。実験装置の写真を撮ったときには付けていたが，その後何らかの理由で取り外してそのまま忘れていたと考えてみる。あり得そうもないことだが，まあそこまで譲歩すれば，この"歴史的な実験"でミスがあった可能性があるということができる。が，マイケルソン-モーレーの実験は現在も行われている実験であるのだから，実際に今，補償板を確実に入れたのを確認した上で実験を行えばよいだけの話である。「"歴史的な

実験"でミスがあったか？」という命題ならば疑い出せばきりがないし，時間を戻せない以上もう一度この目で確認することはできない。しかし，「補償板を入れなかったというミスをした可能性がある」という疑問をもったなら，今後何度でも追試実験をすればよいし，現実にそれは行われているのである。

　続いて(2)であるが，冒頭で述べたように地球がエーテルを引きずっているならば，光行差現象は観測されない。光行差現象が観測されるならば，エーテル風が吹いていることになるので，マイケルソン・モーレーの実験において，干渉縞が観測されるはずであった。ここに矛盾があったからこそ問題となったのだ。光行差現象を観測できる天文台までわざわざマイケルソン・モーレーの実験装置をもっていき，追試実験が行われたのもそのためである。それでも光行差現象は観測され，マイケルソン・モーレーの実験は失敗に終わる。エーテルに対し地球が動いていることを示す結果と，動いていないことを示す結果が揃ったのだ。

　この事実を知っているはずなのに，一方では「光行差現象によってエーテル風が吹いてることは確認されている」と述べ，他方で「マイケルソン・モーレーの実験は地球の表面でエーテルが引きずられているとすれば説明可能」と主張する人もいる。ここまでくると"間違い"というよりは，"相対論は間違っているという信仰"なのかもしれない。

　もちろん逆に，あなたが読んでるこの文章が"相対論は正しいという信仰"に基づいて書かれているという可能性もある。チェックするためにも，ぜひ自分自身で真偽を調べていただきたい。

【正しい間違い5-2】
　マイケルソン・モーレーの実験で，2つに分かれた光の往復時間に差がでなかったのは，実験装置が運動方向に縮んでいるからだと，相対論は説明する。

　意外と多いのがこの誤解である。観測装置がローレンツ収縮をしていたために干渉縞が動かなかったと相対論は述べているというのだ。これはローレンツの収縮仮説であって相対論ではない。
　では相対論では，どのようにして干渉縞が動かないと説明したのか？　ものすごく簡単である。観測装置はどの方向にも伸びも縮みもしない。同様に，方向に

よって光速も変化しない。よって，回転させようがどうしようが，干渉縞は動くはずがない。これだけである。

　もしこの説明に不満で，相対論に不可欠なローレンツ収縮はいずこにいったのだと思われたのなら要注意である。あなたが相対論を正しいと思っているか間違っていると思っているかはわからないが，相対論を擁護しているつもりがエーテル理論の擁護になっていたり，相対論に反論しているつもりが，実は相対論の主張を代弁している可能性がある。

　事実，相対論は間違ってるとして書かれた本の方が，この件に関しては正しく書かれている場合もあった。そこに相対論の擁護派から反論がきていたりするらしい[*3]。相対論を論破するという目的で"観測装置が縮むということはおかしい"ことを説明しようとしている本もある。そう，確かにおかしい。相対論がそんな結論を導いたなどと誰が述べたのか？

　こうなってはあべこべである。ドンキホーテにならないためにもしっかりと把握しよう。

　まずはローレンツの収縮仮説である。ちなみに，相対論では，観測装置が縮むという誤解は，多くの教科書では，このローレンツの収縮仮説を説明した後に特殊相対論の説明を続けるから，そこで混同をきたすらしい。だから，もう一度いっておく。今から述べるのはローレンツの収縮仮説であって，相対論ではない。

　この仮説は，光の媒質としてエーテルという物質があるという前提で組み立てられている。光行差現象によって，地球のエーテルに対する運動は最低でも秒速30 kmであると考えられていた。そして，光はこのエーテルに対してどの方向にでもcで伝わる。光の伝播は水の波紋のようなもので，実験装置がエーテルに対して動いていようがなかろうが，光はエーテルに対して一定の速度cで運動するのである。波源の運動に対して独立に移動するというのは波の性質そのもので，ここに特別な仮定は存在しない。

　そうすると，光は実験装置に対して均等にcで広がらない。そもそもはこの"どの程度cからずれるか"を測定するのが目的であったが，直接計るすべがなかったため往復光を利用するマイケルソン・モーレーの実験が考案された。現代ならばもっと直接的に光の片道に要する時間を原子時計で計ることができ[*4]，この仮説が間違っていることはわかるが，当時はまだ無理であった。

マイケルソン-モーレーの実験はエーテルの流れに垂直に進む光と，平行に進む光の往復の時間差を比べたものである。実際は装置を回転させるのでその中間も測定しているが，360度回転させれば4回はそういう状況になり，エーテルに対する腕の"役割"が2回入れ替わることになる。また，回転させて時間差がどう変わるかを比べているのであって，それぞれの移動時間そのものを計測して理論値と比べるのではないから，それぞれの腕の長さが厳密に等しい必要はない[*5]。同様にそれぞれの腕の角度が厳密に90度である必要もない。

　教科書的には腕は垂直で長さが同じ，なおかつエーテルに対して腕が垂直と平行になっている場合の式が書かれていることがほとんどだが，これはそのときの式が一番単純であって説明しやすいからにほかならない。なぜこんなことをわざわざいうかといえば，「エーテル流に垂直な腕がわずかに傾いていて，その結果時間差が観測されなかった」という主旨の勘違いも存在しているからである。もちろん厳密に直角な腕をつくることは不可能だろうからこの指摘は"装置が特定の角度を向いているときは"正しいことを述べている可能性がある。しかし，回転させて時間差がどう変わるかについての測定では，この誤差はまったく問題にならない。実際に腕の角度が任意の場合にどうなるかを計算してみるのも一興だろう。

　さて，話を元に戻そう。マイケルソン-モーレーの実験では，実験装置がエーテルに対して動いており，その結果光速が方向によって変化するという前提があった。エーテルの流れと平行に進む光の往復時間t_1と，横切る光の往復時間t_2は，

$$t_1 = \frac{l}{c-v} + \frac{l}{c+v} = \frac{2l}{c} \frac{1}{1-(v/c)^2} \tag{5-1}$$

および，

$$t_2 = \frac{2l}{\sqrt{c^2-v^2}} = \frac{2l}{c} \frac{1}{\sqrt{1-(v/c)^2}} \tag{5-2}$$

のように差が生じるはずだった。vは観測装置のエーテルに対する速度，lは2本の腕の長さである。これを干渉縞の変化で測定しようとしたが失敗したので，エーテルの流れと平行の腕が，エーテルによって$\sqrt{1-(v/c)^2}$倍だけ圧縮されるのだとしたのがローレンツの収縮仮説である。

　続いて，特殊相対論である。前述した通り，観測装置はどの方向にも伸びも

縮みもしないし，方向によって光速も変化しない。よって，t_1 と t_2 は，

$$t_1 = \frac{2l}{c} \tag{5-3}$$

および，

$$t_2 = \frac{2l}{c} \tag{5-4}$$

となる。そもそもエーテルに対する速度 v という概念が出てこないのだから，t_1 と t_2 に区別する必要もないというべきであろう。くどいようだが，腕の長さを厳密に同じにするのは不可能であるから，厳密に $t_1 = t_2$ だとはいえないだろうが，時間差がどう変わるかについての測定では，この誤差はまったく問題にならない。

　では相対論において観測装置がローレンツ収縮するのはどんなときだろうか？それは観測者と実験装置とが互いに相対運動をしているときである。今の場合，実験装置とマイケルソン，モーレーは同じ地下室にずっと一緒にいたのであるから，ずっと相対速度は0のままだった。

　そこで今度は，マイケルソンとモーレーは宇宙空間にいて，エーテルに対して静止しているとする。その前を，彼らが作った実験装置が通り過ぎるとするのである。

　まずはローレンツの収縮仮説である。この設定では，光は観測者に対して均等に広がっている。しかし観測装置が移動しているので，エーテルの流れと平行に進む光の往復時間 t_1 と，横切る光の往復時間 t_2 は，式(5-1)および式(5-2)で表される関係式とまったく同じである。そして，エーテルの流れに対して装置が v で移動していることは，この設定でも同じであるため，やはり装置はローレンツ収縮している。結局，式の上では何も変わっていない。

　ただ，分母にある $c-v$ と $c+v$ および $\sqrt{c^2-v^2}$ の意味が微妙に違うことに注意しよう。観測者が地球上にいる場合，光速が $c-v$ や $c+v$ および $\sqrt{c^2-v^2}$ と変化したと観測される。ところが，観測者がエーテルに静止している場合は，光速はすべて c なのだが，装置が移動しているために光と装置の速度差が $c-v$ や $c+v$ および $\sqrt{c^2-v^2}$ になるのである。

　続いて，特殊相対論である。今度は，観測者と装置が v という速度で相対運動をしているので，装置はローレンツ収縮していることになる。光速はエーテル

〈表1〉 ローレンツの収縮仮説と特殊相対論の比較

	ローレンツの収縮仮説	特殊相対論
観測者と実験装置は共にエーテルに対してvで移動	立場1 光速は方向により変化する。 実験装置はローレンツ収縮する。 光の往復時間 $t=\dfrac{2l}{c}\dfrac{1}{\sqrt{1-(\frac{v}{c})^2}}$	立場2 光速は方向に依存しない。 実験装置はローレンツ収縮しない。 光の往復時間 $t=\dfrac{2l}{c}$
観測者はエーテルに静止。実験装置はエーテルに対してvで移動	立場3 光速は方向に依存しない。 実験装置はローレンツ収縮する。 光の往復時間 $t=\dfrac{2l}{c}\dfrac{1}{\sqrt{1-(\frac{v}{c})^2}}$	立場4 光速は方向に依存しない。 実験装置はローレンツ収縮する。 光の往復時間 $t=\dfrac{2l}{c}\dfrac{1}{\sqrt{1-(\frac{v}{c})^2}}$

云々に関係なくどんな場合でもcである。そして，装置が移動しているために光と装置の速度差は$c-v$や$c+v$およびになる。すなわち，この設定ではローレンツの収縮仮説も特殊相対論も式の上では差が出ないことになる。この違いを整理してみると〈表1〉のようになる。

相対論の教科書では歴史的な順序に従い，まずはローレンツの収縮仮説である立場1が述べられる。

続いて特殊相対論の公理であるところの，［光速一定］と［すべての慣性系は同等］が述べられる。これは立場2に相当する。実験装置がエーテルという絶対空間に対して動いているかどうかで実験装置が収縮したりしなかったりするというのは，［すべての慣性系は同等］という公理に反することになる。

そして最後に，この2つの公理から，観測者からみて動いている座標上の物体について考察し，ローレンツ変換を導く。これが立場4である。大抵の教科書はこういう順番で話が進んでいるはずだ。

教科書の説明で抜けているものが立場で2つある。まず，立場1で述べられる光の往復時間の計算式に対応する，立場2の特殊相対論での計算式，要するに，式(5-1)と式(5-2)に対応する式(5-3)と式(5-4)である。公理からいえばこれは当たり前で，書くほどのものではないと思われるかもしれない。実際私もそう思っていたが，"相対論は間違っている"という主張の本ではよく混同されている[*6]

ので，これはちゃんと指摘しておくべきだと思うようになった。

次に，立場3がごっそり抜けている。これは丁寧に式を書くまでもないだろうが，ローレンツの収縮仮説がエーテルに対する絶対的な収縮を表していて，特殊相対論の相対的なものとまったく違うということを明確に示すことができるだろう。立場1と立場3を比べてみると，結局は観測者はどうでもよくて，実験装置がエーテルに対してどう動いているかが，ローレンツの収縮仮説では重要だということがわかる。

立場3と立場4は式の上では差が出ないのだが，ローレンツの収縮仮説の立場3では，"たまたま"観測者がエーテルに対して止まっているから，エーテルに対する実験装置の速度が観測者に対する速度と等しいということであるし，特殊相対論の立場4では最初から実験装置と観測者との相対速度しか見ていないという差がある。この概念の違いをまずは理解してからでないと，ローレンツの収縮仮説に登場するローレンツ収縮と，特殊相対論に登場するローレンツ収縮とが一緒になってしまう。立場2の話のはずなのに「観測装置がローレンツ収縮をしていたために干渉縞が動かなかった」という，立場1か，あるいは立場3と思われる勘違いに発展するのだ。

余談ではあるが，ローレンツ，アインシュタイン，ポアンカレ，そしてマイケルソンらのローレンツ収縮に対する発言を集めてみると，両方の立場が入り交じり，ごちゃごちゃになっているのがわかる。決して，1905年を境にポンと切り替わっているのではない。相対論を支持しているはずの発言中にローレンツの収縮仮説が顔を出したりしていて興味深かったりする。

【正しい間違い5-3】
　地球が動いていることにより星の位置が実際より前方に傾いて観測されるという光行差現象があるのだから，マイケルソン-モーレーの実験においても，あらかじめ前方に傾けて光を放つように光源を調整しなければならない。

この問題は基本的に相対論とはまったく無関係な光学の問題である[*7]。この手の勘違いも結構あるので，後の章として「幾何光学編」（第10章）を用意しているのだが，これはもっとも簡単な例であるのであらかじめ説明しておこう。

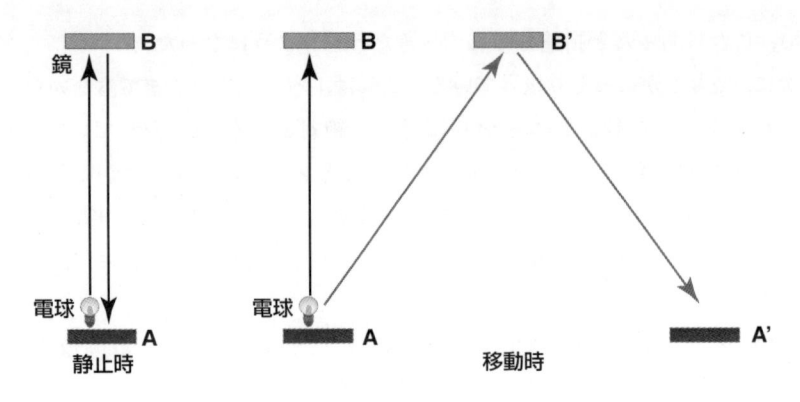

〈図3〉移動する装置

　問題の主旨は〈図3〉を見ていただければよくわかると思う。相対論の教科書にも，時間の遅れを説明する図としてしばしば出てくるものであるが，移動方向に対して垂直に光を発射し，往復させる装置の図である。

　静止時，Aにある電球から出た光は真上Bに上がってそのまま真下Aに帰ってくるという軌跡を描く。この装置が移動していた場合は，図にあるようにななめ上方に光が行くことになる。つまり，Aから出た光はBではなくB'へ届き，そののちA'へ戻ってくる。静止時の場合の光は，真上Bに届くように調整しなければ鏡にぶつからず反射しないのと同様に，移動時はななめ上方B'に出るように調整し直さねばならないという思う人がいる。言い方を変えれば，静止時にBに届くように調整したままだったならば，移動時に光はやはりBへ進むからB'の鏡で反射されないはずで，それでもB'で反射されるのであれば，それはBへ行った光とはまったく別の光である…という主張である。この主張には複数の勘違いが絡まっているので，1つひとつ説明していく。

　上でも述べたように，この問題は相対論が正しいかどうかといったことと無関係な光学の問題であり，相対論であれ，エーテル説に基づくローレンツの収縮仮説であれ，あるいはニュートンの光の粒子説であれ同じことである。装置が移動している場合は，光はB'に行くのである。ただし，相対論とエーテル仮説では多少事情は異なる。

　まずはエーテル仮説の立場，つまり光はエーテル上を伝わるとして考えてみよ

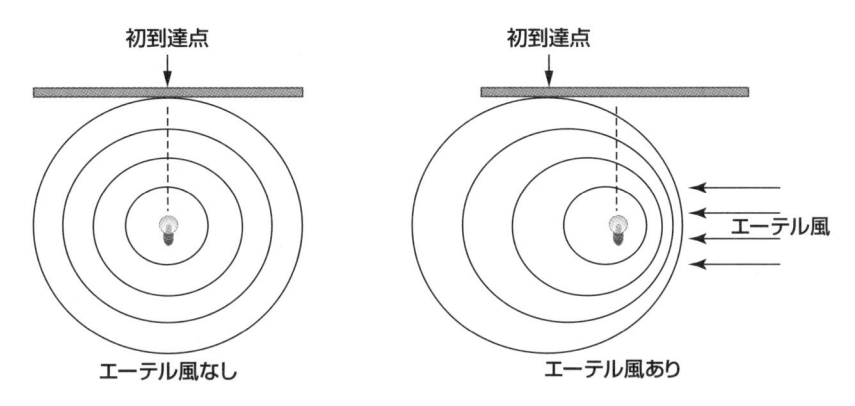

〈図4〉エーテル風に流される光

う。電球がエーテルに対して静止している場合と移動している場合を考える。静止している場合，その"波紋"は同心円上に広がるが，移動している場合はかたよりが生じる。そのため，光がまずどこに到着するかを考えれば，その位置は微妙に変化するはずである〈図4〉。

ただし，初到達点が変わるだけであるから，同心円上に広がる光が真上に届かないということではない。到達時間は変化するが，いずれ到着するはずであり，真上に行く光の速度が $\sqrt{c^2 - v^2}$ だということになる。エーテルの存在に基づくローレンツの収縮仮説では，光の速度が減少するだけである。

さて，問題なのは電球の発する光に指向性があって，真上にしか光が出ないようになっている場合である。指向性のある光源をつくるもっとも簡単な方法は，電球を黒い筒で覆ってしまうものだろう。原理は望遠鏡のちょうど反対で，接眼レンズのあるべき部分に電球を取り付ければ，本来は光を取り入れるべき望遠鏡の先から光が平行に出ていくこととなる。このとき，エーテル風の有無で筒の角度を調整すべきと考えがちだが，その必要はまったくない。

エーテル風で風下に流された光は〈図5〉のA方向に行くことになるが，途中で筒の側面に衝突して外には出ていかない。筒の内面を黒く塗っておけば，壁に当たった光は吸収されるからである。結局，B方向にいく光のみが出ていくことになる。相対論を採用しようがエーテルの存在に基づくローレンツの収縮仮説を採用しようが，これは変わらない。違いが現れるとしたら，出ていく光の速さが c のままで

第5章　エーテル編　63

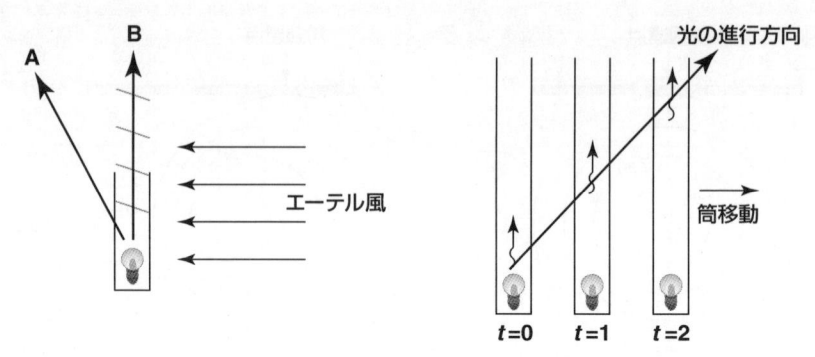

〈図5〉筒から出る光　　　　　　　　〈図6〉移動する筒から出る光

あるか，それとも $\sqrt{c^2 - v^2}$ となっているかである。

　この違いはドップラー・シフトによる周波数の違いとして観測することが可能で，実際に興味深い実験が行われているが，それは後で述べることとする。

　次に，この筒が移動していると考える観測者から見て，筒から出た光が，ちゃんとななめ上方へ飛んでいくように観測されるかであるが，これも問題はない。筒が横に移動しているのだから，筒の側面に光がぶつからずに外に出ていく光は，筒の速度に合わせて初めからななめに移動している光のみである。それ以外の光は筒から出られない。

　この単純な論理は，光源がレーザーやメーザーのようなものでも当てはまる[*8]。レーザー発振は，励起状態にある原子が下の準位に落ちるときに発する光が，連鎖反応的に他の原子の誘導放射を引き起こすことで生じる。つまり，ある原子から出た光が別の原子の"そばを通過するとき"にその光に誘われるかのように光を出すことによって位相の揃った指向性の強い光が実現されている。逆にいえば，光が別の原子の"そばを通過"しなければ発振は生じないわけであり，その光は，筒にぶつかる光ではなく筒を往復する光である必要がある。結局，レーザーやメーザーの場合でも，生き残って筒の先から出ていく光は，ななめ上方へ飛んでいく光だということになる。だから，光源にレーザーを使用した場合も筒を傾ける必要はまったくない。

　筒を傾けなくても，筒が移動していれば，ちゃんとななめ上方へ光が飛んでいくということはこれで理解していただけたかと思う。まあごちゃごちゃいわなくと

もく〈図6〉を見れば一目瞭然ではないかと感じるのだが，いかがであろうか？
　話を戻して，筒を傾けねば光がななめ上方に行かないという"正しい間違い"が蔓延するそもそもの原因は，光行差現象を観測する場合は，実際に望遠鏡の角度を変える必要があり，これと上に述べた場合を混同しているからだ。光を受けとる観測と光を発する実験とを同一視していると考えてもよい。つまり，遠くの星からの光を観測する場合，地球上にいる観測者の速度が変化することによって光のくる方向が変化するために望遠鏡の角度を調整しているのだから，その反対の行為である"光をある方向に向けて発射する場合"においても，望遠鏡の角度を調整する必要があるはずだ…というわけである。
　一読すると正しいように見えるが，遠くの星からの光は地球の速度がどう変わろうと関係なく，それに独立に光を発しているが，マイケルソン‐モーレーの実験では，装置そのものに光源と鏡が組み込まれていて，光源といっしょに運動している鏡に向けて光が発射されていることを忘れてはならない。
　少し論点から外れるかもしれないが，今説明している"正しい間違い"をする人は次に示す設問にも間違った答えを述べると思われるので，少し考えていただきたい。

設問：ある遠方の星に対して宇宙船が静止していたとする。星からの光はちょうど真上（宇宙船の側面）から降り注いでいた。また，宇宙船の方からも星へ向けてレーザー光を送信していた。その後宇宙船は動きだした。
　(1)再び星を観測するには，望遠鏡を真上の状態からどう変えねばならないか？
　　　a：前向きに傾ける　　b：後ろ向きに傾ける　　c：そのままでよい
　(2)再び星へ光を送るには，レーザーを真上の状態からどう変えねばならないか？
　　　a：前向きに傾ける　　b：後ろ向きに傾ける　　c：そのままでよい

(1)に対する答えはaである。これが光行差現象に対応しているのだが，ここを間違える人は少ないだろう。続く(2)の答えであるが，(1)と同じくaとしなかっただろうか？ (2)の答えはbなのである。つまり，"星が見えている方向と星へ光を送る方向は異なっている"のである。日常においてこのような経験はまずあり得ない。相手が見えている方向に懐中電灯を向ければ，そこが明るくなるのが普通である。

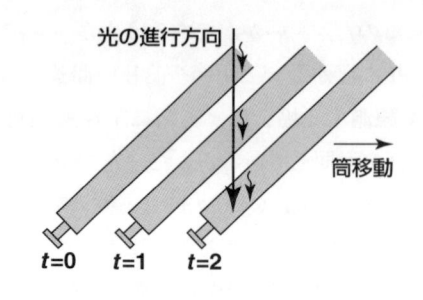

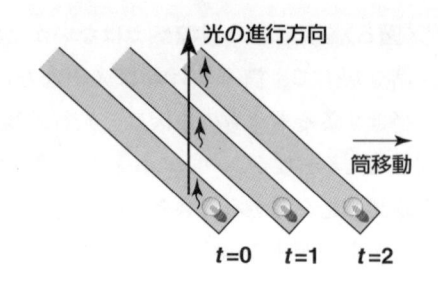

〈図7〉真上からくる光を観測　　〈図8〉光を真上に発射

　前方の相手を照らすのに，後ろ向きに懐中電灯を向けねばならないという経験はまずない。

　しかし，これは〈図6〉を少し応用してみればよくわかる。筒が移動しているとして，真上からくる光を受け取る場合と，光を真上に発射する場合の2つの図を書いてみると〈図7〉，〈図8〉のようになる。物体の運動が光速に対して無視できない場合，光の送受信に関しても日常経験とは違う結果が生じる。なお，初めに述べたように，この問題は相対論とはまったく無関係な光学の問題である。相対論をまったく考慮しなくてもこの結果は導かれるのだ[*9]。

　それでは，マイケルソン-モーレーの実験に戻ってみよう。〈図6〉で説明したように，筒の角度を調整しなくとも，光は筒の移動速度に応じた角度で発射される。この光は前方で待ち受けている鏡に必ずぶつかることになる。

　鏡から反射して戻ってくる光は，今度は筒の後方からやってくる光になる。これが〈図9〉のようにちょうど筒に収まることになる。マイケルソン-モーレーの実験の場合，光を出す場合も受け取る場合も筒の調整は一切必要ないのである。つまり〈図6〉と〈図9〉では，筒が常に真上を向いているため，筒から出る光と筒に入る光はそれぞれ反対に傾いたのであるが，〈図7〉と〈図8〉の場合は，逆に光の方向を固定したため，筒の向きの方を反対に傾ける必要が生じたのである。

　最後に，ここで述べたことに関連する実験を述べておこう。エーテルの有無を調べた観測としてマイケルソン-モーレー型の実験以外に，セダルホルム-タウネスの実験というものがある[1]。これはメーザーを使った実験で，エーテル中を移動するメーザー発振器を考え，生じると思われる周波数のずれを測定するものだ。地球

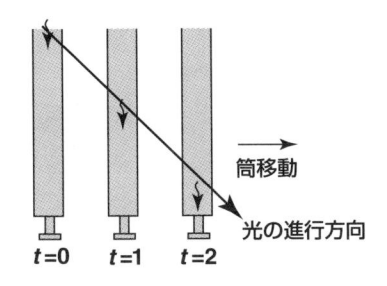

〈図9〉移動する筒に入る光

　がエーテル中を移動していると考えれば，そこで発振する光はエーテル静止系から考えればジグザグに反射している光だということになる。その角度のずれは，エーテルの地球に対する速度をvとすればv/cとしてよく，そのまま発振周波数のドップラー・シフトに比例する。

　ここで重要なのは，マイケルソン-モーレー型の実験と違いv/cの二乗に比例する値ではなく，v/cそのものに比例する実験であるということだ。これにより実験精度をぐっと上げることができる。もちろん，エーテルの存在を示すドップラー・シフトは観測されていない。

　また，筒を傾けねば光がななめ上方に行かないという主張が間違いだということを示すだけであるならばもっと簡単である。最近ではポピュラーになったレーザーポインタを使用すれば誰でも検証することができる。

　筒を傾けねばならないという主張は，逆にいえば，筒がそのままだと，光がエーテルに流されてずれた位置に到着することを示している。地球の公転速度は光速のおよそ1万分の1であるから，レーザーを発射して10 m先の的にぶつける場合，およそ1 mm程度のずれが生じると述べていることになる。レーザー発振器をどこかに固定し，10 m先の的に光点が当たるようにしておこう。方向を南北にとっておけば地球の自転により半日で"エーテルの横風の向き"が逆転し，光点が2 mm移動するはずである。地球の太陽に対する速さは30 km/sであるが，太陽系も宇宙空間を移動している。この速さが350 km/s程度であることが宇宙黒体放射の異方性を利用して測定された。それを考慮すると，光点は2 mmどころか2 cm以上ずれることになる[*10]。これだけずれると現代では実験室レベルではなく，実用面であちこ

ちに支障をきたすことになる。なぜならば，レーザーを利用した測量機器はもはや民間ですでにありふれたものとして活用されているからである。

たとえば，電力を送るために必要な送電鉄塔の建設を考えてみよう。鉄塔の高さはおよそ100 m前後であるが，その鉄塔の脚の精度は1 mmであるという。もしも，1 mm以上ずれていたら鉄塔の上の方でボルトが閉まらなくなってしまうのである。そして脚の建設には精度を保つためにレーザーを使用した測量が行われているのだ。10 m進んだ先のレーザー光が，そのときのエーテル風の向きによって±1 mm違ったら送電鉄塔は建設不能なのである。大学の実験と違い，生活や命がかかっている現場でこんな誤差がでたらたいへんである。そうなれば，レーザー測量機器は二度と使われなくなるだろう。

また，もっと大規模に考えて，月にレーザーを照射する実験を考えてみる。距離があるだけにずれの大きさも数十キロメートルから数百キロメートル単位となるはずだ。このずれを計測すればよい。この実験は絵そら言ではなく，すでに30年も前から行われているのである。時はアポロ11号が月に降り立った1969年に遡る。アームストロング船長は月面に小さな鏡を置いた。地球と月との正確な距離をレーザー測量で計るためである。当然ながらこの観測は現在でも行われていて，地球−月間の距離はセンチメートル単位で計測されている。もちろん日によってレーザーが鏡に当たらなかったとかずれたとかいう話はない。そもそもセンチメートル単位で計っているのに，数十キロメートルから数百キロメートル単位の誤差が生じたら話にならないのである。

このような事実があっても，光源が静止していても移動していても光はやはり真上に出ていくのであって，筒があったならば，光は側面にぶつかるのが正しいと主張する本も実際に存在する。また，レーザーが移動しているとき，ななめに光が出るのを認めたとしても，本来は真上に出ている光が増幅されるべきところが，ななめに行く"別な光"が増幅されているのだという疑問の余地がまだあるように思われるかもしれない。しかし，現実には筒が無くても，光はちゃんとななめ前方に向くのだということも示しておこう。

光がエーテルの波であるとするならば，その光の"波紋の広がり方"は光源の運動には無関係なはずである。たとえば，水面に小石を投げたとき，真上からドボンと落としても水面上を石がピョンピョンと跳ねるように，水面に対して横から速い

速度で投げ入れたとしても水面に生じる波紋は同じである。筒があったならば，光は側面にぶつかるのが正しいと主張する人にはこのイメージがあるのだろう。光の放出方向は光源の運動には依存せず同じであるという主張だ。しかし，この主張が間違いであることも実際に実験で確かめられている。

　荷電粒子を加速したり減速したりすると，粒子から光が出てくることがわかっている。これは理論的にもマクスウェル方程式を解けば出てくるものだ。さて，電子をどんどん加速して，光速に比べて無視できないくらいに速くしよう。そのときの光の放射方向を観測するのである。もちろん光源となる電子に"筒"をかぶせるわけにはいかない。光がエーテルの波ならば，電子の速度に関係なく光が放射されるはずだ。しかし，実際には光は電子の速度に依存し，速度が速くなればなるほど，電子の進路方向前方にかたよって放射されるのである。すなわち，ほっておいても光は光源の速度に依存して勝手に前に向くのである。

　この光は円形の加速器シンクロトロンで観測されたので，"シンクロトロン放射光"という名が付いている。シンクロトロン放射光が観測されたのは1947年ですでに半世紀がたっており，現在は放射光施設スプリング8などで連続で安定した放射光を得る機器としても運用されるようになっている。

【正しい間違い5-4】
　光の速さがどのような座標系でも等しいとしてつくられたのがローレンツ変換であるが，光を使ってこのような変換式をつくらねばならない物理的な意味はない。たとえば，もしも人類が音波で物体までの距離や大きさを計測するコウモリが進化したものだったとしたら，音波がどのような座標系でも等しいと考えたりはしないはずである。

　この手の"正しい間違い"もあちこちで散在している。光だけを特別扱いしているというのだ。もちろん特別扱いするには根拠があるし，微妙なニュアンスの違いとしては，"光"を特別扱いしているのではなく"光速"が特別なのである。その"光速"も"光速"と書かれるがゆえの誤解も多い。ようは299 792 458 m/sという速度が特別なのであり，それが光である必要はない。音速の最高速度はいくらかと聞かれたならばやはり299 792 458 m/sなのである[*11]。

ローレンツ理論や相対論で光速が使われるのは，地上で観測される物体の速度の中で光の速度がもっとも 299 792 458 m/s に近かったからにすぎない。歴史的に見ればわかりやすいのだが，もともとは電磁気学において電場と磁場の振動による電磁波がマクスウェルによって提唱されたことに端を発している。電場と磁場の相互関係をマクスウェルが微分方程式で書き表したとき，そこに波動方程式が登場した。登場した電磁波の速度は $1/\sqrt{\varepsilon_0 \mu_0}$ であった。ε_0 は真空での誘電率，μ_0 は真空での透磁率である。誘電率も透磁率も電場や磁場で登場する定数であり光速とは本来無縁なものであったが，電磁波の速度として登場した $1/\sqrt{\varepsilon_0 \mu_0}$ は，まさに当時測定されていた光速とピタリ一致したのである。そのほか，光と電磁波のさまざまな性質を照らし合わせて「電磁波は光そのものである」とマクスウェルが言明したのが1871年のことだ。

　ここで重要なのは，光の性質や光速の測定という実験的アプローチと，電磁気学から電磁波の波動方程式を解くという理論的アプローチは，それぞれ独立して行われていたということである。光速 c の測定は，17世紀のガリレイのランプを使った実験から始まっていたが，高速回転する歯車の間を光を往復させて光速測定するフィゾーの実験（1849年）などで，光速が秒速30万km程度の速度らしいことはわかっていた。それとは独立にマクスウェルが電磁波という波を理論的に導き，その速度がやはり秒速30万kmであったために，光と電磁波は同じものだと最終的に結論づけられたのである。最初から電磁波を光速であるとして波動方程式をたてたのではない。

　そういう意味では「光を使って変換式をつくる物理的な意味はない」という表現も一理あるといえる。もしもわれわれが，光を感じる目をもたない生物だったとしたら，光の発見より先に，マクスウェルが電磁波を提唱していたかもしれない。そうならば，$1/\sqrt{\varepsilon_0 \mu_0}$ という速度の"未発見の波"がこの世に存在していたということになり，ヘルツの実験（1888年）でそれが確認されるという経緯となろう。その波は，電磁波という名前のままよばれ続けていくはずである。それまで光を感じていなかったのだから，電磁波を光と言い換える必然性がないからである。

　当然ながらこの場合でも，ローレンツ理論や相対論は誕生する。光速というものが"電磁波速"と名前を変えるだけだ。上で"光速"が"光速"と書かれるがゆえの誤解も多いと書いたのは，光速がひとり歩きして"光"にスポットが当たりす

ぎてしまい，マクスウェルの電磁気学から相対論へ至るまでの道筋を忘れてしまっていることが多いからだと推測できよう。

次に，光速がどのような座標系からみても不変であるように相対論はつくられているが，それならば同じ論法で他の波の速度を使ってもまったく同じ形式のローレンツ変換式がつくれるではないかという"正しい間違い"もある。これも，光だけを特別扱いして他の波を区別する必然性がないではないかという反論の1つの現れだ。

もちろん，区別をする必然性はある。光の波を使った実験——正確には光速で移動する物体なら何でもよいが——と，その他の波を使った実験では，その結果が異なるのである。

象徴的なので，光と音で考えよう。光が波として伝わる媒質としてエーテルというものが仮定されたのと同様に，音が伝わるには空気という媒質が必要である。もっとも，音は空気中でなくても伝わるし，光も空気中や水中では速度が変わる。

マイケルソン-モーレーの実験は光について行われたものであるが，もちろん音について同様な実験をすることができる。用意するものはスピーカーとマイクロフォン，そして音を反射させるための板と，音を分離させる役目を果たす薄い紙かフィルムである。

実験方法は通常のマイケルソン-モーレーの実験と同様でよいのだが，光に比べて音は速度が極端に遅いので，スピーカーから連続音を出してマイクで拾ったうなりの変化を計測するよりは，スピーカーから単発的に出したパルス音の反射音を調べた方がてっとりばやい。その場合は，スピーカーからの直接音も，反射板からの反射音も録音できるであろうから，2つの板からの反射音の時間差だけでなく，絶対的な往復時間も計測できることとなるだろう〈図10〉。

この実験装置の場合，マイクで収録される反射音は，実験装置内を風が通り抜けていく場合は通常2つ聞こえる。装置を回転させていくことによってその間隔は広くなったり，あるいは1つになってしまったりすることになる。すなわち，音の場合はマイケルソン-モーレーが意図した通りの結果が現れるのであり，音に対するローレンツ変換などは誰も考えないし，考える必要がないのである。この装置を使えば実際に空気の流れである風の速度を計ることができるのだから。

同様な実験を光で行った場合は，どう動かしても干渉縞の変化が出なかったた

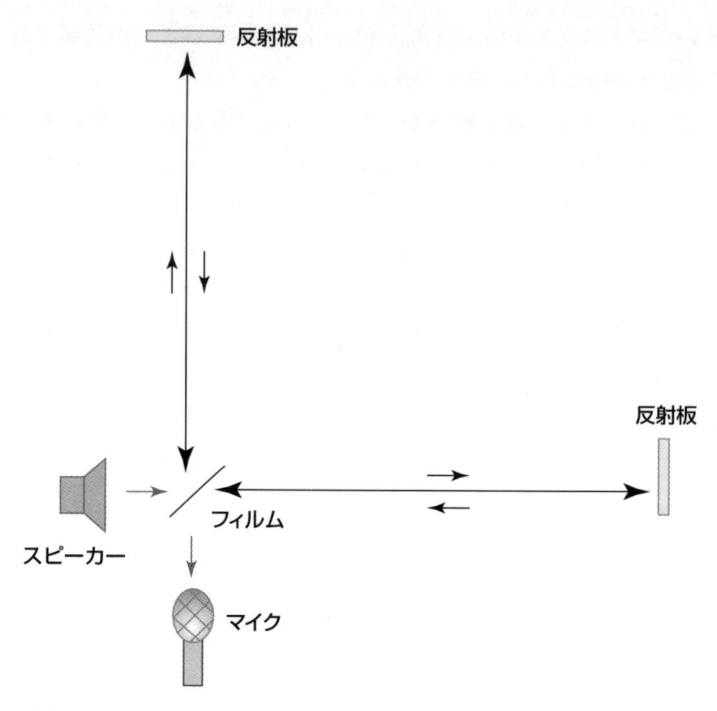

〈図10〉音によるマイケルソン-モーレーの実験

めにローレンツ変換が登場した。そこには実験結果の差という歴然たる違いがある。厳密にいうと，空気中で行った実験の場合は，光であっても299 792 458 m/sよりは小さいから，多少は風の影響を受けることとなる。フィゾーの実験 (1851年) *12による引きずり効果が現れるわけである。

　では音波の場合も引きずり効果が現れると考えねばならないではないかといわれれば，まさにその通りなのであるが，速度が小さいので表に出てこない。このような書き方は，"相対論は間違っている"とする人々からすると，「都合のよいように無視している」と思われるかもしれない。後は誤差論の話になって直接は相対論と関係ないのだが，少し補足しておこう。引きずり効果というのは，相対論からは速度の合成則から導かれるものである。たとえば光の引きずり効果の場合，屈折率がnの媒質中を進む光の速度はc/nであって，媒質そのものの速度がvだとすると速度の合成則により光速c'は，

$$c' = (c/n + v)/(1 + v/cn) \tag{5-5}$$

と導かれる。速度の合成則の2つの速度v_1とv_2にそれぞれc/nおよびvを代入したことになる。相対論が登場する以前は，フレネルが光の引きずりによる光速変化として

$$c' = c/n + v(1 - 1/n^2) \tag{5-6}$$

を発表していたが，これは式(5-5)の1次近似になっている。音波の場合，合成すべき2つの速度が共に光速に比べて5桁以上小さいために，さらにこの差から5桁以上小さい変化しか表に出てこない。ゆえにこの効果は，光の場合に比べて無視できるのである。もちろん，これが測定できるほど精度が高い実験であるならば考慮する必要が出てくることを付け加えておく。

参考文献

1) J. P. Cedarholm and C. H. Townes: Nature, **184**, 1350-1351 (1959)

補注

*1 もっとも彼は，星の年周視差を測定しようとしたのだが，これは桁違いに小さいので，当時は発見できなかった。
*2 メーザーを使った，v/cの1次のオーダーの実験もできるようになった。
*3 実際の封書を見ていないので，真偽は不明であるが。
*4 これは第3章「光速度不変編」で，述べている。
*5 それどころか，ケネディ・ソーンダイクの実験のように，わざと長さを変えたものもある。
*6 間違っていると主張する側だけでなく，正しいと思っている側にも混乱がある。
*7 本来ならば，相対論云々をいう前に古典物理（ニュートン力学の範疇の）としての光学を学び直していただきたいのだが…。
*8 ちなみに，レーザーやメーザーの原理となった，光と原子などの物質の相互作用の法則をつくり出したのも実はアインシュタインである（1916年）。光が準位間をどの程度の確率で遷移していくかを表した法則で，「アインシュタインのA係数」など，この分野で名前を残している。
*9 もちろん考慮してもよい。違いは，ななめに傾いた筒がローレンツ収縮をするために傾きの角度が変化する点だけであり，ここで述べられている議論は相対論込みでもそのまま通用する。くわしくは後で述べる「幾何光学編」（第10章）を参照していただきたい。
*10 エーテル風を考えるとき，太陽を基準にするよりは太陽系の宇宙全体に対する速度を考える方が妥当である（第3章の「光速度不変編」を参照）。
*11 音速は空気中では毎秒数百メートルの単位であるが，水中や固体中では毎秒数キロメートルの速度になる。もしも中性子星の内部の超流動状態にある"中性子の海"で発生した生物がいたとすると，彼らが耳にする音の速度は光速に匹敵するかもしれない。彼らは音波を使って相対論を構築するかもしれないのである。
*12 前述の光速を計る実験ではなく，水中を通過する光の干渉実験である。たいていの場合，フィゾーの実験というとこの干渉実験を指す。

第6章 加速度運動編

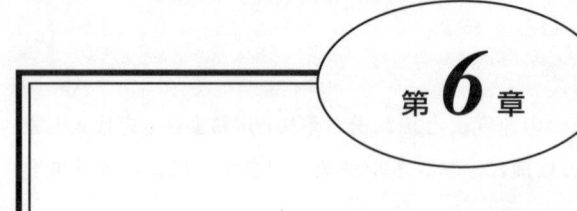

　加速度運動編ということであるが，まだ一般相対論の話はここでは登場しない。逆に「加速度運動＝一般相対論の話題」という誤った認識を打破しようというのが本章の目的であるといってよいだろう。

　それほどまでに「特殊相対論では加速度運動は扱えない」という信仰は広く浸透している。起源は定かではないが，これは相対論の啓蒙書の言葉による説明を勘違いしたものであろう。もし特殊相対論の教科書であるならば，相対論的運動学および相対論的力学が登場し（それもかなり最初の方），加速度運動が頻繁に登場するため，特殊相対論では加速度運動は扱えないというような勘違いは生じ得ないと思われるためである。

　もしあなたが理工学部の大学へ進む高校生で，現在，特殊相対論では加速度運動は扱えないと信じているとすれば，その先入観は，特殊相対論を勉強した早い段階でみごとに打ち砕かれるはずである。

【正しい間違い6-1】
　特殊相対論では加速度運動は扱えない。

　つまり，アインシュタインは特殊相対論を発表したとき，すべて等速直線運動ばかりの話をし，加速度運動のことは何も述べていないというわけである。本当かどうかは実際に調べてみればよいだけである。特殊相対論の原論文にはもちろん日本語訳もあるからそれを参照すればよい[1]。そもそもこの論文のタイトルは，日本語訳を『動いている物体の電気力学』[*1]といい，磁石と導線が相対運動をするときに生じる電流の説明が，磁石が動く場合と導線が動く場合で異なっていると

いうことに対する，アインシュタインの嫌悪*2から始まっている。

電気力学と題名にあるくらいであるから，電子などの荷電粒子に電場が作用した場合の話も含まれている。当然ながらそこには力の話も登場する。荷電粒子に働く力Fは，電場の強さEと荷電粒子の電荷εの掛け算になる。荷電粒子の質量をmとすれば，荷電粒子の加速度aは$F = \varepsilon E = ma$であるが，これはニュートン力学で最初に出てくる$F=ma$そのものである。

アインシュタインは，この関係式がどのような慣性系で見ても成り立つべきだと考えた。この荷電粒子を別の静止系で見た場合の，力，電場の強さ，および加速度をそれぞれ，F', E', a'とすれば，$F' = \varepsilon E' = ma'$であるとしたのである。すなわち，どの系から見ても基本的な式は同じ形になるというのが相対性原理であった。

ある系から別の系を見てどうなるかは，(F, E, a)と(F', E', a')との変換式がわからなければならないのだが，『動いている物体の電気力学』という論文そのものが，まさにこれらの変換の導出に主体を置いた構成になっている。ただ，この原論文には横質量や縦質量などの古い概念も登場しているので，実際に確かめるには最近の教科書の方が妥当であろう。

もっとも，原論文と現代の教科書の違いというのは，x軸方向とy軸方向の力の変化を，質量に負わせるか加速度に負わせるかの違いであって，式が異なっているわけではない。$F = ma$なのだから，変化量をmに負わせてもaに負わせても同じである。加速度aはベクトル量であるからaに負わせることで，縦とか横とか分ける必要がないというメリットがあるということはできるだろう*3。

【正しい間違い6-2】
　加速度運動をする物体の運動を定式化するには一般相対論が必要である。

「加速度運動＝一般相対論の話題」と思っている人からすれば，このように思い込んでいても仕方がないであろう。特に"相対論を間違っている"とする人は特にこの傾向が強い。「粒子加速器による素粒子の運動に代表されるような，加速度が絡む運動に特殊相対論を使うとは何ごとか！」という論法である。

それを助長するように，啓蒙書の類いには加速度が絡む問題になると「くわしい説明は一般相対論が必要」と書かれていたり，明記されないまでも，一般相対論

第6章　加速度運動編

の基礎である等価原理の説明に入るまで一切加速度の話が出てこない本が多いのも事実である*4。

ところが【正しい間違い6-1】でも示したように，本家本元の1905年のアインシュタインの論文では，当然のように加速度と力の関係も出てくるし，論文の最後にはそれを使った応用として，磁場内を回る電子の話が出てくる。これはまさしく粒子加速器内を走る素粒子そのものの説明である。もちろん，本家本元の論文と同じく特殊相対論の教科書には，加速度運動をともなう回転座標系で荷電粒子がどのような運動をするかが記されている。重力場を必要としない加速度運動*5はすべて特殊相対論の範疇で説明可能だといっても差し支えない。

にもかかわらず，粒子加速器のように素粒子を回転運動させる実験について特殊相対論を使用するのは間違っているとする人が後をたたないのである。それも，教科書に書かれている運動方程式の導入にミスがあるというような具体的な指摘ならまだ話はわかるのだが，どうも特殊相対論で加速度運動が扱われているということ自体を知らないようなのである。

どうして特殊相対論が，等速度直線運動しか扱えない理論であるかのようなイメージが定着してしまったかは定かではないが，冒頭で述べたように少なくとも教科書のせいではないだろう。特殊相対論を説明した章で荷電粒子に対する力学は必ず登場している。極論すれば中身を理解できなくてもよい。もっといえば目次を見るだけでもよい。「特殊相対論と力学」という章が存在しているということは，文字さえ読めればわかるはずである。にもかかわらずこのイメージが広まってるということは，いかに人が自分で確認する作業をさぼっているかを示すものではないだろうか。

「特殊相対論は等速度直線運動しか扱えない」とか「磁界で曲げられた素粒子の軌跡の説明に，特殊相対論をどうやって応用するのか？」などと述べた段階ですでに，相対論を正しいと思っている人も間違っていると思っている人も関係なく，「私は特殊相対論についてよく知りません」と白状しているのと同じなのだ。内容の理解は後回しにしてでも，まずは目次くらいはチェックすべきだろう。それが学ぶことの第一歩である。

では，実際に加速度運動を特殊相対論の知識だけで定式化してみよう。もっとも簡単な加速度運動といえば加速度一定の等加速度運動であるから，等加速度

運動をする物体の，ある任意の時間での物体の速度や位置を特定できるような式をつくり出すこととする。

　ここで必要となるのは，速度の合成則である。要するに，加速度運動というのは，速度が変化していく運動なのだから，ある一定時間の間に，ある速度から別の速度へ変わることのくり返しである。その1つ1つの加速ステップが，速度の合成則で表されることになる。

　ここに1台の宇宙船があるとしよう。わかりやすくするため，この宇宙船のエンジンは1秒に1回噴射するとする。乗客は1秒ごとにガクンガクンと衝撃を受けることになる。もちろん，衝撃は毎回同じ強さである。最初に注意しておきたいのは，衝撃の強さや1秒おきという間隔は宇宙船に乗り込んでいる乗客が計ったものであるという点である。

　さて微分積分をご理解の方は，ここで加速間隔を短くし，加速を小さくしていく極限をとると等加速度運動になることが理解できるであろう。しかしここの議論では，理解しやすいように極限をとる前の話をする。

　相対論を採用した場合，宇宙船に乗っていない観測者から見て，毎回同じ強さの衝撃を与え続けるということは不可能で，ずっと等加速度運動をする宇宙船をつくり出すことはできない。もしできるとするならば，その宇宙船は有限時間の間に光速を超えてしまうだろう。なぜ不可能かを考えると，その理由は2つに分けられる。

　まず1つ目は時間の遅れの効果である。宇宙船の乗客が1秒ごとの噴射と感じているものは，宇宙船に乗っていない観測者から見れば，宇宙船の時間がその速度に応じて遅れて見えるために，噴射間隔が1秒以上に伸びることになる。その結果加速する間隔が開いて，加速が鈍るのである。宇宙船の乗客が観測する噴射間隔をΔt，乗っていない観測者の観測する宇宙船の速度と噴射間隔をそれぞれVとΔTとすると，よく知られているように，

$$\Delta T = \frac{\Delta t}{\sqrt{1 - V^2/c^2}} \tag{6-1}$$

と書くことができる。Vが光速cに近づくほどΔTの間隔は伸びることになる。

　2つ目の効果は，宇宙船に乗っていない観測者から見れば，1回の衝撃で得られる加速——すなわち速度の増加量——も毎回同じではなく，Vが大きくなるにつれて，だんだん小さくなると観測する点である。この説明に特殊相対論の速度の合

第6章　加速度運動編

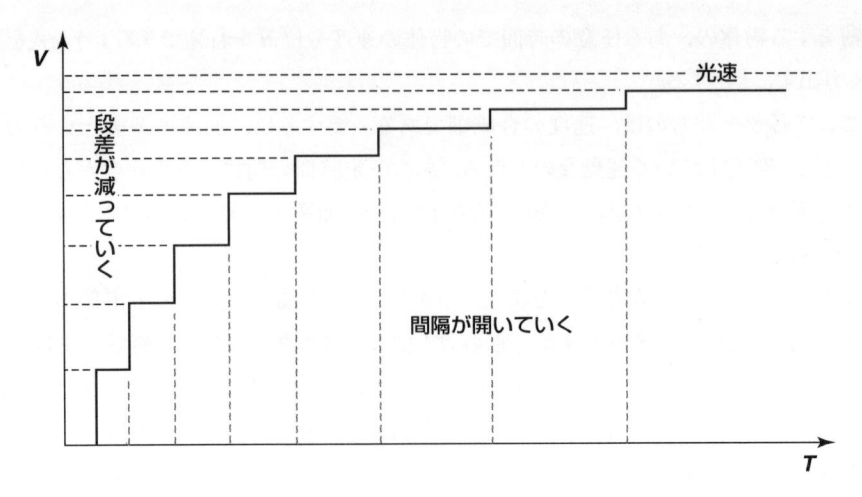

〈図1〉外にいる観測者から見た宇宙船の速度

成則が必要となる。

　宇宙船に乗り込んでいる乗客は，毎回同じ衝撃を感じ，その度に速度がΔv増えたと感じるとしよう。次に宇宙船に乗っていない観測者から見て，速度Vだった宇宙船が1回の噴射によって$V+\Delta V$になったとする。このとき，$\Delta V=\Delta v$ではない。速度の増加量ΔVは速度の合成則に基づき，

$$V + \Delta V = \frac{V + \Delta v}{1 + V \Delta v/c^2}$$

よって

$$\Delta V = \Delta v \frac{1 - V^2/c^2}{1 + V \Delta v/c^2} \tag{6-2}$$

となる。$V=0$のときのみ$\Delta V=\Delta v$が成り立つが，このときは宇宙船の乗客もそうでない者も同じ立場であるので，当たり前といえば当たり前である。そして，Vが光速に近づくにつれてΔVは0に近づいていく。

　以上，2つの効果は，宇宙船が光速に近づくにつれて，共に加速を鈍らせる作用を及ぼす。実際に宇宙船に乗っていない観測者から見た場合の速度と時間のグラフを書いてみればわかりやすい〈図1〉。グラフの階段を見て，段の間隔が次第に開いているのが時間の遅れの効果を表し，段差が減っているのが速度合成の効果

を表していることになる。

　グラフが描けるということは，すでに"等加速度運動をする物体の，ある時刻での速度"がわかるということであるが，定式化するには，もうひとひねり必要でΔVとΔTという差分の形を極限の微分形式にしなければならない。すなわち，

$$\frac{dV}{dT} = \lim_{\substack{\Delta v \to 0 \\ \Delta t \to 0}} \frac{\Delta v \left(1 - V^2/c^2\right)^{3/2}}{\Delta t \left(1 + V \Delta v/c^2\right)} = \frac{dv}{dt}\left(1 - V^2/c^2\right)^{3/2} \quad (6\text{-}3)$$

となる。ここで，dV/dTは宇宙船に乗っていない観測者から見た宇宙船の加速度であり，dv/dtは宇宙船の乗客が感じる加速度である[*6]。宇宙船の乗客が感じる加速度は常に一定だとしても，外から見た加速度は宇宙船の速度Vが光速に近づくにつれて0に近づく。

　加速度の式が出れば，後はニュートン力学の方法とさして変わらない。この加速度の変換式を時間で一度積分すれば速度の式となり，もう一度積分すれば距離の式となる。dv/dtをaとすれば，

$$\int \left(1 - V^2/c^2\right)^{-3/2} dV = \int a\, dT$$

よって

$$V = \frac{aT}{\sqrt{1 + (aT/c)^2}} \quad (6\text{-}4)$$

$$X = \int V\, dT = \frac{c^2}{a}\sqrt{1 + (aT/c)^2} - \frac{c^2}{a} \quad (6\text{-}5)$$

となる。今はdv/dtを一定のaとしたため等加速度運動の方程式になったが，これをいろいろ変えていけば，他の運動の記述もできる。そして，この計算において一般相対論はまったく必要ないのである。

　さて，今までに等加速度運動について述べたのだが，ここで等加速度運動の非常に奇妙な性質について，少しお話しよう。いま長さL_0の宇宙船があるとして，先頭部分の加速度を常にaで飛行させるとしよう。aを地上と同じ1Gと考えれば，宇宙船内では地上と同じ生活ができる…などと，等価原理の説明をするときにはよく出てくる話だ。さて，「先頭部分の加速度」とわざわざ書いたのは理由がある。この宇宙船は速度を増すにつれてローレンツ収縮をするのだが，その収縮分が先頭

第6章　加速度運動編　　79

と最後尾の速度差によって補われなければならないため，それぞれの部分で加速度はすべて違うからである。もちろん，最後尾の速度は先頭部分のそれより大きいことが要求される。ただし，最後尾の速度をいくらでも大きくすることはできない。光速がその限界である。

　ということは，「先頭部分の加速度を常にaで飛行させる」という条件があった場合，その宇宙船がちぎれることなく飛び続けるためには，限界長とでもいうべき長さが存在することになる。逆にいえば，ある長さの宇宙船があった場合，その宇宙船は，ある一定以上の加速度で飛び続けることはできないという限界加速度があるということになる。この限界条件とはいかなるものであろうか？

　これを示すには式(6-5)が必要となる。この式は等加速度運動をする物体がT時間後にどこまで移動しているかを示したものである。これを宇宙船の先頭の移動距離と考えよう。この距離から宇宙船後尾の移動距離を引き算すれば宇宙船の長さ（以後，宇宙船長とよぶ）が算出でき，それがそのときの速度に応じたローレンツ収縮に見合っていればよいことになる。いまは限界長を求めるということにして，宇宙船後尾にはもっとも強い加速度無限大モーターを取り付けたとしてみよう。つまり，宇宙船後尾はどんなに重いものであっても瞬間的に光速にもっていくだけのパワーがあるとするのだ。

　時刻0のとき，宇宙船の先頭が原点0にあるとすれば，長さL_0の宇宙船の最後尾は$-L_0$点にあることとなる。その後，宇宙船の先頭は式(6-5)に従って位置を変えていき，宇宙船の最後尾の位置は$cT-L_0$で表されることとなる。従って，あるT時間後の宇宙船長$L(T)$は，

$$L(T) = \frac{c^2}{a}\sqrt{1+(aT/c)^2} - \frac{c^2}{a} - cT + L_0 \tag{6-6}$$

となる。ここで少し飛躍するが，時間が十分たった後のことを考えてみる。どんな加速度で飛行していたとしても，十分時間がたてば最終的には光速に近づく。そうすればローレンツ収縮率も100％に近づいてゆき宇宙船長$L(T)$も0に近づくはずである。少なくとも十分時間がたった後に式(6-6)での宇宙船長が正の値をもっていたならば，その宇宙船はいずれ壊れてしまうことになる。つまり，

$$\lim_{T\to\infty} L(T) \leq 0, \quad L_0 \leq \frac{c^2}{a} \tag{6-7}$$

という条件が登場する。限界長とはc^2/aのことだったのだ*7。現実的な話をすると，aを地上と同じ1Gとすればc^2/aはおよそ1光年の長さになる。1光年以上の長さをもつ宇宙船は，どんなエンジンを装備したとしても，連続して1G以上の加速を続けることは不可能なのである*8。もしもあなたが，何でもかんでも，物体はその速度に見合ったローレンツ収縮をすると思っていたのならば，これを改める必要があるだろう。ローレンツ収縮をするには，その収縮を起こさせるための力が働かなければ生じないのである。このことについては第7章で詳説する。

　ただし，1つ注意しておきたい点がある。ここで述べられている限界長などの概念が当てはまるのは，実際に1光年以上の長さをもつ宇宙船の側が加速度運動した場合である。たとえば，この宇宙船は単なるハリボテで，実はその外で観測している観測者の方が加速度運動をしていたとする。観測者自身は1光年という長さから比べたら十分小さいから，たとえば1日で光速の8割に達するような加速をしたとしても限界長c^2/aより小さいとしよう*9。するとこの観測者から見て，宇宙船はたった1日で元の6割に縮んで見える。1日で0.4光年も縮むことになるが，これに関してはまったくその通りで支障はない。そもそも加速しているのが外部の観測者ならば，宇宙船自身には何の力もかからないのだから壊れるはずもないのだ。では，「このとき宇宙船は超光速で縮んだのか？」という疑問がわくかもしれない。これもまたよくある"正しい間違い"の1つであるが，それはまた後で説明するとして，ここでは，実際に加速する側のローレンツ収縮に関しての限界について理解しておいていただきたい。

　さて，以降は余談となるが，後で再び必要となるので，式(6-7)の意味…というか，これに含まれる驚くべき事実（大げさ）について触れておくことにする。

　式(6-6)および式(6-7)に登場する$L(T)$は，ヨーイドンの合図とともに加速度aで動きだした物体と，その後方L_0から同時に飛びだした光の間隔を示しているといってもよい。そして，先行する物体はどんなに加速しても光速になることはないのであるから，光に追いかけられている以上，その間隔は次第に縮まることとなる。ところがである。当初の間隔がc^2/a以上であった場合，物体と光の間隔は常に距離が縮まっていくにもかかわらず，決して光が前の物体に追いつくことはないのである。私はこれを『相対論的アキレスと亀』と名づけてよんでいる。ゼノンのパラドックスとしてのアキレスと亀の話は今さら説明するまでもないが，要は時間の無限

級数和が有限となるので，やっぱりアキレスは亀に追いつくということになる[*10]。しかし，この『相対論的アキレスと亀』では，次第に近づいていく点は同じでも，その結論はまったく違う，無限の時間をかけても前の宇宙船に光が追いつくことは不可能なのである。

　これがどれだけ奇妙なことか考えて見てほしい。もしも，連続して1G以上の加速を続ける宇宙船が地球から出発したとしよう。そういう設定は相対論の啓蒙書類には山のようにあるはずだ。この宇宙船には出発した時点から，後方の星たちの今現在の情報は決して届かないのだ。そしてそのうち地球からの通信もまったく届かなくなる。光速を超えて飛んでいるわけでもないのに，c^2/a以上後方からの光はまったく届かなくなるのである。届かないのであるからやがて後方の宇宙は真っ暗になってしまう。ブラックホールならぬブラックウォールが宇宙船のc^2/a後方に登場するのである。

【正しい間違い6-3】
　宇宙船が地球から等加速度運動をして飛び立った。地球から見て宇宙船はどんどん離れていく。宇宙船から見た地球もどんどん離れていくだろう。

「何をあたり前のことを…」と思っている方が多いのではあるまいか？　別にひっかけ問題のようなトリックを述べているわけではない。宇宙船は直線的にずぅーっと地球から離れていくコースをとっている。地球から見て宇宙船がどんどん離れていくのだから，それとまったく同様に，宇宙船から見れば地球もどんどん離れていくのはあたり前だと考えるのではないだろうか？　実はここに大きな落し穴があるのだ。

　少し別の角度から話をしてみよう。宇宙船には双子の兄が乗っていて，地球には弟が残っているとする。相対論には必ず出てくる"双子のパラドックス"のような話だ。兄弟は互いに相手を見ているのだが，どっちが加速している方なのかパッとみただけではわからない。いや，地球上と宇宙船内じゃあ背景（宇宙にある星）が違いすぎるから，わかるといえばわかる。背景の星が動いている方（ロケット）が加速しているのだ。

　そこでたとえば，まったく同じ形状で逆向きドッキングした2つの宇宙船に兄

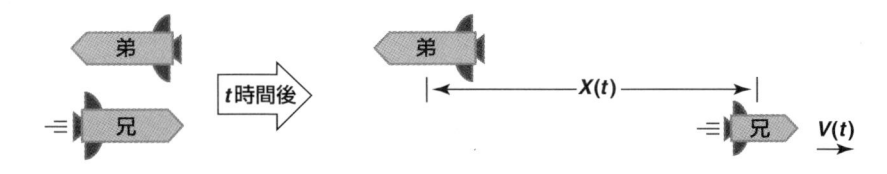

〈図2〉 弟から見た兄の宇宙船

　弟が別れて乗っており，ある瞬間に離れたとしよう。そして離れた瞬間にどちらか片方の宇宙船のエンジンが始動したとする。ただし，エンジンから出ている推進剤は，目に見えないガスだとするのだ。さて，互いに相手を見ている双子の兄弟同士は，いったいどっちが動きだしたのか，背景の星を見ないでわかるであろうか？

　まず間違いなくほとんどの人がこう答えるだろう。動き出した宇宙船内だと加速によって重力を感じ，動いていない宇宙船内では感じない。これで，はっきり区別ができる…と*11。それはそれでまったく正しいのであるが，この説明があまりにも蔓延しており，重力を感じるか感じないか以外の違いを説明したものがあまり見当たらない。背景の星を観測することもなく，重力に頼らず，互いにずっと相手を見続けるだけで区別できないであろうか。ただし，目は非常によくて何光年離れても観測できると仮定して，はてさて？

　まずは，地球上にいる加速をしていない弟が見た，加速をしている兄について考えてみよう。宇宙船はどんどんと離れていくが，その速度と位置は前に述べた式(6-4)と式(6-5)で与えられた通りである。よって，この位置関係をもとに光が届く時間も考慮して考えれば，弟が見る兄の姿はすぐに理解できるであろう。まあ，加速を付けながらどんどん離れていく姿を見るという結論だから，誰も異論を唱えることはないと思われる〈図2〉。

　問題なのは，加速をしている兄から見た，地球上にいる弟の姿である。多くの人は，弟も兄からどんどんと離れていくと思うのではあるまいか？　なんせ相対論の話なのである。すべての見方は相対的なはずだと。ところが実際は，兄が加速を続けているかぎり，弟は兄からある距離以上は絶対に離れないのである。なんと奇妙なことだろうか。

　このことを理解するには，兄と弟の大きな非対称性について考える必要がある。加速をしていない弟にしてみれば，加速しているのは兄"だけ"である。厳

密にいえば，兄と，兄が乗り込んでいる宇宙船"だけ"が加速度運動をしている。宇宙船は式(6-4)に従い速度を増していくので，次第にローレンツ収縮をしていくであろう。もちろん，ローレンツ収縮をするのは，兄と，兄が乗り込んでいる宇宙船"だけ"である。

なぜこんな，一見あたり前のことをくどくど述べているのかといえば，逆の兄の立場にすれば，加速してみえるのは弟"だけではない"からだ。もしも，弟の横に月があれば，それも加速してみえるし，弟から100光年離れた星であろうと，弟に対して静止しているのならば*12 それも加速して見えるはずだ。

すなわち，弟の立場では，兄と，兄が乗り込んでいる宇宙船"だけ"が加速度運動をしている。しかし，兄の立場では，兄と，兄が乗り込んでいる宇宙船"以外のすべて"，つまり全宇宙が加速度運動をしているのである。よって，ローレンツ収縮をしていく対象も，兄が乗り込んでいる宇宙船以外…，つまり弟を含む宇宙全体なのである。

まあ，ここまで大げさにいわずとも，普通に走っている電車を思い浮かべればよい。ホームで見送る人にとっては，動きだすのは電車だけであるが，電車の乗客にとっては見送りの人はもちろん，ホーム自身も，町並みも，遠くの山でさえ後方に流れていくのだ。そして，それらすべてがローレンツ収縮する対象となる。

兄と弟の大きな非対称性についてはご理解いただけたと思う。地球にいる弟は，宇宙船が離れていくのと同時に宇宙船がローレンツ収縮で縮んでいくのを観測する。宇宙船にいる兄は，地球が離れると同時に地球を含めた全宇宙がローレンツ収縮をするのを観測するのだ。宇宙船のローレンツ収縮は，宇宙船そのものがたいして大きくない場合は無視してかまわないだろう。そんなことは考慮しないのが通例だ。

たとえば宇宙船の長さが100mあったとして，兄はその先頭に乗っているとする。宇宙船の最後尾が地球から1光年離れたとき，光速の8割の速度が出ていたとしたら，宇宙船は地球の静止系で見れば60mに縮んでいる。だから，宇宙船の先頭に乗っている兄と地球の弟の間の隔たりは1光年+100mではなくて1光年+60mということになるだろう。ただ，この40mの違いをとやかくいう人はいないだろう。1光年に比べれば誤差にもならないレベルなのであるから。

しかし，逆に兄からみた世界は違う。ローレンツ収縮する対象は宇宙全体であ

り，非常に巨大であるからだ。このときローレンツ収縮を考えなければならないのは，100 mの宇宙船の方でなく，宇宙船の最後尾から地球までの1光年という長い距離に対してである。もし光速の8割の速度が出ていたとしたら，1光年という距離は0.6光年に縮んでいるため，兄弟の隔たりは1光年＋100 mではなくて0.6光年＋100 mということになるのだ。この違いは大きい。

すなわち，宇宙船の大きさは無視するとして，弟から見て1光年先に見える兄も，兄からみれば弟は0.6光年彼方にしか見えない。要は立場の違いによって，宇宙のローレンツ収縮を考慮すべきか否かの違いである。

地球にいる弟が見た，宇宙船内の兄までの距離が式(6-5)で与えられた通りであるならば，兄から見た弟までの距離は式(6-5)にローレンツ収縮率を掛ければよい。これには速度が必要であるが，すでに式(6-4)が出ている。よって，

$$X = \left(\frac{c^2}{a}\sqrt{1+\left(aT/c\right)^2} - \frac{c^2}{a} \right) \times \sqrt{1-\left(V/c\right)^2} = \frac{c^2}{a}\left(1 - \frac{1}{\sqrt{1+\left(aT/c\right)^2}} \right) \tag{6-8}$$

ただし，

$$V = \frac{aT}{\sqrt{1+\left(aT/c\right)^2}}$$

となる。これをもって兄から見た弟までの距離の式だといってもよいのだが，ここでいうTは弟の時計で計った時刻なので，これを兄の計った時刻τに変えてこそ初めて式(6-5)と対等となる。時間の変換は固有時間を求める式としてよく知られている。

$$\tau = \sqrt{1-\left(V/c\right)^2}\, T \tag{6-9}$$

等速度運動ならばこのままでよいのだが，いまの場合，速度Vが式(6-4)で表されるようなTの関数であるため，式(6-4)を代入したあと積分する必要がある。

$$\tau = \int_0^T \sqrt{1-(V/c)^2}\, dT = \int_0^T \frac{dT}{\sqrt{1+(aT/c)^2}} \qquad (6\text{-}10)$$
$$= \frac{c}{a} \log\left(\sqrt{1+(aT/c)^2} + \frac{aT}{c}\right)$$

この式は,

$$\frac{a}{c}T = \sinh\frac{a}{c}\tau \qquad (6\text{-}11)$$

と書くこともできる。これを式(6-8)に代入すればよい。すると,

$$X = \frac{c^2}{a}\left(1 - \frac{1}{\cosh\dfrac{a}{c}\tau}\right) \qquad (6\text{-}12)$$

となる[*13]。これが, 兄から見た弟までの距離である。【正しい間違い6-2】の補足になるが, ここまでの計算にも一般相対論は一切登場しない。すべて特殊相対論の範囲でかたがついている。

式(6-12)がどういうことを述べているかはカッコ内を見ればわかる。aは加速度, cは光速であるから, 等加速度運動だとすれば共に定数である。τは加速開始からの時間だから, $\tau=0$のときは当然ながら0だ。なぜなら$\cosh 0 = 1$であるからだ。つまり$X=0$である。その後τはどんどんと増えていく。$\cosh$関数は, 変数が無限大になると値が無限大になる。するとカッコ内は1に近づいていく。すなわち,

$$\lim_{\tau \to \infty} X(\tau) = \frac{c^2}{a} \qquad (6\text{-}13)$$

なのである。ここに再びc^2/aが登場したことに注目しよう。【正しい間違い6-2】での最後に, 余談として述べたことを思い出してほしい。c^2/a以上離れた場所からの光は宇宙船には届かない。届かないからやがて後方の宇宙は真っ暗になり, ブラックホールならぬブラックウォールが宇宙船のc^2/a後方にできる…そのような書き方をした。どうやらこの壁は, 本当のブラックホールとほとんど同じ性質をもっているらしい[*14]〈図3〉。

数式を追うのが苦手の方は, 次のようなイメージを考えてほしい。兄が宇宙を

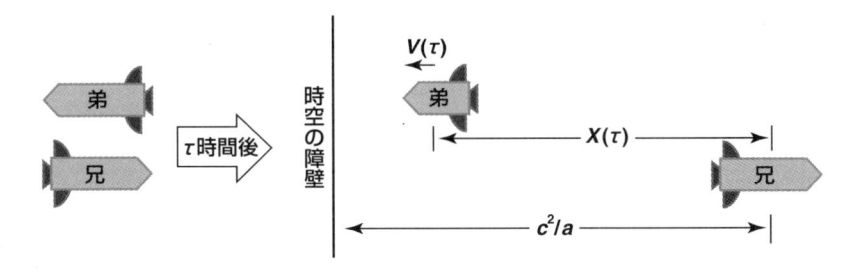

〈図3〉兄から見た弟の宇宙船

見た場合，宇宙全体が宇宙船後方へ流れていくのを観察する。宇宙空間そのものは観測できないから，具体的には星々が後方に流れたり，あるいは宇宙にただよう塵やガスを観測することになるだろう。兄が100 m前方に移動したならば，200 m前方にあった物体は100 m前方まで近づくし，1000 m前方にあった物体は900 m前方まで近づくはずである。ようするに，兄に対して，宇宙全体が100 mシフトした効果を及ぼす。兄に対してどのような距離にある物体であっても，一様に100 mだけ位置関係がずれることとなる。

これとは別に，宇宙船が加速度運動していることで，宇宙全体がしだいにローレンツ収縮をしていく効果もある。この効果は，前述したとおり，もし光速の8割の速度が出ていたとしたら，1光年という距離は0.6光年に縮んでいるといった，縮む"割合"が示されるものだ。この例では，1光年先の物体は0.4光年だけ兄に近づいていることになるが，2光年向こうの物体は，0.8光年だけ兄に近づいていることになる。つまり，兄からの距離に比例して，縮む距離が違ってくる。

この2つの効果を合わせると，兄が見る宇宙像が出てくるのである。これを少々マンガ的に描くと〈図4〉となる。

宇宙船のc^2/a後方に壁ができるというのは，宇宙船の移動の効果とローレンツ収縮効果が互いに相殺される点だということができる。つまり，宇宙船のc^2/a後方にある星は時間がたつにつれて，しだいに後ろへと流れていくという，宇宙船の移動の効果が表れるはずである。しかし同時に，ローレンツ収縮によって宇宙船へ近づくという効果もあって，結局は動かないように観測されるのだ。

そろそろ整理してみよう。そもそもの問いかけは，加速度運動をしている宇

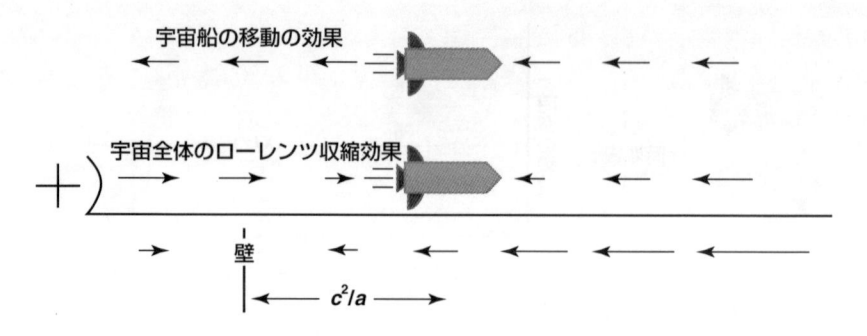

〈図4〉 宇宙船後方にできる壁の概念図

宙船から眺めた，後方に落ちていく地球の姿であった。そしてその答えは，宇宙船の c^2/a 後方にできた壁にしだいに近づくが，決してそれより向こうに行かないというものとなる。

　もし，最初の問いかけが次のようなものだったらどうなっただろうか？　「ある日突然，地球のそばにブラックホールが出現した。兄は宇宙船のエンジンをふかし，"ホバリング"してブラックホールとの距離を保っているが，弟は地球もろとも落ちていった。兄は弟の姿をどう見るか？」

　相対論の啓蒙書ではこの手の話は必ずある。答えはシュバルツシルト障壁とか事象の地平面とかよばれる部分に地球は近づくが，しだいに落下速度がのろくなり，ついにはここで落下がストップするように見えると書いてあるはずだ。また，落ちていく弟にしてみれば，この障壁部分は何も特別なものは存在せず，ただ素通りして落ちるのみ。ここでの話は，要はこれとまったく同じなのである。違う点は，この壁が球面でなくフラットな面だということだけである[*15]。

　以上で，地球からの光景と宇宙船からの光景の区別がなんとなくでも把握できたであろうか？　少なくとも，重力を感じるか否か以上に，劇的な違いがあることはわかっていただけたと思う。ブラックホールへの落下物の見え方はよく書かれているのに，加速する宇宙船からの落下物の方はほとんど書かれていないのが現状なので，ここで述べたような解説はめずらしいのではあるまいか？

　さて，以降はまたまた余談であるが，加速度運動をする宇宙船の話は，特殊相対論と一般相対論の有用な架け橋となるので，後の理解をスムーズにするため

にも，もう少しおつき合いしていただきたい。

式(6-12)を時間微分すると兄からみたときの弟の速度がわかり，もう一度微分すると加速度がわかる。具体的に書くと，

$$V(\tau) = \frac{dX}{d\tau} = \frac{c\tanh\frac{a}{c}\tau}{\cosh\frac{a}{c}\tau} \tag{6-14}$$

$$A(\tau) = \frac{dV}{d\tau} = \frac{a\left(1 - \sinh^2\frac{a}{c}\tau\right)}{\cosh^3\frac{a}{c}\tau} \tag{6-15}$$

である。この式は，弟からみた兄の速度と加速度を表す式(6-4)と式(6-5)に対応するものだ。

ロケットに乗った兄からみた弟の落下は，はじめは普通の自由落下と同様だが，最終的には距離 c^2/a で静止してしまうのだから，どこかで最高速度に達したあと，減速に転ずることになる。それは加速度 $A = 0$ の状態ということにほかならない。そのとき式(6-15)から明らかなように，$\sinh(a\tau/c) = 1$ であるから，$\cosh(a\tau/c) = (2 + \sqrt{2})/(1 + \sqrt{2})$ となる。これを式(6-14)に代入すると，弟の最高速度は光速の半分だということがわかる。それ以上は減速するばかりなのだ。弟からみた兄の速度は，加速度こそ落ちてはいくが常に増加なのだから，その違いは歴然としている。

なぜこのような差が付いたかといえば，くり返しになるが宇宙全体に対するローレンツ収縮が加味されたからである。すなわち，距離 c^2/a にある物体は，その後の宇宙船の加速によって宇宙船から離れていくはずであるが，さらにローレンツ収縮によって距離が縮む効果を考えれば，結局は距離の変化は相殺されて動かないこととなってしまうのだ。距離が2倍になっても，ローレンツ収縮で距離が半分に縮まってしまったら結局は動いていないのと同じということである。

それでは，目線を宇宙船の後方から前方へ変えてみてはどうか？

今まで宇宙船から後へ移動する地球や弟の考察をしていた。それと反対に，前方からやってくる物体についてはどうなるのだろう。今度は宇宙船の加速によって物体は近づいてくることになる。さらに加えてローレンツ収縮によって距離が

縮む効果が物体が近づくのを手助けすることとなる。つまり，前方からやってくる物体に関しては，2つの効果は相殺ではなく相乗効果として現れることとなる。そして遠方の物体ほどその速さは大きい。

　さて，速さの大小を述べるとき，兄が基準とするものは何であろうか。何と比べて速いとか遅いとかいうのであろうか？　それは目の前を通り過ぎる物体の速度であろう。話をわかりやすくするため，宇宙船の加速前には宇宙にまんべんなく塵があるとする。地球も大きな塵の1つだと考えればよい。それらははじめ宇宙船に対してすべて静止しいる[*16]。宇宙船が加速を開始して，塵は初めて動き出す。兄は自分の速さを求めるのに目前を通過する塵との相対速度を基準とするだろう。目の前をびゅんびゅん塵が通り過ぎているのにもかかわらず，距離c^2/a後方を基準にして「私の宇宙船は宇宙の塵に対して静止している」とはいわないはずである。

　では，兄の目前の塵の速度はいくらであろうか。これには，弟が見た兄の速度である式(6-4)が使える。弟にとっては塵は兄が加速したあともずっと静止したままであるから，兄と塵の相対速度は式(6-4)で表される。では，兄が見た目前の塵の速度もこれでよいかというと少し違ってくる。兄はみずからのもっている時計で塵の速度を決定するのであるから，弟の時間Tで表された式(6-4)はそのまま使えない。しかし，すでに，兄の時間τと弟の時間Tの変換式は式(6-10)に示されているのであるから，これを使って目前の塵速度$V_\text{塵}(\tau)$をつくればよいだけである。

$$V_\text{塵}(\tau) = c\tanh\frac{a}{c}\tau \tag{6-16}$$

　では，この速度を基準の1として，兄からみて距離Xだけ離れている場所の塵の速度比はどうなるだろうか。ここでは前方を正としよう。いまのところ，Xが正ならば1以上になり，負ならば1以下だろうということと，$X=-c^2/a$のときに0になることがわかっている。

　これを導くには，まず，兄からみたときの弟の速度を表す式(6-14)の$V(\tau)$を，いま求めた目前の塵速度$V_\text{塵}(\tau)$で割って速度比を算出する。そしてここに兄から見た弟までの距離Xを求めた式(6-12)を，前方を正としたことに注意して代入すればよい。すなわち，

$$\frac{V}{V_{塵}} = 1 + \frac{a}{c^2}X \tag{6-17}$$

である．あっけないほど簡単になってしまうのだ．直感的な理解でよいのならば，改めて〈図4〉をみてほしい．宇宙船からの距離に比例して，塵の速度が変化しているのがわかるであろう．式としては簡単であるが，しかしこれがどういうことを示してるのかはそれほど簡単ではなく深遠な意味をもっている．

　速度比が距離に比例しているのであるから，距離の差によって塵の速さがリニアに異なっていることになるのだが，ここで，$V_{塵}$が光速の50％であり，aを1Gだと仮定しよう．このとき距離c^2/aがおよそ1光年になることは前に述べた．式(6-17)で示されたことは，宇宙船前方10光年先の星は光速の5倍で近づいているし，100光年先の星は光速の50倍，200万光年先のアンドロメダ星雲ならば，光速の100万倍で近づいているということなのである．これは何かの間違いであろうか？　いや，そうではない．兄にしてみれば，こんなとんでもない速さでアンドロメダ星雲が近づいてきてくれるからこそ生きている間に地球からアンドロメダ星雲まで行ける…そう解釈するのである．嘘だと思うならば式(6-5)に数値を入れてみてほしい．ただしTは弟の時間なので式(6-11)を使って，τ時間にし，兄が何年で200万光年を渡りきるか算出してみてほしい．

　しかし，光速の100万倍とかになってよいのか？　光速は一定だったのでは，という話も出てこよう．大丈夫である．光速の100万倍で近づいているアンドロメダ星雲の光速は，兄の周辺の光速よりも200万倍速い．ついでにいえばアンドロメダ星雲の時計も，兄のしている時計に比べて200万倍速く動いているのである．

　もともと式(6-17)は，距離が離れた場所での"塵の速度比"を示したものだったのだが，これはそのまま，兄周辺の光速を1とした場合の距離が離れた場所での"光速比"を示したものであり，同時に兄周辺の時計の進み方を1とした場合の，距離が離れた場所での"時計の進み方の比"を示したものなのである．

　さすがにここまでくると，特殊相対論だけで導くというには息切れがしてくるし，一般相対論をもち出して最初から説明した方がすっきりするかもしれない．それに，一般相対性原理を暗に仮定しているではないかという指摘もあるかもしれない．ただ，これだけはいえるのではないだろうか．「○○の効果は一般相対論を用いなければ説明できない」と安易に切り出して煙に巻くのは，半分は筆者自身の

"逃げ"なのではあるまいか…と。

参考文献
1) アインシュタイン『相対性理論』(内山龍雄訳・解説:岩波文庫)が有名。

補注
*1 原題は"Zur Elektrodynamik bewegter Köerper"である。
*2 "嫌悪"という表現は適切でないかもしれないが、内面的な鋭い洞察や不思議だと思う視点のユニークさがアインシュタインの天才的な部分である。
*3 質量 m をベクトル量として定義し直してもおもしろいかもしれないが、あまり学問的なメリットはないであろう。
*4 啓蒙書より教科書の方が、特殊相対論で加速度運動を多く扱っているという点がおもしろい。教科書ならラグランジュ関数の座標変換を使用した回転座標系の運動の記述もある。
*5 等価原理では重力場と加速度による場とは区別できないはずだと反論されるかもしれない。これは後の章でくわしく述べるが、地球や星などが作る重力場では、座標変換によって局所的に慣性系にすることはできても、全体を慣性系にできる変換はない。これに対して加速度による場は、局所的な場を慣性系にする座標変換で、他の部分もすべてが慣性系になる。一般相対論的にいえば、加速度の場はリーマン・テンソルが0であるのに対し、本物の重力場では0でない。
*6 辞典類には明記されていないため、一般的な言葉かどうかはわからないが、ランダウ(Landau Lev Davidovich)は、乗客が感じる加速度のことを"固有加速度"としばしばよんでいる。
*7 これは多少強引である。c^2/a 以下という条件はあくまで無限時間後の最終的なものであり、本来ならばすべての時間においてローレンツ収縮以上の長さにならないことを示す必要がある。ただ、ここでの議論ではそこまで必要ないので割愛させていただく。
*8 スターウォーズに出てくる帝国の巨大戦艦が、ハン・ソロの操る小さなファルコン号に速度の面で負けているのはこのためである……というネタはいかがであろうか?
*9 もっとも、そんな加速を人間に施すと確実に死ぬだろうが。
*10 有限和でなく無限級数和が時間に対して使えるのかという数学的な反論がありそうだが、ここでは止めておく。
*11 たぶんこの手の話が好きな"相対論ファン"であるほど得意満面に。
*12 正確には静止している必要もない。
*13 sinh, cosh, tanh などは双曲線関数とよばれ、その定義は以下のようである。
$$\sinh x = (e^x - e^{-x})/2, \quad \cosh x = (e^x + e^{-x})/2, \quad \tanh x = \sinh x / \cosh x$$
*14 ホーキング(S. W. Hawking)はブラックホールの熱力学を考えて、ブラックホールから熱放射が生じるという、ブラックホールの蒸発理論を提案した。ここで述べたような、いかにも人工的に発生した壁からも熱放射が発生することが調べられ、ウンルー効果という名が付けられている。
*15 この違いは真の特異点の有無として現れる。ブラックホールのまわりにできる障壁の場合、シュバルツシルト障壁というみかけの特異点をくぐると、後は真の特異点まで落下することは避けられない。しかし、宇宙船の加速で生じる障壁は、その向こうに特に変な場所(特異点)はない。だからいつまでも落ち続ける。つまり、加速で生じる障壁は、ブラックホールの質量を無限に大きくした場合の極限となっている。
*16 要は慣性系に対して座標を定義したのと同じである。だから実際に塵がある必要はない。しかし本当にまったくなにもなかったら、現実的にはみずから速度を測るすべがなくなる。もっとも実際に塵がたくさんあると、塵は非常な高速度でロケットにぶつかり、穴をあけてしまうであろうが。

第 7 章

ローレンツ収縮編

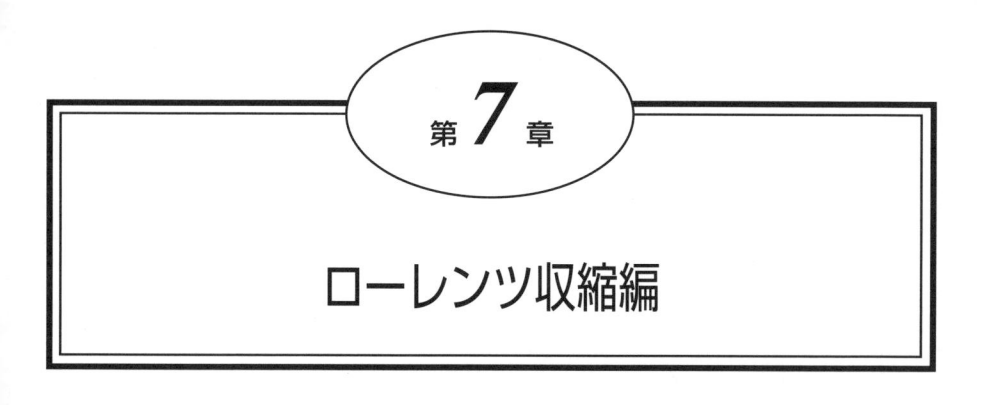

　6章で特殊相対論における加速度運動の話を取り上げた。そのときは，等加速度運動を始めると，以後はそれがずっと続くと仮定した。今回は，ある時間の後に等速直線運動に戻る場合を考える。つまり物体がある等速直線運動から別の等速直線運動に移る場合の考察である。この場合を詳細に考えることにより，ローレンツ収縮の驚くべき性質が明らかになる。特殊相対論の中で，ローレンツ収縮という概念は，運動している時計の遅れと並んで，非常に誤解しやすい概念であり，したがって正しい間違いの巣である。

【正しい間違い7-1】
　2台のロケットA, Bが宇宙空間に1光年離れて，地球に対して静止した状態で浮かんでいる。このロケットは地球から見て，ある時刻に同時に，同じ方向に向けて急速な加速をして，短時間のうちに光速の0.8倍の速度に達した。するとABの間隔はローレンツ収縮のために，地球から見て0.6光年に縮んだはずである。いったい，このロケットの間隔は超光速で縮んだのか。

　ここで，ロケットを果たして短時間で光速の0.8倍に加速することが可能かどうかというような実際的な技術的なことは，問題外としよう。あくまでも原理的な問題であるから，不可能とはいえない。この【正しい間違い7-1】に対する解答は，AB間の距離は，地球から見て全然縮んでなどいない，というものである。このことは，これから説明するように，ちょっと知恵を働かせればすぐにわかることだ。それより驚くべきことは，ABの間隔は等速直線運動に移ったロケットから見ると，1/0.6 = 1.7光年に延びるのである。ローレンツ収縮どころか，膨張である。

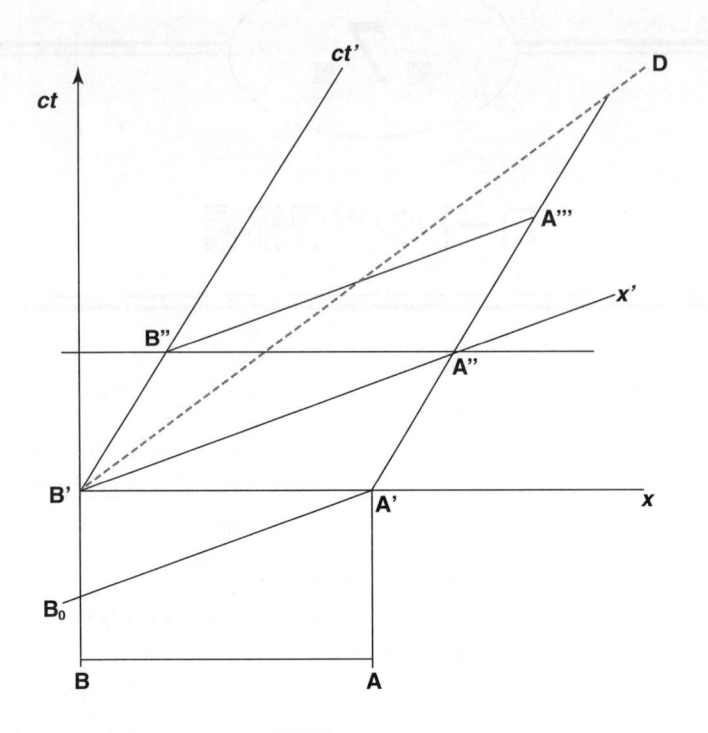

〈図1〉時空上での2台のロケットA,Bの世界線

　そのことを〈図1〉で説明する。図は横軸にx，縦軸にctを描いたものでミンコフスキーの時空図とよばれる。図でA-A'-A''-A'''がロケットAの時空図上での軌跡である。時空図の上での軌跡を世界線という。同様にB-B'-B''がロケットBの世界線である。ロケットA，Bは時刻$t=0$まで静止しており，$t=0$で急激な加速運動を行い，その後は一定速度になったとする。静止期間の世界線はそれぞれA-A'，B-B'である。地上で見た両者間の間隔はA-B，A'-B'であり，両者は当然等しい。加速後の両者の世界線はA'-A''-A'''，B'-B''である。加速後のロケットの間隔を地上で観測するとそれはたとえばA''-B''となり，それがA-B,A'-B'と等しいことは図から明らかであろう。つまり，両ロケットの間隔は，地上から観測する限りは，静止中も加速後も（そして加速中も）等しいということである。

　しかし，両ロケットの間隔をロケットから見ると違ったことになる。加速後十分時間が経った後での両ロケットの間隔を，ロケットとともに運動している系で

見ると，それはたとえばA'''-B''のようになる(図から明らかなようにそれはA''-B'と等しい)。というのは，地上の座標系ではx軸に平行な直線上を同時刻と見るが，ロケットとともに運動している座標系では図のx'軸に平行な直線上を同時と見るからである。図で見るようにロケットとともに運動する座標系を(x', ct')とすると，x'軸はB'-A''のような線で，時間軸はB'-B''になる。ここで，角度B''-B'-D＝角度A''-B'-Dのように作図する。B'-Dは光の世界線でx軸に対して45度の角度をなす。

両ロケットの間隔をロケットとともに運動する座標系から見た値は，図ではA'''-B''または，A''-B'で表現される。それは一見してA'-B'より大きいことは明らかだが，ことはそう単純ではない。x'座標系の長さの単位とx軸の長さの単位が異なるからだ。ここでは複雑な議論はやめにしよう。しかし明らかなことはA'-B'の間隔をl，A''-B'の間隔をl'とするなら$l' = l/\sqrt{1 - v^2/c^2}$にならなければならないことがすぐにわかる。つまり，ロケットとともに運動する座標系で見ると，ロケットの間隔は縮むどころか伸びるのである。

それではその間隔はどのような経過で伸びるのかを考えよう。ロケットAとBは同時に加速する。つまりA'とB'は地上の系では同時刻である。しかしAが加速を終了した直後，図ではA'の少し上(図では一瞬の加速としてあるので実質的にA'と同じ)の同時刻は，B_0になるのである。それまではA'と同時刻はB'と思っていたのに，一瞬に過去のB_0が同時刻と見るようになる。とはいえ，時間が過去に戻ったからといって，タイムマシンができるわけではない。あくまでも特殊相対論の解釈の問題である。ともかく両ロケットの間隔はA'-B'からA'-B_0に一瞬に変化する。ロケットAは加速を終了したのにBはまだ出発すらしていない。ロケットAから見て，ロケットBが加速を開始するのはA''に来た時点である。つまり両者の間隔が伸びたのは，ロケットBの出発が遅れたからであると解釈できる。あるいはBから見れば，Aの出発が早かったからとも解釈できる。

ここで1つ注意。後に【正しい間違い7-3】で指摘するのだが，ここで「見る」とか「観測する」という言葉に注意を払う必要がある。それは2重の意味に解釈できるからである。「見る」ということを，実際に「目で見る」，「写真を撮って見る」という解釈が1つ。これは【7-3】で議論される問題である。

ふつう，特殊相対論で見るとか観測するといった場合は，これを意味しない。

もう1つの解釈はロケットABの間隔をA'-B'ないしはA''-B'として「見る」または「観測する」という場合。これはABの位置を，特定の座標系で同時に測定して，そのx座標の差をとるということである。それが長さの定義である。ローレンツ収縮では，こちらの意味での「見る」，「観測する」が採用されていることに注意しよう。

【正しい間違い7-2】
止まっていた物体が運動を始めたとき，物体はその速度に見合ったローレンツ収縮を自然にする。つまり，物体は力が加わって縮むわけではなく，自然に縮むのである。

少し意味がわかりづらいかもしれないので，以下の問題を考えてみてほしい。
ここに，無限に長いレールと，その上を走る同じ構造の電車がたくさんあるとする。それぞれの電車には個々に同型のモーターが取り付けられている。そして，これら電車のモーターは恐ろしく強力で，たった3分の加速で最高速度の$0.8c$に達してしまうとする。つまり，ローレンツ収縮を考えると，発車して3分で元の長さの6割にまで縮んでしまうのである。
では問題。この電車を前後に2台並べて同時に走らせたとしよう。同じ加速をするはずであるから，3分後においてもこの2台の距離は，【正しい間違い7-1】で指摘したように，地上から見れば変化がないはずである。たとえば，それぞれの電車中央の扉の距離はずっと変化しないであろう。ところが，この2台の電車はそれぞれ個々にローレンツ収縮をするはずである。もし電車の長さがローレンツ収縮しないなら，【正しい間違い7-1】で述べたように，電車に乗っている人から見れば，電車の長さは延びたことになる。電車の固有長さが変化しない，つまり元のままの電車であるためには，地上から見た電車はローレンツ収縮しなければならない。すると，2台の電車の間に隙間が開いてしまうことになる。
では次に2台を連結器でくっつけたのち，双方のモーターを同時に動かして走らせたとしよう。今度は車両間に隙間が開くことはなく，2台がくっついたままローレンツ収縮をするはずである。すなわち，長さが2倍の1台の電車が走っていることと同等になるだろう。すると今度は車両中央の扉の距離がローレンツ収

〈図2〉縦列して走る電車　　　　　　　〈図3〉連結して走る電車

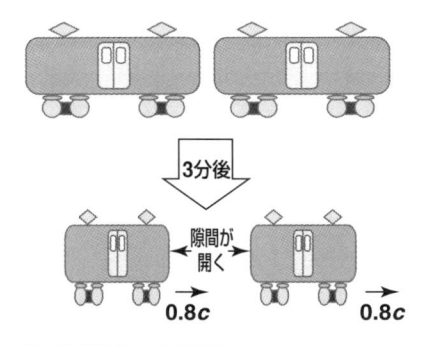

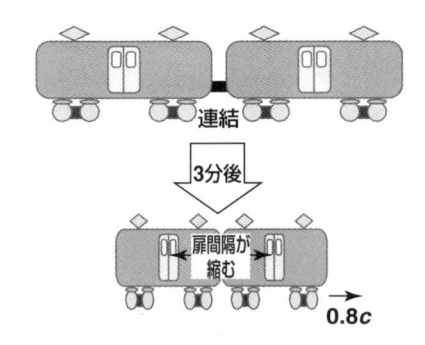

縮によって変化することになる。レールが複線だとして，連結せずに単に2台前後に並べたものと，連結したものを同時に走らせれば，それぞれの位置関係は違ってくるであろう。この話は何か間違っているのだろうか。正しいとすれば，どう理解すればよいのだろうか〈図2〉〈図3〉。

　結論から述べれば，上記の話はどちらも間違ってはいない。連結器があるとなしとで結果が変わるのは，連結器を介して力が伝達されているためである。この力なしには，2台並べて同時に走らせた電車の間隔が変化しなかったように，ローレンツ収縮することもない。もっと細かく考えて，1台の電車が物質の原子1つひとつに対応しているとしてもよい。もしも，原子どうしがそれぞれ個々にローレンツ収縮したならば，原子どうしの間隔が広がってスカスカになるが，地上系から見て全体としてはローレンツ収縮をすることはないのである。原子の間がスカスカになるということは，実は物体とともに動く座標系から見れば長さ（固有長さ）が延びたということである。あまりスカスカになるということは，実はその物体がバラバラに壊れたということである。

　物体の固有長を変えないためには，全体としてローレンツ収縮する必要がある。そのためには，物体を構成する原子の間隔が全体として縮む必要がある。そのためには物体中のおのおのの原子がそれぞれ力を伝達しあう必要があるのだ。つまり【正しい間違い7-2】の解答は次のようなものだ。運動を始めた物体がローレンツ収縮するのは，自然に収縮するのではなく，力が介在するのである。さてこの力であるが，上記の電車の例で明らかになったことは，物体がローレンツ"収縮"

第7章　ローレンツ収縮編　　97

をするためには，物体は"圧縮される"のではなく"引っ張られる"のだという奇想天外な結論である。

　ところで，どうしても連結器をつながずに全体としてローレンツ収縮させたいとするならば，前の電車のモーターの出力を弱くし，後ろの電車のモーターの出力を強くすればよい。そうすれば当然縮んでいく。もちろん，ちゃんとローレンツ収縮にピッタリ合うような調整をしなければならないが。

　後の「一般相対論編」（第8章）でくわしく述べることとするが，前の出力を弱くし，後ろの出力を強くしたモーターを電車の乗客が見ると，どこも同じ出力に見えるのだ。逆に1番最初の設問である「列車を前後に2台並べて同時に走らせた場合，隙間が開いてしまうのはなぜか？　乗客は疑問を抱かないか？」の答えは，「電車の乗客は，前の出力が強く，後ろの出力が弱いために次第に離れると観測する」となる。

　続いて，今度は電車をうんと長く連結したとする。先頭車両から最後尾に光を送っても20分かかるほど長くだ。そして，それぞれの電車のモーターを同時に動かすとする。時計合せが面倒だが，発車前はすべての列車が停まっているので，できない相談ではない[*1]。発車して3分後，電車の全長は20光分（1光分とは光が1分間で進む距離）からその6割の12光分にローレンツ収縮しているはずである。

　…と，ここまで考えると奇妙なことに気づく。たった3分の間に8光分も縮んだとすれば，単純に考えて光速の8/3倍で縮んだこととなってしまう。そもそもどこを中心にして列車が縮むのかわからないが，中央部分を中心に集まったとしても，前後で光速の4/3倍で縮まねばならず，やはり光速を超える。それにこれだと，先頭車両は前に進むように車輪を回転しているのにもかかわらず，後ろに進むということになってしまう。この矛盾はどう解決したらよいのだろうか？

　話は簡単で，この長い電車は，3分間で全長が20光分から12光分になることはないだけのことである。最後部車両が瞬間的に光速になるほどの出力のモーターを積んでいるのにもかかわらず，全長がローレンツ収縮に追いつかない場合，その電車はそのうちちぎれてしまう運命にある。電車に乗っている乗客にしてみれば，この電車は前後に引っ張られて伸びているのである〈図4〉。

　ところで賢明な読者であれば，【正しい間違い7-1】と【正しい間違い7-2】での説明が微妙に異なるのがわかるであろう。【7-1】では，2台のロケットA，Bが急発

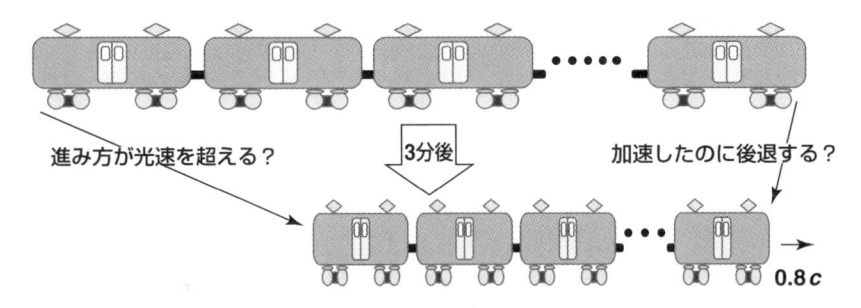

〈図4〉たくさん連結して走る電車

進すると，2台の間隔はロケットとともに運動する系では伸びると述べた。その理由として，AよりBの発進が，ロケット系で見て遅れる，つまり出遅れるからだと述べた。

　ところが【7-2】では，列車を前後に2台並べて同時に走らせた場合，隙間が開いてしまうのはなぜか？　乗客は疑問を抱かないか？」の答えは，「電車の乗客は，前の出力が強く，後ろの出力が弱いために次第に離れると観測する」であると述べた。

　この違いは問題の設定の微妙な差による。第6章に述べたことだが，加速度をa，光速度をcとするとc^2/aという臨界長さが問題になる。この長さより長い場合は【7-1】のような解釈が，短い場合は【7-2】の解釈が適切である。【7-2】では2台の電車の間隔はc^2/aより短いと暗に仮定している。それに対して【7-1】では2台のロケットの間隔は，c^2/aより長いと仮定している。

　その理由としては，つぎのように考えることもできる。等加速度aで加速している，前のロケットないしは電車から見て，後方c^2/aのところは，ブラックホールの地平面と同様の性質をもっていることを前章述べた。前の電車から見て，後方に行くと時計の進みがだんだん遅くなるように見える。言い換えれば，後方の電車ほど，同じ馬力でモーターを回転させていても，回転がのろい，つまり出力が弱いと観測されるのである。そしてついにc^2/aのところにある電車は，ブラックホールの事象の地平面の上にいるのと同じことで時間が進まない。つまりモーターが回っていないことになる。

　それよりさらに後方にあると，時間が逆向きに進んでいると解釈することもで

きるのである。これは本物のブラックホールを記述するシュバルツシルトの時空解でも同じことである。ただし，時間が逆流しているというのは，本当に逆流しているというよりは，不適切な座標の選択をすると，そう見えるというだけのことである。こういった不適切な座標系を「病的な座標系」という。残念ながら，後ろの電車やロケットがタイムマシンになるわけではない。前にいる観測者は，後ろの連中がタイムマシンに乗って時間を逆行していると解釈するかもしれないけれど，かといって，実際に観測できるわけではないので，何の実際的な意味もないのだ。

もし第6章と同じような設定，つまり等加速度運動が永遠に続くのであれば，c^2/a より後ろにいる電車やロケットは，前のものからは見えない。しかし今回の問題では，加速はいずれ止まり，等速度運動に移行すると仮定している。したがって，後方 c^2/a にある障壁もいずれは消滅し，後方の電車やロケットがずっと見えないということはない。時間もずっと逆流するのではなく，ある程度逆流した後，また正常に復すると考えることができる。

時間の逆流や逆行という考えに抵抗をもつ読者もいるであろう。しかし，これはあくまである現象に対する1つの解釈である。こういった問題の解釈は1つではなくさまざまな解釈が可能であることを注意しておく。

【正しい間違い7-3】
超高速で運動している物体の写真を撮ると，ローレンツ収縮に応じて実際に短く写る。

これまで，ローレンツ収縮をする物体の縮み方や，あるいは逆に状況によっては伸びていく話をした。これらを実際に観測するためには，自らの目も含めて何らかの観測装置が必要となる。高速移動をする物体をピントを合せてパチリと写真に撮ることは非常に難しいだろうが，原理的に不可能なわけではない。啓蒙書においては，ローレンツ収縮の説明のため，高速で走る車や列車がかなりオーバーに縮んで描かれている図が付き物である。

ところがここに落とし穴がある。実際に写真に撮ったり，目で見たりする場合，どのようにローレンツ収縮が"見えるか"を論じるには，相対論の帰結だけでなく，さらに光速が有限であることに注意を払わねばならない。

通常，ある物体の写真を撮るということは，ある"瞬間"の物体の映像を切り取って記録するという意味をもつ．だが，被写体となっている物体に大きさがあるのだから，カメラに対して近い部位と遠い部位の映像は，カメラには同時に入ってきた光であっても，光がその部位から出発した時刻は異なっているはずである．

　もっともわかりやすいのは天体写真であろう．日食の写真を写した場合，月の映像は，写した時刻の1.3秒ほど前のものであるが，太陽は8分ほど前のものである．つまり，写真上では，月と太陽が完全に重なって写っているとしても，"写した時刻での位置関係"は，撮影者に対して完全に重なってはいないのである．

　相対論では，離れた場所での"同時"についてかなり神経質なまでに気を使う．これまでも，うんと長く連結した電車のモーターを同時に動かすなどの話をしてきた．たとえば，長さ20光分の列車の前後で時刻を合せるには，先頭車両から光を最後部車両に発し，先頭車両はちょうど20分後に時計をリセットし，最後部車両は光が届いた瞬間に時計をリセットすれば，前後で時刻が同期する．このような方法で，各車両の時刻合せをしなければならない．これまでの議論ではわりと無頓着に"同時に動いた"と述べてきたが，実際はこのような作業が必要となる．

　ここまでくればおわかりかと思うが，"同時に動いた"車両が，本当に同時に動いて"見えるか"といわれれば，特殊な場合を除いてNOである．先頭車両付近のホームにいる観測者は，先頭車両が動き出した20分後に最後部車両が動き出すのを観測することになる．

　この状況をもう少し考えていただきたい．先頭車両が動き出してから20分間は最後部車両はうんともすんとも動かないのであるから，この列車は20分の間，先頭車両が前に進んで見える分だけ必ず伸びて観測されるのである．今度は逆に，最後部車両付近のホームにいる観測者を考えよう．観測者は，最後部車両が動き出した後20分間は，先頭車両はまったく動かないと観測する．だからこの20分の間，最後部車両が前に進んで見える分だけ必ず縮んで観測されることとなる．ここで述べた列車の伸び縮みは，見え方の問題であって，ローレンツ収縮とはまったく次元の違う話であることに注意していただきたい．ローレンツ収縮は実際の縮みであるが，いま議論しているのは，光速が有限であるがために生じる"見かけ

の伸び縮み"である。超高速で運動している物体の写真を議論するには，ローレンツ収縮についての正確な知識と同時に，これら見かけの伸び縮みの効果についても知っていなければ説明できないのである。

では，具体的に見かけの伸び縮みの効果がどの程度のものであるか考えてみよう。観測者はホームにいるとして，その目の前を静止時の長さLの列車が速度vで通り過ぎるとする。ローレンツ収縮によるこの列車の"実際の長さ"は$L\sqrt{1-v^2/c^2}$である。

まず，列車がホームに近づくときを考える。観測者の目に入る最後部車両の光は，先頭車両からの光より，時間的に前に発せられたものでなければならない。日食の例で示したように，観測者に同時に届く光は，遠くのものほど早めに発せられていなければならないからである。先頭車両が観測者の目前にさしかかった瞬間を考えてみよう。真正面にきた先頭車両は，観測者との距離がないため，その映像は瞬時に観測者に届く。そこにタイムラグはない。しかし，最後部車両は観測者と離れているのでそうはいかなくなる。観測者が見た最後部車両の映像は，見た"瞬間"に実際にそこにあることを示しているのではなく，過去にそこに"あった"ことを示しているにすぎない。

先頭車両が観測者の真正面にくる時刻からさかのぼってT時間前に，最後部車両から光が出たとする。そしてこの光が観測者に届くときに，先頭車両が観測者の真正面にくる。観測者が見る最後部車両の映像は距離にしてcTだけ離れたときに発せられたものだ。この距離こそが，求めるべき見かけの伸び縮みの効果を含んだ距離L'である。また，T時間前に先頭車両がどこにあったかといえば，距離にしてvTのはずである。すなわち，

$$L'=cT=L\sqrt{1-v^2/c^2}+vT$$

よって，

$$L'=\sqrt{\frac{c+v}{c-v}}L \tag{7-1}$$

である。vが正ならば列車が近づいていることを示しているのだが，このときはどう考えても$L'>L$である。電車が近づく場合は必ず伸びて観測されることが式(7-1)からわかる。なお，いまは先頭車両が観測者の正面に来たときを考えたが，列車が近づく状況であれば，まだ列車がホームに来る前でもL'はやはり式(7-1)

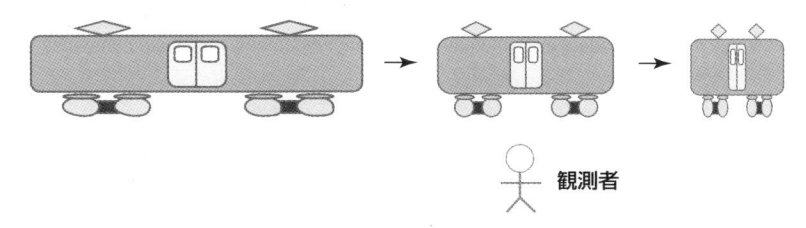

⟨図5⟩ 通り過ぎていく列車

となる。ちなみにvを負とすると，列車が通り過ぎてホームから離れていく場合に相当する。このときは必ず$L'<L$であることがわかるであろう。

ついでに考察しておくと，ちょうど列車の中央部が観測者の目の前に来たときに発せられた先頭車両の光と最後部車両の光が観測者に届いたときに，観測者はこの列車の本来のローレンツ収縮した長さ$L\sqrt{1-v^2/c^2}$を観測することになる。注意しておくが，列車の中央部が"観測者の目の前に来た瞬間"の観測でない。"目の前に来た瞬間に発せられた光が観測者に届いた瞬間"である。ここまでの話を理解された方ならわかるであろう。

式(7-1)に数値を入れてみると，見かけの伸び縮みの効果はローレンツ収縮のそれよりかなり大きいことがわかる。たとえば列車が光速の80％で移動しているとした場合，ローレンツ収縮により，列車は元の長さの60％になっていることになる。ところが列車が近づいてくる場合は，見かけの伸び効果が加わって，列車は元の長さの3倍に伸びて見える。反対に遠ざかる場合は，見かけの縮み効果が加わって，元の長さの33％にしか見えない。超高速で運動している物体の写真を撮るというのは，ローレンツ収縮効果以上に伸び縮みした物体を撮ることになるのだ⟨図5⟩。

さて，光速が有限であるがゆえの効果は，何も物体の進行方向に平行に走る光に対してのものだけではない。列車には幅があるから，列車の観測者側の側面と反対の面とでは，やはり光の発する時刻が異なることとなる。当然ながら反対面の方が早めに出た光ということになるが，そうすると列車は，観測者に対してまるでそっぽを向いたように見える。

極端な例を考えよう。列車がはるか向こうを移動していて，ちょうど真正面にさしかかったとしよう。正面にある場合，列車の長さはローレンツ収縮による縮み

第7章 ローレンツ収縮編　103

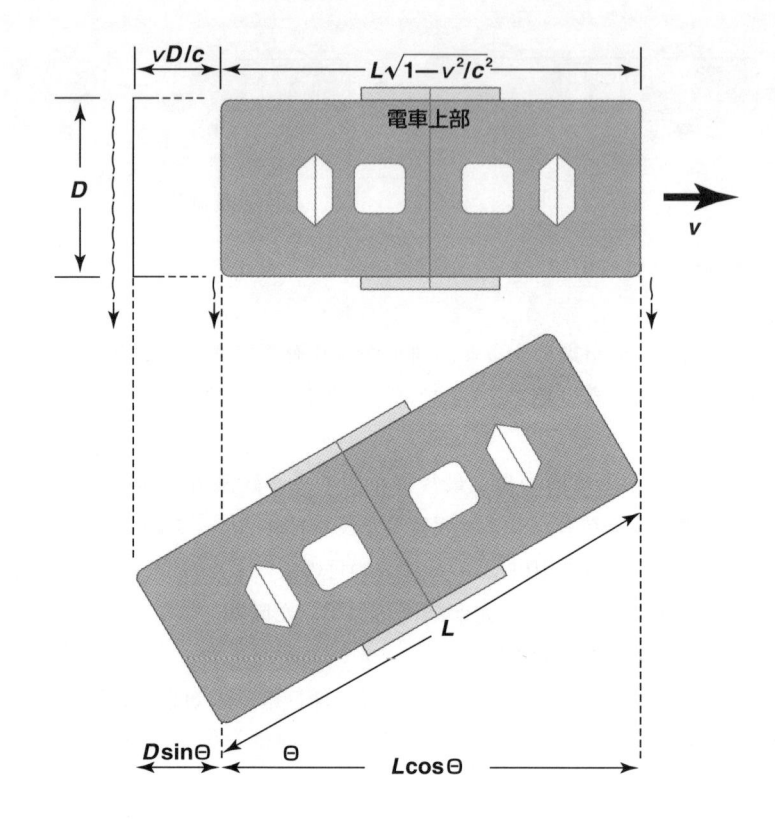

〈図６〉列車の回転効果

$L\sqrt{1-v^2/c^2}$ と同じである。列車の幅をDとすれば，その距離を光が移動する時間D/cの間に列車はvD/cだけ進む。このため，通常なら見えるはずのない列車の後部が，vD/cだけ見える。実はこの列車の長さと幅の見え方の関係は，列車が$\sin\theta = v/c$で回転したと考えた場合とまったく同じなのである。遠くを走っていく列車を写真に撮ると，ローレンツ収縮しているのではなく，回転して見えることになる。

そのほか，回転の応用として球体の物体はどのような場合でも形が変わらないように見えるなど，興味深い考察もあるので，興味がある方はいろいろな状況の物体の見え方についてチャレンジしていただきたい〈図６〉。

以上，どのようにローレンツ収縮が"見えるか"について論じてきたわけであ

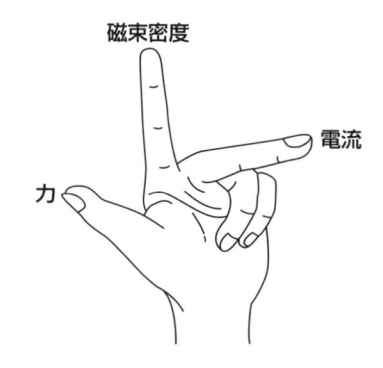

〈図7〉フレミングの左手の法則

るが，不思議なことに，これらの考察が行われたのは相対論が登場してから実に50年以上経った後のことだったのである。1959年にペンローズ（R. Penrose）とテレル（J. Terrell）が指摘したあと，数年はこの手の研究がどっと増えた。もちろんこの研究はあくまで"見え方"の問題であって直接は相対論と関係のないものであるが，かといって相対論以外で単独で登場するような話ではないから，最近は相対論の啓蒙書にもしばしば登場している。

過去の啓蒙書をさかのぼって，どのあたりからローレンツ収縮の"見え方"について解説されるようになったかを調べるのもおもしろいであろう[*2]。

【正しい間違い7-4】
ローレンツ収縮は，物体が光速に比べて無視できないときに観測されるものであり，普段は無視して構わない。

これもよくある"正しい間違い"である。特に相対論を間違いだと主張する人々は，ローレンツ収縮などは夢物語であり，現実の世界では計測不能だと考えていることも多い。

結論から先に述べると，たとえばわずか秒速1mm程度であっても，ローレンツ収縮効果を考えねばならない現象が実際に存在するのである。その現象とは，内容については忘れてしまっている人が多いかもしれないが，高校時代に1度は聞いたことのある[*3]「フレミングの左手の法則」に絡んだものである。

「フレミングの左手の法則」とは，簡単にいえば，磁場中を電流や電荷が移動

第7章　ローレンツ収縮編　105

したときにかかる力について表したものである。左手の中指を電荷が移動する方向だとすると，そこに磁場が人さし指方向に通っている場合，親指の方向に電荷が磁場から力を受けるというものだ〈図7〉。

ある物体の速度をv，電荷をqとしよう。この物体が移動する場所に磁束密度Bがあるとした場合，働く力Fは，

$$F = q(v \times B) \tag{7-2}$$

となる。ここで注目すべきなのは，物体が動いていなければ，物体には磁場に起因する力がかからないという点である。しかし，物体が動いているかどうかというのは観測者の立場で簡単に変わるのだから，観測者の立場によって磁場からの力は生じたり生じなかったりすることになる。

具体的に例をあげよう。長い導線があり，そこに十数アンペア程度の電流が流れているとする。導線の材質や太さにもよるのであるが，ここを流れる自由電子の速度は秒速1mm程度のカタツムリ並に遅いものである[*4]。電流が流れているとその周囲に磁場が生じる。いわゆる"右ネジの法則"というやつである。

次に数クーロンの電荷をもつ金属球をこの導線の上に糸で吊ってかざしておく。最初この金属球は導線に対して静止しているとする。この場合，導線から作用する力，正確には導線を電流が流れていることで発生する磁場が及ぼす力は，この金属球には働かない。次に，金属球を導線に沿って移動させてみる。すると今度はその移動速度に応じた力を金属球は受けることになる。話を簡便にするため，以降，金属球の速度を自由電子の移動速度と同じに調整したとしよう。

さて，この説明は金属球が移動したと見る立場の解説であった。いわば，導線そのものがずっと静止していると見る観測者の立場である。では，今度は金属球とともに動く観測者から見た場合を考えてみよう。相対論の説明では，光速に近いような速度で移動する観測者がしばしば登場するが，ここではそうではない。秒速1mm程度という実に日常的な速度である。また，そのほかの電流の強さや電荷量の設定も，実際の生活で出てくるような日常的なオーダーの話である。

金属球とともに動く場合，移動を始めるのは導線の方である。正確にいえば，自由電子は金属球と同じ速度だとしたから，移動しているのは，導線内の自由電子を除く金属イオンということになるだろう。この場合，導線の金属イオンの流れによって金属球の周囲に磁場ができる。ただし，金属球は静止していると金属球

とともに動く観測者は見るので，この磁場から力を受けることはあり得ない。だからといって，この観測者から測ると金属球は力を受けないと観測されるわけではない。立場の違う2人の観測者の速度差はたった秒速1mm程度なのであるし，この力は日常で使うバネ秤とかそういう類いのもので測れる身近なオーダーの力となる。では金属球と共に動く観測者は，金属球にかかる力の原因を何であると説明するのだろうか？

　電荷に働く力で，磁場からのものがゼロだとすれば，残りは電場からの力である。金属球とともに動く観測者は，静止している自由電子の密度と移動している金属イオンの密度がわずかに違うのを発見することになる。密度が同じならば，プラスマイナス相殺されて電場は生じないが，密度差があると電場が生まれ，電荷をもつ金属球は力を受ける。ではなぜ，密度差が生まれるのか？　ここにローレンツ収縮が登場する。

　導線に対して静止している観測者から見れば，金属イオンは静止しており，自由電子は移動していて，その状態で双方の密度はまったく同じである。電流を流し始めた瞬間を考えると多少の不均衡は考えられるので，スイッチを入れた瞬間に金属球がピクッと動くことは考えられるが，定常状態になった後はこの均衡は保たれている*5。次に金属球を動かし，それと共に動く観測者の目で見ると，自由電子は静止しているため，その間隔は開いて観測されるし，金属イオンは移動を始めたために間隔が縮んで観測される。このため，金属イオン密度が卓越することとなり，全体として正に帯電している導線として認識されるのである。そして，このローレンツ収縮の原因は，たった秒速1mm程度の速度差なのだ〈図8〉。

　秒速1mmの自由電子の流れと秒速30万kmの光速には，実に10^{12}倍近いオーダー差がある。ローレンツ収縮率に換算すれば，わずか10^{23}分の1というオーダーの縮みしかない。この微小な縮みが日常的なオーダーの力の源として登場できるのは，導線に含まれている金属イオンと自由電子の数が，1立方センチメートルあたり10^{23}個程度にもなるからだ。1つひとつの縮みの効果は小さくても，その数が半端ではない。まさに，"塵も積もれば山となる"である。

　このように，式(7-2)で示した磁場からの力は，観測者の立場が変わると，導線が帯電したことによる電場からの力となる。今回は導線に静止の観測者と金属球

導線静止系

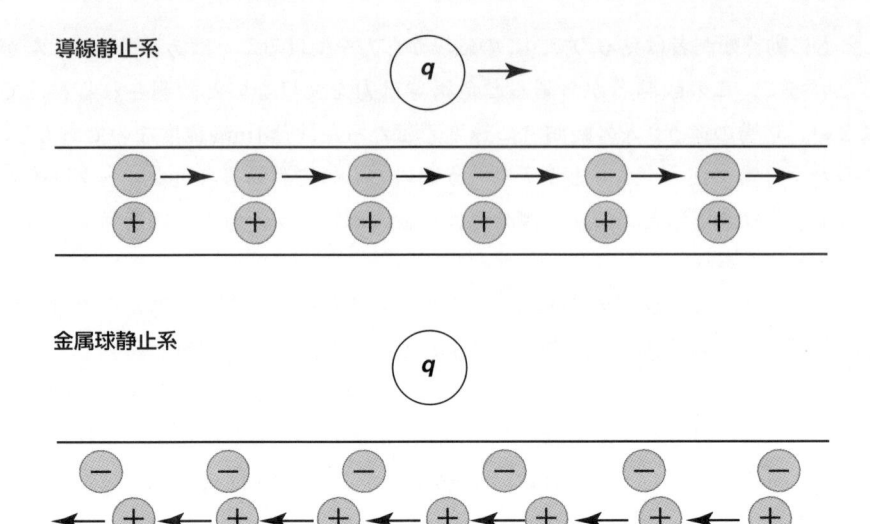

金属球静止系

〈図8〉静止系の違い

とともに移動する観測者を特に象徴的に考えたためにこのようになったが，あらゆる立場の観測者を想定すると，磁場だけ，あるいは電場だけの力による説明は不可能で，双方が混在することになる。観測者の状況次第で，磁場による力と電場による力の割合が変化することとなろう。であるから，式(7-2)を一般的に書くためには，これに電場Eからの力を加えて，

$$F = q(E + v \times B) \tag{7-3}$$

とするのがよいだろう。すでにお気づきの方も多いと思うが，この式によって示される力のことをローレンツ力という。そう，これはまさにローレンツ収縮を元に構築された力なのである。ローレンツ力そのものは高校物理でも学習するが，これがローレンツ収縮とつながっていることは意外と知られていないようだ[*6]。

　ローレンツがローレンツ収縮を基礎にしてローレンツ力を提唱したのは1892年であり，これは相対論が生まれる13年も前になる。当時は，エーテルが物体にぶつかることによって縮む効果としてローレンツ収縮がとらえられていたのであるが，式の上では相対論とまったく同じである。

　最後になるが，相対論は間違っているという信念を元に書かれた本の筆者に

e-mailで問答するチャンスを得たので，早速ここで取り上げた問題「導線上を移動する電荷はフレミングの左手の法則により力を受けるが，では電荷とともに動く観測者はこの力をどう説明するのか？」を聞いてみた。以下がその回答である。
「導線と電荷の話。この物理現象は観測者に無関係です。だから，古典的には観測者の運動に関係なく，電荷に力が作用します。これ，古典論の常識です。この自明のことが問題視されるのはアインシュタインの相対論においてです。特殊相対論が正しければ，観測者が電荷とともに動くとき電荷に力はかかっていけません。しかし，事実はかかる。つまり特殊相対論の破綻の例です。」

この短い回答の中にすでに事実誤認があるのがわかるであろう。後半部分から指摘すると，特殊相対論が正しいと仮定すれば(あるいは，エーテル理論による収縮仮説でもよいのであるが)，観測者が電荷とともに動くときにも電荷に力がかかることをローレンツ収縮で説明できるのである。ところがこの筆者は，正反対の勘違いをしており，まさに矛先を間違えたドン・キホーテ状態になっている。それよりも問題なのは，はじめから観測者に無関係の観測だからと述べて，電荷を静止と見る観測者の立場からの説明を放棄し，それを常識としてしまっている点であろう。

ある現象について，いろいろな立場の観測者から見て破綻なく説明できる理論を構築することは必要最低限のルールである。これを放棄しては物理は成り立たない。もし，この主張をした人物が，物理とは無縁の生活を送っている人ならばまだわかるのであるが，実はこの回答者は，某大学の工学部教授なのである。"相対論の正しい間違い"をするのは，素人に限ったことではない。それは肩書きによらないのである。

補注
*1 事実，各国にある原子時計の時刻合せは，距離を考慮して合わされている。
*2 たとえば，有名なガモフ (J. Gamow) が書いた『不思議の国のトムキンス』は，初版が1950年であり，ローレンツ収縮の見え方についての考察がない。文中に光速が時速20km程度の町の話が出てくるのだが，その描写がまさに"実際にローレンツ収縮が見える"がごとき扱いをしているため，ローレンツ収縮の見え方を研究した諸氏の恰好の攻撃対象にされてしまっていたりする。ガモフはこれに対する反論として，フラッシュを焚いて撮られた写真については，ローレンツ収縮を実際に写すことが可能だと述べた。フラッシュ撮影で，かつ，シャッター開放で撮られた写真だと，確かに本稿で述べた状況と違った写真が写る。実際に考えてみてほしい。
*3 そしてたぶん，試験中に問題の図に合せて左手を無理な方向にねじった経験が，1度はあると思われる。

*4 ただし，電子の移動速度の変化情報が伝わるのは正に光速ですこぶる速い。たとえていえば，道路上を車が渋滞してノロノロと動いている状況を考える。車そのものの速度は鈍いのだが，赤信号で1台がピタッと停止したとすると，次の車，その次の車が順次停止していく時間間隔というのがすごく早くて，あっという間に100km後ろの車までピタッと止まるようなものである。自宅の蛍光灯をパチッと点灯すると，それに反応して遠く発電所の電子の流速は瞬時に変化するが，発電所から移動してきた電子が自宅にまで届くことは，発電所の近所でない限りまずあり得ないのだ。

*5 そうでなければ，金属球は導線に静止していても力を受けることになるし，そもそも時間が経つにつれて導線にドンドンと余剰の自由電子がたまる（あるいは減っていく）ということになってしまう。

*6 1905年の相対論の論文中，電気力学の部は，ここで述べたように，磁場に起因する力と電場に起因する力は観測系に依存しているということをまず述べているものであるにもかかわらず，啓蒙書ではあまり紹介されず，知名度は低い。高校の先生に"金属球とともに動く観測者の立場"の説明を求めると，意外と答えられないかもしれない。

第8章

一般相対論編

　一般相対論で皆が共通して間違える部分というのは，あまり込み入った部分にはない。どちらかというと，いわゆる"読みもの"として書かれた啓蒙書[*1]の説明を誤解したものが多い。間違えるという行為は，いわば正解を得るための通過点であり，間違えれば間違えるほど，あとでその経験が役に立つことが多い。それに，一般相対論は特殊相対論に比べて必要となる基礎的知識がはるかに多いため，きちんとツボにはまった間違いをするようになるまでに相当の鍛練が必要となる。このためこの章の話題は，読みものとしては少々きついかもしれない。しかし，まともな間違いができるようになったなら，それはあなた自身のレベルが上がったことの証明でもある。臆することなくどんどん間違えてほしい。諸先輩方はあなたの間違いを聞いてニヤリとし，かつて自分がたどった道を思い出しながら適切なアドバイスをしてくれるはずである。

【正しい間違い8-1】
　一般相対論は難しい。

　いや難しいのだけれども(^^;)[*2]。
　ここで述べたいのは数学的に難しいとかいうことではない。ニュートンの万有引力の法則より進んだ重力理論は，なにも一般相対性理論に限らない。ブランス－ディッケの理論をはじめ，たくさん提案されているのである。一般相対論は，これらの重力理論の中で，もっともシンプルな理論なのである。ところがこの古く，もっともシンプルな理論が，観測精度が大きく向上したこの1世紀弱の間に，当時から何の変更も加えられることなく，"素朴な"まま生き残っているということはす

ごいことである。

　一般相対論はその基礎にリーマン幾何学を置いている。アインシュタインの発想を具体化するには，まずは大局的な性質を与えることから始めるユークリッド幾何学ではなく，局所的な性質からスタートして，その組み合わせ方を考えるリーマン幾何学でなくてはならなかった。

　慣性系であればすべての場所は同等であるといえるが，重力場のような非慣性系では場所によって性質が違う。北極での下向きは地球の裏側の南極では上向きになってしまうのである。このため，"下に落ちる"という現象を共有できるのは，ある小さい領域内にいる人たちだけに限られてしまう。少し離れた場所にいる人はそれを，"ナナメ下に落ちる"と見るのである。ただ，それぞれの場所にいる人たちのどこかが特別だということはないと，アインシュタインは考えたので，どちらが真下でどちらがナナメ下なのかを述べあっても意味がない。互いに相手の方がナナメなのだ。結局いえるのは，自分と相手がどうナナメにくっついているかという"くっつき方"なのである。

　歴史的に見ると，アインシュタインがユークリッド幾何学を捨てる決心をしたのは，重力場の考察からではなく，回転している物体についての考察だったようだ。順序だてていうと，ボルンが相対論的剛体というものを定義したことから始まる。剛体とは力を加えても変形しない物体のことである。もしこういう物体が厳密な意味で存在すれば，剛体の棒の端をポンと押せば，反対の端が"瞬時に"動くことになるので，相対論にとっては都合が悪い。実際そういう棒の存在は，観測されていなかった[*3]。そこで，相対論を考慮して剛体というものを再定義したのがボルンだった。棒はローレンツ収縮によって縮むのだが，実際に縮んでいる物体に"乗っている"観測者にすれば，その棒は縮んでいない。つまり，棒がいろんな速度になって，いろんな長さに見えたとしても，その棒に対して静止した観測者がみればいつも同じ長さの棒だったとするとき，それを相対論的剛体と定義したのである。

　以前【正しい間違い7-2】で長い電車を考え，前のモーターの出力を弱くし，後ろのモーターの出力を強くして，ローレンツ収縮にピタリ合うような調整をされた電車を考えたが，これがまさに相対論的剛体のイメージである。

　ボルンがこの相対論的剛体を発表してまもなく，エーレンフェストにより相対

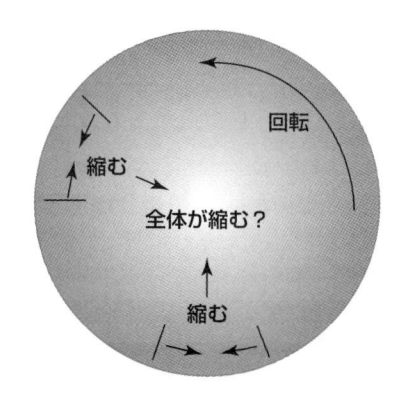

〈図1〉円盤全体が縮むか？

論的剛体の矛盾が示された[*4]。たしかに棒のようなものが直線的に運動する場合はよいが[*5]，回転する相対論的剛体を考えると矛盾が生じるのである。回転している円盤の縁を考えると，円盤はある速度で回転しているのだから，縁の長さは当然縮んでいるはずである。縁が縮むということは，縁1周の長さが縮むことにほかならないから，円盤全体が縮んで小さくなるはずだ〈図1〉。ところが，回転では円盤の接線方向の速度はあるが，円盤の半径方向の速度はない。だから半径方向には収縮しないはずである。それにもかかわらず，円盤全体が縮んで小さくなるのは矛盾である…という論法だ。その後，ボルンが，実際に相対論的剛体でできていると思われる電子などは回転できないのだと反論したりするが，その後の相対論的剛体の運命については，興味があれば各自で調べていただきたい。

さて，アインシュタインはこの一連の議論を知っており，このような回転系に対する剛体の法則を示さねばならなかった。慣性系に静止している物体があるとして，それを別の慣性系から見た場合どうなるかを特殊相対論は示している。同様に，回転している円盤に乗っている観測者がこの円盤を見た場合，円盤はどう見えるかを矛盾なく示さなければ，特殊相対論を非慣性系にまで拡張したことにならない。話が直線運動のように1次元的運動だけならば，第6章「加速度運動編」で示したように加速度運動が入っても，ある程度はなんとかなる。回転運動のような2次元的運動の場合は，お手上げになってしまうのだ[*6]。まして重力となれば，3次元的に方向が変わるのであるからなおさらである。

結局，アインシュタインは，無限に小さい領域において，そこを慣性系として取

り得る座標があることを示すと同時に，その場所のすぐ近傍にある場所が隣どうしでどのように違っているかを示す必要性に迫られたのである。この無限小の慣性系を局所慣性系とよぶ。それに対して，通常の意味での慣性系を大局的慣性系とよぶ。

局所慣性系を扱うには，リーマン幾何学は都合がよかった。"微分線素"といわれる小さい線分と，小さい領域どうしがどういうくっつき方をしているかを示す"接続"という概念で表される幾何学であったからだ。比喩的にいえば，この幾何学はプラモデルをつくる方法を示したようなものである。プラモデルを買ってくると，分割された小さな部品がいくつも入っている。部品が足りないとプラモデルは完成しないが，かといって部品があるだけではダメである。必ず組み立て方が書かれた説明書が入っているはずだ。すなわち，個々のいろいろな形状の部品と，それぞれをいかに接着させるかの説明書が必要だ。そう述べたのがリーマンだったということができる。もっとも，リーマン幾何学の真骨頂は，高次元空間からわれわれの世界を眺めた場合，われわれは次元の低い空間上に束縛されていると考えて，そのときどういうことが観測可能であるかを述べたという点にあるといえるだろう[*7]。

ともかく，アインシュタインにしてみれば自分の概念を展開できる幾何学が発見できて喜んだに違いない。もっとも，実際に1912年の某日に図書館に行って調べてきたのは，一般相対論の共同研究者であるグロスマンであるが。

アインシュタインが最初に考えたことは，力の働かない場合の粒子の運動についてである。それは，微分線素の定義と，力が働かない場合の粒子の軌跡が停留性をもつということを述べることから始まった。

$$\delta \int ds = 0 \tag{8-1}$$

$$ds^2 = g_{\mu\nu} dx^\mu dx^\nu \tag{8-2}$$

ここから，粒子の運動方程式，

$$\frac{d^2 x^\mu}{d\tau^2} + \Gamma^\mu_{\lambda\nu} \frac{dx^\lambda}{d\tau} \frac{dx^\nu}{d\tau} = 0 \tag{8-3}$$

を得る。ここで，ds というのが微分線素，$\Gamma^\mu_{\lambda\nu}$[*8] というのが接続である。τ は固有時間とよばれるもので，粒子とともに運動する観測者から見た時間である。ニュートン力学では，時間は誰が観測しても同じであるが，相対論では一般的には異なる。

ところで，この式そのものは一般相対論に限らず，ニュートン力学でも出てくる。たとえば曲面の上に束縛された粒子の運動を考える場合である。一般相対論でしかあまりお目にかかれないのは，ニュートン力学だけならば，ふつうはわざわざこんな形式に書き直す必要がないというだけだ*9。ただしニュートン力学では式(8-3)は3次元空間の方程式だが，相対論では4次元時空における方程式であるという点で異なる。

　式(8-1)はいわゆる最小作用の原理なのだから，変分法だとか解析力学，あるいは数学における多様体上の束縛運動を学べば"一般相対論に無関係に"出てくる概念であることがわかるだろう。相対論が間違っていると主張する人の中には，この手の計算方法そのものにケチを付ける場合もある。しかし，ニュートン力学でもこの手の計算方法は出てくるのだから，相対論に対する反論にはなり得ないのである。ただし，相対論云々の話を越えて，「式(8-1)が成り立つとすると，多くの物理現象を説明できるのはなぜだろうか?」と問うのは哲学的にもおもしろいであろう。

　さて，一般相対論とニュートン力学との違いが出てくるのは，重力があった場合の記述だろう。束縛条件のあるニュートン力学の場合，重力によって物体が受ける力をFとするならば，式(8-3)は，

$$\frac{d^2 x^\mu}{d\tau^2} + \Gamma^\mu_{\lambda\nu} \frac{dx^\lambda}{d\tau} \frac{dx^\nu}{d\tau} = \frac{1}{m} F^\mu \tag{8-4}$$

と書き換えられる。mは物体の質量である。もちろん力Fが0ならば，式(8-4)は式(8-3)と一致する。

　では，一般相対性理論での記述はというと，

$$\frac{d^2 x^\mu}{d\tau^2} + \Gamma^\mu_{\lambda\nu} \frac{dx^\lambda}{d\tau} \frac{dx^\nu}{d\tau} = 0 \tag{8-5}$$

である。式(8-3)を間違えて写したのではない。一般相対性理論では，重力はいわゆる外力ではない。重力があるかなしかのしわ寄せは，式の右辺ではなく左辺に組み込まれてしまう。つまり，式(8-2)の$g_{\mu\nu}$の変化として組み込まれてしまうとするのである。$g_{\mu\nu}$の変化は接続$\Gamma^\mu_{\lambda\nu}$の存在として左辺に組み込まれていく。接続$\Gamma^\mu_{\lambda\nu}$がゼロの場合，式(8-5)は等速直線運動を表すことになる。つまり接続は重力を表しているのである。なぜ重力だけが特別扱いなのかという疑問は後々までずっと尾を引くのであるが，とりあえずその話は割愛する。

問題はその $g_{\mu\nu}$ を求める方法だった。できた方程式はアインシュタイン方程式とよばれるものだが，これがまた輪をかけて難しく，かつ，粒子の運動方程式のように純粋に数学的に決められるものでもない。逆にいえば，いろいろな物理的仮定の上に成り立っているので，特に一般相対論の方法が唯一ではない。だから一般相対論のさまざまな亜流理論をつくる余地があるのだ。

アインシュタインがどういう前提でこれを解いたかを書いてみると，
(1) 求めるべき基礎方程式は一次近似でニュートン力学を含んでなければならない。
(2) 外力がない場合はエネルギーと運動量は保存される。
(3) 座標を変換しても物理量は不変でなければならない。
(4) (1)～(3)の条件のうち，もっとも単純なものが答えのはずである。
となる。

(1)はまあ当然であろう。ニュートン力学は近似としては十分に正しいからである。(2)も物理として，基本的な考えであるから必要だ。アインシュタインはエネルギー密度と運動量密度を合わせてエネルギーテンソル $T^{\mu\nu}$ を定義し，外力がない場合を，

$$\sum_{\nu=0}^{3} \frac{\partial T^{\mu\nu}}{\partial x^\nu} = 0 \tag{8-6}$$

とした。エネルギー保存と運動量保存がここから出てくる。ちなみにエネルギーと質量は相対論では同等であるから，$T^{\mu\nu}$ というのは物質の分布を表しているといってよい。真空ならば最初から $T^{\mu\nu}=0$ である。そして，物質の分布があるならば重力が発生するが，前述したとおり，一般相対論では重力を外力として見なしていない。それなのに物体の軌跡が曲がるのは空間が曲がっているからであるとした。天下り的で申し訳ないが，この空間の曲がりを表したものをリーマン・テンソルといい，実際にアインシュタイン方程式に入っているものは，それを縮約したリッチ・テンソル $R^{\mu\nu}$ である。$T^{\mu\nu}=0$ ならば $R^{\mu\nu}=0$ だ。

(3)は一般相対論が"一般"といわれる由縁である。これを一般相対性原理とよぶ。特殊相対論は"一般的な"座標の中で，慣性系というきわめて"特殊な"座標上だけで成り立つのである。

(4)はアインシュタインらしいといわれればそのとおりだが，とくに意味のない

限りそうするのは必然であろう。先に述べたように，一般相対論は数ある亜流理論の中で，もっともシンプルなのである。

最終的に出てきた式は，

$$R^{\mu\nu} - \frac{1}{2}Rg^{\mu\nu} = T^{\mu\nu} \tag{8-7}$$

である。途中を飛ばしているのでなんだかよくわからないかもしれないが，$R^{\mu\nu}$は求めるべき未知な関数$g^{\mu\nu}$の2階微分をもとにして得られる量だということを頭の隅に入れておいていただきたい。同様に，接続$\Gamma^{\mu}_{\lambda\nu}$は$g^{\mu\nu}$の1階微分をもとにして得られる量である。

さて，非常に話が長くなってしまったのだが，もともとここでいいたかったのは，一般相対論は，現在のいろいろな観測に適合している重力理論の中で，もっともシンプルな理論だということであった。すでに十分複雑ではないかと思われるかもしれない。ところが，一般相対論以外の重力理論はこれに輪をかけて難しいのである。

亜流理論のいくつかを紹介しておこう。一般相対論が登場したのが1915年であったが，その3年後の1918年にはワイルがこれを拡張した理論を発表する。どこを拡張したかといえば，リーマン幾何学である。最初に述べたように，リーマン幾何学は微分線素と接続とで構成されている。前述した比喩では，プラモデルの個々の部品と，接着の仕方を書いた説明書である。ところがワイルは，リーマン幾何学では"個々の部品の縮尺が皆同じと仮定されている"といいだしたのである。つまり，彼はもっと自由度を増やして，リーマン幾何学をさらに一般化したのだ。拡張の仕方は，個々の部品にラベルを付けて，そこにまちまちの縮尺が書かれていると拡張したのである。これをリーマン幾何学に戻すには，個々の部品を，あるものは大きく引き延ばし，あるものは小さく縮小したあと，接着の仕方を書いた説明書をおもむろに開かなければならない。この拡張はその後，重力場の理論としては日の目を見なかったのであるが，現在もゲージ変換として量子力学にはたびたび出てくる代物となった。

他にもカルタン幾何学のようなリーマン幾何学の拡張が次々と現れた。アインシュタインものちに統一場理論の構築にこれを使用していたりする。統一場理論を考えたのはアインシュタインだけでなく，有名なところではカルツァとクライン

の理論があるが，これは4次元のリーマン幾何学を5次元に拡張したものが基礎となっている。最近ではカルツァ-クライン理論を11次元に拡張した理論が素粒子理論との関係で注目を浴びている。さらにフィンスラー空間，ケーニッヒの接続空間等々，いいだせばきりがない。新しい理論のたびに新しい幾何学が提案されたといってもよいほどである。

つまり，リーマン幾何学はこれらの幾何学(微分幾何学)の最初の一歩であり，一般相対論で用いられたのを契機にその後さらなる拡張が行われたのである。

さらに，別の意味の拡張もある。アインシュタイン方程式そのものの拡張だ。一般相対論は，重力理論としてもっとも単純なものであるとアインシュタインが述べたように，不必要な項は一切入っていない。一番最初の拡張はアインシュタイン自身が宇宙項をくっつけたものだろう。もっとも，宇宙項を含む式もアインシュタイン方程式とよばれているので，拡張とはいえないかもしれない。

一般相対論の対抗馬としてもっとも有名なのは，一般相対論が計量テンソルのみを場として用いたのに対し，これにスカラー場を付け加えるという拡張を行ったブランス-ディッケ理論だろう。ディッケは重力定数Gが宇宙の物質分布によって変化するという項を一般相対論に組み込んだのである。太陽の扁平度を考えると，この理論が予言する水星近日点移動の値が一般相対論の予言より当たっているということで，1970年前後には一大ブームとなった。このことを受けてさらに精密な観測が行われることとなったのだが，結局のところ一般相対論の予言の正確さの方を示すこととなり，ブランス-ディッケ理論は現在では下火となっている。ただ，ブランス-ディッケ理論は，その極限として一般相対論を含んでいるので，これが間違いだったとはいえない。この理論が契機となって，その後もいろいろな重力理論が模索されている。たとえば成相の重力理論というのもある。

重力理論の大半は一般相対論に代表されるような，重力を時空の計量によって説明するという計量理論である。しかし，ニュートン力学に代表されるような非計量理論もいろいろとつくられている。ただし，等価原理との共存は難しく，無理矢理合わせようとすると一般相対論より難しくなってしまう。

ともすると，われわれは計量を用いる一般相対論の方が非計量理論より難しいと思っているのだが，これは間違いなのである。"水星の近日点移動等を説明しなくてよい場合にのみ"，非計量理論は一般相対論より簡単になるのである。これら

観測をふまえた非計量理論をつくるとなると，一般相対論よりもさらに複雑な代物となるのだ[*10]。そういう観点から考えて，一般相対論は，現存するニュートン力学ではない重力理論の中では，もっともシンプルな理論なのである。

　また，相対論を理解できる人が数人しかいなかったという話[*11]もよく聞くのであるが，これもかなり疑わしい。ただ，リーマン幾何学はそれまでの物理ではあまりお目にかかることのない道具であったので，物理屋さんよりは数学屋さんの方が先に理解したのではあるまいか？　問題だったのは，数学的難解さではなく，純粋数学として扱われていたリーマン幾何学を"現実の時空間に適応できるのか？"という，理論とは別の次元の哲学的問題だったのではないかと思われる。昔は一般相対論を理解した人の数は少数であったかもしれないが，現代では大学や大学院でふつうに教えられており，特別難しい科目ということではない。

【正しい間違い8-2】
　真空中の光速は，誰がどこで観測しても常に一定である。

　特殊相対論の説明において光速不変の原理は必ず出てくる。というより，これがないと理論構築がはじめからできない。ところが光速不変の原理を呪文のように何度も何度も聞いていると，今度はそれを絶対的に正しいと思い込み，適応範囲を忘れてしまうということがしばしばあるようなのだ。いや，そもそも光速不変の原理に適応範囲があるということを理解していない場合も多い。

　結論からいおう。すでに【正しい間違い6-3】で示したように，状況によって光の速度が通常の光速c（=299 792 458m/s）より大きくなることがあるし，その逆に小さくなることもある。特殊相対論で扱う大局的慣性系の場合ならば，光速不変の原理はあらゆる場所で成り立つ。しかし重力場や加速度系も含まれる一般相対論では，光速不変の原理は局所的な場所，つまり局所慣性系においてのみ正しいのである。一般相対論では，ある観測者の目の前を光が通過するとした場合，その通過距離が無限に小さいときにおいてのみ光速は常に不変だと定義し直したのである。

　この変更は，特殊相対論発表のわずか2年後の1907年になされている。アインシュタインは特殊相対論の拡張に際して，大局的慣性系を捨て，局所的慣性系を

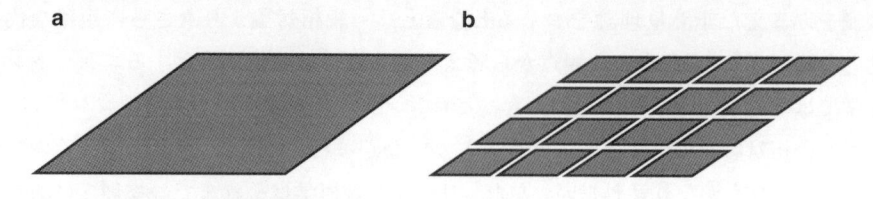

〈図2〉大局的慣性系と局所的慣性系
a：大局的慣性系，b：局部的慣性系の集合

考えなければならなかった。個々の小さい領域にいる観測者が，その領域を通過する光を観測する限り光速不変の原理は正しいが，隣の領域の光を観測した場合，この原理は一般には成り立たないのである。

ただし，この変更は当然ながら特殊相対論で記述される"特殊な座標系"であるところの大局的慣性系も含んでいる。一般相対論的な発想で大局的慣性系を見る場合も，まず局所的慣性系を考える。その局所慣性系をつなげていく手段はただ1つ「まっすぐ平行につなぐこと」しかない。それに従って忠実に局所慣性系をくっつけていくと，結局はタイルで敷き詰められた巨大な広場のような平面，つまり，大局的慣性系ができ上がるという寸法である。これをリーマン幾何学的にいうと，接続Γがどこでも0だということに等しい〈図2〉。

このように一般相対論では，大局的慣性系を説明するのに，小さな慣性系が敷き詰められた集まりとして記述することになる。しかし，この説明だけのために局所的慣性系の概念を使用するのであれば，大きな1つの慣性系を小さく切り刻む手間が増えた分だけ複雑になっていて効率が悪い。一般相対論が威力を発揮するのは，それぞれの小さな慣性系の接続の仕方が，場所によって異なっている場合である。つまり，一般的には接続Γは場所の関数であり，常に0というのは特殊な状況だということだ。

光速がどこでも常に一定というのは，大局的慣性系での話であり，そのような時空のことを，このことに言及した人の名をとりミンコフスキー時空とよんでいる。これとは違い，場所によって光速が違う時空はミンコフスキー時空ではない。そのような時空は，2種類に分類できる。加速度運動系と，質量の存在によって曲がっている時空である。第6章に解説した加速度運動している系は，もとはミンコフスキー時空であった。それに対して加速度運動している座標系を考えると，見

かけの重力が発生する。相対論では重力は，接続の大きさで表される。つまり加速度系ではミンコフスキー時空と異なり，接続が0ではない。

ただし，注意しておきたいことは，このような加速度系は真の意味では曲がった時空ではないということだ。なぜなら，もとのミンコフスキー時空は曲がっていない。数学的な言葉でいえば，リーマン・テンソルが0である。そのような座標系をどのように座標変換してもリーマン・テンソルは0のまま，つまり，曲がってはいないのである。平面の紙を考えよう。これは曲がってはいない。この紙を円筒状ないしは円錐状に曲げてみよう。この紙は曲がっているか。ある意味では曲がっているが，風船の表面などとは違って曲がっていないともいえる。なぜなら，平面の紙の上に描かれた三角形の内角の和は，紙をどう折り曲げても180度のままである。しかし，風船の表面に描かれた三角形の内角の和は常に180度より大きい。一般相対論は加速度系も真に曲がった時空も扱うことができる。しかし，加速度系は第6，7章で説明したように，特殊相対論でも扱うことができる。その意味で加速度系というのは，特殊相対論と一般相対論の橋渡しをするゾーンであるということができる。

さて，ここではミンコフスキー時空と加速度系の違いについて説明しよう。

ミンコフスキー時空

$$ds^2 = c^2 dt^2 - dx^2 - dy^2 - dz^2 \tag{8-8}$$

$$g_{00} = 1, \quad g_{11} = g_{22} = g_{33} = -1, \quad g_{ij} = 0 \quad \text{ただし } i \neq j$$

等加速度系の時空

$$ds^2 = \left(1 + \frac{a}{c^2}x\right)^2 c^2 dt^2 - dx^2 - dy^2 - dz^2 \tag{8-9}$$

$$g_{00} = \left(1 + \frac{a}{c^2}x\right)^2, \quad g_{11} = g_{22} = g_{33} = -1, \quad g_{ij} = 0 \quad \text{ただし } i \neq j$$

ここで，式(8-9)は等加速度運動する宇宙船が属している時空といってよい。すでに第6章「加速度運動編」で何度も登場している時空だということになるが，そこで登場した式，

$$\frac{V}{V_\text{應}} = 1 + \frac{a}{c^2}X \tag{6-17}$$

を覚えているだろうか？　この関係式は特殊相対論だけからつくったものであったが，実は等加速度系の時空では必然的に出てくるものだったのであり，計量テンソルのg_{00}成分の平方根なのだ。ミンコフスキー時空では$g_{00}=1$であるから，その違いは歴然としている。

【正しい間違い8-1】で，接続$\Gamma^{\mu}_{\lambda\nu}$は$g^{\mu\nu}$の1階微分をもとにして得られる量であると述べた。$g_{00}=1$のような定数を微分すると解は0であるが，式(6-17)は距離xの関数であり接続Γは0ではないのである。

ここで，空間的に静止している2つの時計を考えてみる。それぞれτ_0とτ_1の時を刻んでいる。1つは$x=0$の原点に置かれ，1つは$x=x_1$上に置かれているとしよう。ともに空間的に静止であるから，$dx^2=dy^2=dz^2=0$とできるので，式(8-9)から考えて，

$$\tau_1 = \left(1 + \frac{a}{c^2} x_1\right)\tau_0 \tag{8-10}$$

とすることができる。x_1が大きければ，τ_0とτ_1の差も大きい。これは，地上にある時計よりも高層ビルの上にある時計の方が早く動くことを示している。そして，この差がそのまま光速の差として現れるから，それぞれの時計がある場所の光速をc_0とc_1とすれば，

$$c_1 = \left(1 + \frac{a}{c^2} x_1\right)c_0 \tag{8-10$'$}$$

と書いてもよい。場所によって光速が違うというのはこういうことである。ちなみに，ミンコフスキー時空では$g_{00}=1$だったのであるから，当然ながら$\tau_0=\tau_1$および$c_0=c_1$である。

天下り的になって恐縮であるが，式(8-10)を導くとき，一般相対論的には"光の経路の全長はゼロ"であることをもとに説明することが多い。どういうことかというと，光の移動する軌跡というのは，微分線素dsがゼロになるということである。これだけだと何かわからないから，式(8-8)を考え，$ds=0$としてみよう。すると，

$$\frac{\sqrt{dx^2 + dy^2 + dz^2}}{dt} = \pm c \tag{8-11}$$

とできる。$\sqrt{dx^2 + dy^2 + dz^2}$はピタゴラスの定理そのもので距離を表すから，この式は距離÷時間＝光速を表していることになる。ここで，右辺が光速cであり，

これが定数となるのがミンコフスキー時空である。では，加速度系ではどうかといえば，同じことを式(8-9)について考え，ds=0とすればよい。

$$\frac{\sqrt{dx^2+dy^2+dz^2}}{dt} = \pm\left(1+\frac{a}{c^2}x\right)c \tag{8-12}$$

となって，光速が距離xの関数になってしまう。xが0の場合というのは，観測者がいる場所で光速を測った状態であり，このときだけは光速はcであるが，上下方向に離れた場所では，光速が変化するのである。

　ここでは加速度系の話だけをしたが，真の重力の存在により曲がっている時空でも，光速度一定が成り立たないのは当然のことである。話を少し広げて一般相対論的宇宙論に目を向けると，たとえば，「宇宙はその創成期において，超光速で広がり…」などの記述にぶつかることがある。インフレーション宇宙などはその典型だ。これに対して，「相対論では超光速は禁止されているはずなのに，宇宙そのものが超光速で膨張しているとは矛盾している」と反論する人もいる。ここまでの話ですでにおわかりだと思うが，観測者から距離が離れた場所の光速がc（=299792458m/s）より大きくなったり小さくなったりすることは一般相対論では当たり前である。もちろん観測者の目前での光速が変化することがあれば，局所的な慣性系内においての光速不変の原理が間違っていたことになるが，宇宙の超光速膨張はそのようなことは述べていないのである。

　これらの時間＆光速の変化はいまだ観測されていないような夢物語ではない。たとえば，はるか上空を飛ぶGPS用の人工衛星に搭載される原子時計は，この時間のずれを考慮しなければならない。また，高度によって光速が違うからこそ，光は星のそばを通過すると曲がるのである。ただし，この光の曲がりに関してはまた別の勘違いが存在しているが，それをこれから解説しよう。

【正しい間違い8-3】
　相対論はニュートン力学とは違い，重力によって光が曲げられることを初めて予言した。

　日食のときに太陽の側面の星を観察したら光が曲がって届いていたという話で

あるが，実はこれが相対論独自の効果であるという誤解こそ"正しい間違い"の典型なのである。

　相対論の本では教科書でも啓蒙書でも，一般相対論の検証実験の1つとして，重力による光の曲がりが必ず出てくる。1919年の皆既日食を利用しての観測の結果は，ニュートン力学よりアインシュタインの理論の方が正しかったとして新聞にセンセーショナルに取り上げられたこともあり，それ以降，アインシュタインは誰でも知っている有名人になってしまった[*12]。ところが，衝撃的なニュースであったがゆえに，この観測がどういう経緯で行われ，何が観測されたかが，意外と正確に伝わっていないのである。

　啓蒙書には，重力によって光が曲げられる現象を，ニュートン力学では説明できないものとし，相対論が初めて予言したように取り上げているものも少なくない。また，単に曲がるとだけしか書かれていないこともしばしばある。

　相対論の啓蒙書とはまったく逆に，"相対論は間違っている"とする本も，結論は違えど同じ前提を述べていたりするのだ。つまり，光が曲げられるのは時空間が曲げられて生じるのではなく，本来は直進するはずなのだが，星の重力によって集められた宇宙塵やガスによって屈折されたものだと述べるのである。

　すなわち，相対論を正しいとする啓蒙書も，間違いだとする本も，どちらもニュートン力学では，光は重力で曲がったりしないという前提で話をし，なおかつ，曲がるか曲がらないか二者択一的な，定性的な話に終始しているのである。実際にパソコンネット上でこれらの論議が起きるときはこの傾向が顕著なようだ。「空間が曲がっているから曲がるんだ。ニュートン力学では説明できない。」「いや，大気などの屈折を考えれば曲がることは説明できる。」　これのくり返しである。どちらが間違っているかといえば，双方ともおかしい。ともに基本を調べることを怠っているという点で五十歩百歩である。

　まず，重力によって光が曲げられるのではないかという指摘を初めて行ったのはニュートンである。嘘ではない。有名な『光学』に疑問として載っており，その作用は物体に一番近いところでもっとも強くなるのではないかと述べられている。1700年代初頭のことだ。

　この疑問に最初に答え，星の側面を通過する光がどれだけ曲がるかを述べたのは，ゾルトナー（J. Soldner）であり，1801年のことである。発想は実に単純だ。

当時は当然ながらニュートン力学しかなかったから，光を速度cで飛んでくる粒子として考え，そこに重力が働くとして，どれだけ横方向の速度成分Δvが増すかを計算したあと，屈折角$\alpha = \tan^{-1}(\Delta v/c)$を求めればよい。$\Delta v \ll c$だから$\alpha = \Delta v/c$とできる。

ここで光の質量をmとし，星の質量と半径をそれぞれMとRとすれば，

$$m\Delta v = \int_{-\infty}^{\infty} \frac{GMm}{x^2 + R^2} \cos\theta \, dt, \quad dt = \frac{dx}{c}, \quad \cos\theta = \frac{R}{\sqrt{x^2 + R^2}}$$

$$\Delta v = \frac{2GM}{cR} \quad \text{よって，} \quad \alpha = \frac{2GM}{c^2 R}$$

(8-13)

を得る。実際に太陽に当てはめると$\alpha = 0.85$秒程度となる。くり返すが，この計算は1801年に発表されていたのである。

時代はさらに100年あまり下って，1907年のアインシュタインの登場となる。まだ，一般相対論は存在せず，「わが生涯最良の考え」である等価原理を思いついただけにすぎない。よって，アインシュタインの持ち駒は，特殊相対論だけである。彼は光という放射エネルギーが，$m = E/c^2$の法則に従って慣性質量をもつとした。これにより，光は重力により曲がることを示唆したが，効果が小さすぎて観測は無理だとしてしまう。

再び，1911年のアインシュタイン。このころになると重力によって光速度が変化するという発想をもっている。ただし，リーマン幾何学という道具を知る1年前であり，実質的な"一般相対論的仕事"にはまだ着手していない。ただ，1907年当時と違うのは，皆既日食を利用すれば光の重力による曲がりを検出できると発表した点である。そして式(8-13)とまったく同じ関係式を示すのである。もちろん，ゾルトナーの1801年の仕事についてはまったく知らない[*13]。

そして，1915年。一般相対論はこの年完成する。そして，光の重力による曲がりは，1911年発表のものより2倍大きいということを示した。ただ，その計算方法はいままでと大きく異なっていて，微分線素がゼロとなるとしたときの測地線方程式を考えるという，真に一般相対論的なものとなっている。

光の重力による曲がりについて，どのような歴史的経緯があったか，わかっていただけたと思う。まずはニュートン力学の範疇においても光は曲がると計算された。そして，特殊相対論の結果を使っても"まったく同じ値"が算出された。そして，一般相対論ではその2倍の値が示されたというわけである。

ここまでくれば，皆既日食を利用した観測により，何が調べられたかはわかるであろう．重力によって光が"曲がるか曲がらないか"を調べたのではない．重力によって光が"どれだけ曲がるか"が調べられたのである．もっといえば，光の曲がる角度は"ニュートン&特殊相対論連合"が正しいのか，それとも"一般相対論"が正しいのか見極めるために定量的な観測がなされたのである．

　もう1つ付け加えれば，光はニュートン的粒子であって，かつ，質量がないという可能性も捨てられてはいなかったので，ニュートン的粒子とした場合は2通りの予言があったということになる．つまり，
(1) 曲がらない（ニュートン的，光子の質量ゼロ）
(2) 0.85秒ほど曲がる（ニュートン的&特殊相対論的，光子の質量あり）
(3) 1.7秒ほど曲がる（一般相対論的）
の3つの可能性を1つに絞るために観測が行われたのである．

　これでわかるように，ニュートン力学で光は曲がらないという前提は間違っているし，相対論で光が曲がることが予言されたと述べるだけでは言葉たらずである．1911年の特殊相対論の予言なのか，1915年の一般相対論の予言なのかを明記せねばならない．

　こういう目で手元にある啓蒙書を見返してほしい．今まではさらっと眺めていた部分かもしれないが，この違いをちゃんと踏まえてしっかり書いてあるものもあれば，いい加減に書いてあるものもある．各自チェックしてみるとおもしろいのではないだろうか．

　さて話はこれでほぼ終わりだが，最後にこの話題に関連してもう1つ気になることがある．それは，光の曲がりを表す式の算出についてだ．

　本来は一般相対論による予言が正しかったのであるからそれを明記すべきなのであるが，いかんせん，これはリーマン幾何学に基づいて書かれた測地線方程式とアインシュタイン方程式の解がわかっていないと理解できない代物だ．だから，おいそれと啓蒙書に書くわけにはいかない．事実，あなたが読んでいるこの文も，結局は間違いだとわかった式 (8-13) は書いてあるが，一般相対論が導くという2倍の値をもつ式は書かれていない．不満は残るのだが，相対論の教科書にはちゃんと導いてあるのだし，いちおうこれには目をつぶるとしよう．

　しかし，ものの本によっては，式 (8-13) を書いたあと，1行付け加えて，「くわ

しく計算するとこの値の2倍になる」とか「厳密に計算するとこの値の2倍になる」とか書いてあるものがある。この表現はおかしいのではないだろうか？　くわしいも何も，ニュートン＆特殊相対論の結果は間違いなのである。擁護する立場で多少好意的に考えれば，残り半分の曲がりは特殊相対論では出てこない時空の曲がりに帰依するものだと考えることもできるかもしれないが，話はそう単純ではない。たとえば，太陽の側面を通過する光ではなく，落下する方向の光の場合は，時空の曲がりは考慮せずとも，質量をもったニュートン的粒子として光子をとらえても問題ないのである。そもそも，質量をもった光子としての効果と時空の曲がりの効果を無理に分離してなされた説明が理解できるほどの人ならば，最初から一般相対論的な説明も理解できるであろうし，そのほうがスッキリわかるはずだ。だから，式(8-13)での説明を採用したのならば，その後はっきりと，「この式は原理的に間違っている」と書くべきである。そして，一般相対論による正しい計算によって2倍の角度であることが示されたと改めて書けばよいのではないだろうか？

【正しい間違い8-4】
一般相対論の観測的証拠とされていることは，ほかの効果で説明できる。

相対論は間違っているとする人が好んで採用する説，つまり，光が曲げられる理由は宇宙塵やガスによって屈折されたものだという説について一言述べておこう。このような大気密度の違いによる曲がりはもちろんあり，地球の大気による曲がりについては"大気差"として古くから知られている。望遠鏡で正確に星を観測しようとする人ならば知っていることだ。なぜならば，この大気差によって地平線付近の星は，実際にある位置よりおよそ月1個分以上も浮き上がって見えることになるからである。また，この屈折現象を利用して，地球上空20万km付近の焦点部に人工衛星を上げて望遠鏡のレンズとして使おうという話まである。重力レンズならぬ大気差レンズである〈図3〉。

もちろん太陽周辺のガスについての大気差ならぬ太陽コロナ差による光の屈折についてもちゃんと考えられている。それを忘れていて光が曲がった云々と述べている研究者はいないのでご安心のほどを。先に述べたように，一般相対論は太陽近傍における星の光の湾曲を正確に予言する。もしそれが大気差で説明でき

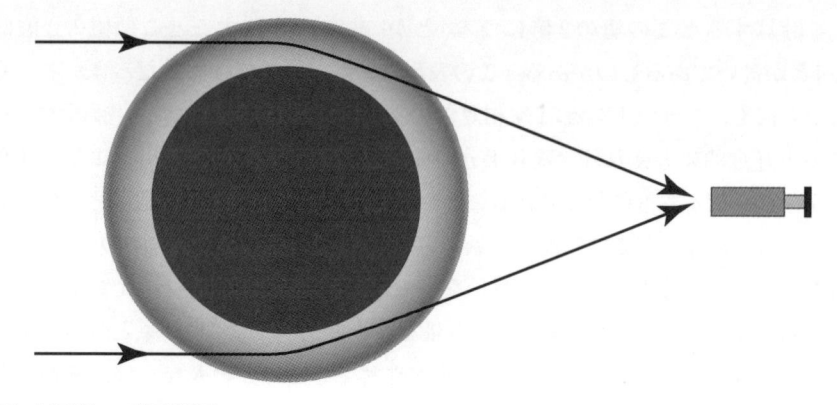

〈図3〉大気差レンズの望遠鏡

るというなら，いうだけでなく，数式を用いて，観測を定量的に説明しなければ説得力はないであろう。

　一般相対論の観測的証拠として，もっと重要なものに水星の近日点移動がある。惑星軌道は太陽を1つの焦点とするだ円であることは，ケプラーが発見した有名な事実である。この発見をもとに，ニュートンが万有引力の法則とニュートン力学を組み立てたのだ。ところで，現実の惑星では，太陽以外に木星などほかの惑星があり，軌道は厳密にはだ円ではない。軌道をだ円として近似すると，その近日点（軌道の上で太陽にもっとも近いところ）が時間と共に少しずつ移動する。

　この効果がもっとも大きいのは，太陽にもっとも近い水星である。水星の軌道を精密に観測し，ほかの惑星の影響（摂動という）をすべて考慮しても，水星の近日点の移動は，観測と理論が厳密には合わなかった。その不一致の程度は100年間で角度にして43秒という，とてつもなく小さな量であった。これほど小さな差であるにもかかわらず，これは19世紀の天文学で大きな問題になっていた。ニュートンの万有引力の法則が間違っているのではないかと考えられ，さまざまな修正が試みられた。ところが，アインシュタインの提案した一般相対論は，この水星の近日点移動の大きさを，実にドンピシャと説明したのである。アインシュタインはそれを知ったとき，狂喜したといわれている。

　ところで，相対論は間違っているとする人にはこの事実は具合が悪い。そこである人はいう。太陽からは太陽風という風が吹いている。水星は太陽風の中を運

動しているのだから，その抵抗を受ける．それで近日点移動は太陽風の影響で説明できる．いつも思うのだが，こういったことをいう人は，それ以上はいわないのである．太陽風の影響で説明できるというなら，式を使って証明すべきなのである．アインシュタインは式を用いて，近日点移動の量をドンピシャと説明したのだから，それが間違いというなら，いう方もドンピシャの値を出さなければ説得力がないではないか．

　それでは事実はどうか．太陽風の惑星軌道への効果を考えることは興味深い．太陽風は太陽からいつも吹き出ているプラズマの風で，その速さは秒速300～500km，ときにはそれ以上に達する．しかし，密度は非常に低い．水星が仮に静止しているとすると，太陽風は水星を外に押しやる力として働く．この力はおもしろいことに，太陽と水星の間の距離の2乗に反比例する．つまり，重力と同じ傾向を示す．ということは，この力は太陽の質量を見かけ上，わずかに減少させる効果をもつ．したがって，水星のだ円軌道は，この効果によっては影響を受けないのである．つまり，近日点は移動しないのである．

　ところで水星はもちろん静止していない．だ円軌道を描いて太陽のまわりを回っている．すると，太陽風は，ななめ前方から吹きつけることになる．雨の日に自転車で走ると雨が斜め前から吹きつけるのと同じことである．すると，太陽風が及ぼす力は，先に述べた動径方向の力とは別に，運動方向に反対向きの抵抗力として働く．問題はこの抵抗力の効果はどうかということだ．天体力学の知識によると，きわめて興味深いことには，"抵抗力による近日点移動への効果は正確にゼロ"である．このことは難しい微分方程式を使わなくても，高校で習うユークリッド幾何学を用いて証明できる．つまり，太陽風が吹こうが吹くまいが，太陽風によっては水星の近日点は移動しないのである．

　参考のために，抵抗力による，ほかの軌道要素への影響も述べておこう．軌道長半径は当然減少する．だから，はるかなる将来には水星は太陽に落下する．その時間を見積もってみよう．太陽風の抵抗により水星が太陽に落下するのは，1兆の1兆倍年くらいの時間がかかるのである．宇宙が始まって百億年，太陽が生まれて46億年であることを考えると，太陽風の影響など，微々たるというも愚かな，小さな効果なのである．扁平率ないしは離心率の増減は抵抗則による．つまり，速度の増加と抵抗の増加の関係式によって異なる．水星が太陽風によって影響を

第8章　一般相対論編　　129

受けることはないけれど，地球を回る人工衛星は影響を受ける可能性がある。水星では無視できるが人工衛星では影響を受けるという効果の違いは，天体としての大きさの違いに起因している。

太陽からの引力は，天体の構成物質が大きさによらず同じだと考えれば体積に比例（半径の3乗に比例）するが，抵抗力は太陽風や太陽光がぶつかる表面積に比例（半径の2乗に比例）するため，半径が小さくなればなるほど抵抗力の割合が相対的に増えるからである。

極端な話，半径が0.01mm以下というような微天体ならば，太陽風のみならず，太陽光による圧力効果も無視できない。太陽系に存在する惑星間塵は，太陽光がななめ前方から吹きつけることになるため，地球近傍の塵は数万年程度の時間スケールで次第に太陽に向けて，らせん運動しながら落ちていくことがわかっている。これをポインティング-ロバートソン効果という。落ちていった塵は太陽に近づいたことによって，しだいに暖められて気化してさらに半径が小さくなり，太陽半径の4倍付近まで落ちたところで力が拮抗してそこにしばらくとどまる。日食を利用して実際にこの"塵の密集地帯"が観測されたのは1983年のことだ。塵はさらに気化しつづけ，重力より光圧が勝るようになると，今度は反対に太陽近傍から弾き飛ばされることとなる。月の石を調べると，これらの塵が衝突してできた非常に微小なクレーター（マイクロクレーター）がたくさんあるのが確認できる。

ここで述べたような天体力学の知識は，人工衛星の軌道や惑星間塵の運動を解析する上で重要であり，すでに多くの定量的研究や観測がなされている。相対論は間違っているとする人が提唱する"新しい説明"や"斬新なアイデア"は，たいていの場合，すでに多くの研究者によって徹底的に調べられていると思ってほぼ間違いない。

先にもいったことだが，相対論は間違いであるという人たちは，式を用いた定量的な議論をしないのが特徴である。極端な人はこういう。「ニュートンもアインシュタインも重力がどのように働くかをいうけれど，なぜ働くかをいわない。実は重力は空気の浮力により生じるのである。」　これは極端な説ではあるが，ここに反相対論派の特徴が見られる。もしこの説が正しいなら，どうして月でも重力が働くのか。その疑問に対して，その説の提唱者は得々と述べる。「雑誌ニュートンによると，月の火口でガスの噴出が発見された。月の表面は真空ではないのである。」

もし，重力の原因が空気やガスの存在によるとするなら，たとえば重力加速度とガスの密度の関係式を立てるべきだ。そして地球，月，太陽，惑星，星，銀河などについて，その式の妥当性と予言性を調べるべきなのである。口では何とでもいえる。しかし，それでは科学ではない。物理科学であろうとするなら，数式を立てて，観測，実験事実を定量的に説明できなければならない。

【正しい間違い8-5】
　光ファイバージャイロで，装置が回転していると，同時に発射された左回りと右回りの光は，受光装置に同時に届かない。これは相対論では説明できない矛盾である。

　これは実におもしろい問題である。なぜならば，相対論の教科書などにおいてもこの話題はしばしば登場するのだが，そこでは光が同時に到着しないことが相対論によって導かれており，相対論が正しいことの証明の1つとして載せられているのに，相対論が間違いであると主張する人は，この現象こそが相対論が間違っていることの証だというのである。つまり，同じ現象を述べているのに，その結論が180度違うのだ。
　まずは，光ファイバージャイロとは何かから説明しよう。最近は，カーナビにも搭載されるようになり，また，同じ原理で動作するジャイロはH-Ⅱロケットに載せられて姿勢制御に役立っていたりする代物である。
　使用されている部品は，半導体レーザーなどの光源，光を分離するビームスプリッター，光を伝播させる光ファイバー，そして，戻ってきた光を検知するフォトダイオードなどの受光器である。光源と受光部の場所は別々でよいのだが，話をわかりやすくするため同じ場所にあるとしよう。また，受光した光の到着時間のずれは，光を再びミックスして干渉させて調べるのが通例であるので，実際には干渉計も必要となる。光源から出た光はビームスプリッターによって左右に分離され，円形に巻いた光ファイバーの中を逆方向にグルグルと回りだす。戻ってきた光は再び出会うことになるのだが，光が回っている間に受光部が回転していると出会う地点が変化していることになり，一方が早く到着し，他方が遅く到着することになる。このずれを検出して装置全体の回転速度を測定するのが，光ファイバー

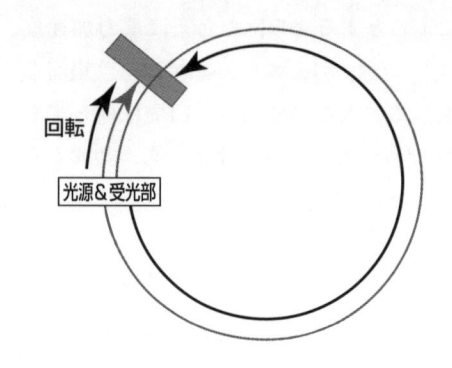

〈図4〉光ファイバージャロ

ジャイロである〈図4〉。

　光源は回転しながら左右に光を送りだしているのであるが，この回転速度は光の速度には加味されず，左右どちらに飛んでいく光も光速cである。だからこそ再び光が戻ってきたときに，その場所にあるはずの受光部の位置が変わっていて，それが受光時刻のずれとして検出できるわけである。もしも，光があたかもボールのようなものだとしたならば，光源から出た段階で左右に別れた光の速度は違っており，受光部には同時に到着することになるはずだ。相対論の教科書では，この現象は，光がニュートン的な速度の合成則に従わない相対論的な粒子であることの証であると主張するのである。

　では同じ現象を，相対論が間違っている証だとする人の主張というのはどんなものだろうか？　まず，左右どちらに飛んでいく光も光速cであり，そのために受光時刻のずれが検出されているのは正しいとしている。ただし，何ゆえそうなるかというと，光は波であって光源の速度によって変化しないからだという。波と考えれば確かにその通りであるから，この主張には問題はなかろう[*14]。続けて彼らはこう主張するのである。「この光ファイバージャロ装置上に乗っている観測者から考えれば，光源と受光部を含む装置全体は静止している。ところが，この場合でも，受光部に左右からやってくる光の到着時刻はずれて観測される。相対論では左回りでも右回りでも光速は一定のはずだから相対論ではこの現象は説明できない…」と。

　この主張のどこがおかしいかといえば，装置とともに回転する観測者から見ても光速が一定だとしている部分だ。この場合，左回りする光と右回りする光の光

速は同じではないのである。ここにも，【正しい間違い8-2】で述べたような，光速はどこで誰が観測しても常に一定であるという間違いが根を下ろしている。

　まず，回転する装置に乗った観測者がいる世界は慣性系ではない点に注意しなければならない。これは回転座標系とよばれるものであり，回転中心から離れていくと，遠心力という外側に働く力を感じるし，コリオリ力という進行方向と直角向きの力も感じる。すでに述べたように一般相対論では，慣性系でない系にいる場合，場所によって光速度が変化するのは当然のことなのである。問題は，その変化がちゃんと定量的に観測と合うかということになる。

　では，ミンコフスキー時空で表される慣性系と，回転座標系の時空とがどう違うかを示してみよう。回転を表す場合，互いに直交するxyz座標を用いるデカルト座標よりも，回転軸からの距離を表すrと回転の角度φを使う円筒座標の方が都合がよい。z軸は円筒座標でもそのまま同じである。

ミンコフスキー時空
$$\mathrm{d}s^2 = c^2\mathrm{d}t^2 - \mathrm{d}r^2 - r^2\mathrm{d}\varphi^2 - \mathrm{d}z^2 \tag{8-14}$$

回転座標系の時空
$$\mathrm{d}s^2 = \left(1 - \frac{\omega^2}{c^2}r^2\right)c^2\mathrm{d}t^2 - 2\omega r^2\mathrm{d}\varphi\mathrm{d}t - \mathrm{d}r^2 - r^2\mathrm{d}\varphi^2 - \mathrm{d}z^2 \tag{8-15}$$

ここで，ωは回転角速度を表している。さて，等加速度系の時空と比べると理解しやすいと思うが，括弧の中身が回転軸からの距離rの関数になっている。ここで，$r=c/\omega$とすると括弧内がゼロとなってしまい，等加速度系でいうところの，距離c^2/a後方に相当する場所だということがわかる。すると，この場所は等加速度系のように時間が止まったりする特異な場所なのかというと，確かにそうなのだ。

　観測者は最初回転軸上にいて，この距離まで時計をもって装置上を歩いていくとする。次第に遠心力によって外へ飛ばされそうになるのをたえて到着し，時計を設置して再び軸上に戻ってきたとしよう。振り返って時計を観測すると，この時計の針はピクリとも動かないのだ。もちろん，この時計のそばを通過する光の速度はゼロである。なぜこうなるかは装置の外から眺めると一目瞭然である。$r=c/\omega$の場所というのは，$\omega r=c$であるから，つまり，その場所での回転速度が光速になっているということである。だから，ローレンツ変換によってそこにある時計は止まってしまっているのである。装置上にいる観測者から見れば，その地点は遠心力

という名の"重力"の下方にあり，その場所で時間が止まっているとみることになるだけである。

等加速度系の時空との対比で異なっているのは，$2\omega r^2 \mathrm{d}\varphi\mathrm{d}t$という項の存在である。これがコリオリ力を示す項である。コリオリ力というのは，装置の回転方向によって向きが変化するという特性をもっている。そして，この項の存在こそが，右回りと左回りで光速の違いを生む原因そのものなのだ。

回転する装置上にいる観測者にとって，遠心力の効果は"共に"光速を遅くする効果である。しかしそれは，右回りと左回りの光速に違いを与える効果とはなり得ない。遠心力は，右回りだろうが左回りだろうが，どちらにせよ回転軸上にいる観測者にとっては外向きに働く力であるからだ。ところが，コリオリ力は，移動する物体の進行方向の右側とか左側とかに働く力である。だから，右回りか左回りかで観測者に対する力の向きが異なる。たとえば，右回りの場合は遠心力と同じ向きで2つの力が合わさるが，左回りだと遠心力と逆向きで力が相殺されることになったりする。これは最終的には，移動する物体にかかる力の差となり，重力が異なる場所に置かれた2つの時計のように，そこで刻まれる時間はずれていく。このずれがそのまま光速のずれになるのである。

一般相対論において，円形のような閉じた曲線に沿って時計を合わせていくと，

$$\Delta t = -\frac{1}{c}\oint \frac{g_{0\alpha}}{g_{00}}\mathrm{d}x^\alpha \tag{8-16}$$

だけずれることがわかっている。$g_{0\alpha}$というのが曲者で，$\mathrm{d}x\mathrm{d}t$とか$\mathrm{d}r\mathrm{d}t$というような，[$\mathrm{d}t$以外]・$\mathrm{d}t$に対する計量成分を示す。回転していない時空の場合，このような成分はゼロであるから，時間のずれは出てこないのであるが，ここでは$\mathrm{d}\varphi\mathrm{d}t$が登場しているため，このずれが発生し，右回りと左回りで光の到着時刻にずれが生じるのだ。

あとは具体的に式(8-16)に代入してやればよいのだが，装置の置かれている場所の回転速度が光の速度に比べて十分小さいと仮定するならば[*15]，

$$\Delta t = \pm \frac{2\omega}{c^2}S \tag{8-17}$$

だけ光の到着時刻がずれる。ここでSは，閉じた曲線が囲む面積を表していて，円形の光ファイバーならば，πr^2を入れればよい。ただし，ファイバーが何重にも巻

かれている場合はその倍数だけずれが大きくなる[*16]。

そしてこの結論は，装置を外から見たときの時間のずれとまったく同じであり，定量的にも，光ファイバージャイロ装置上に乗っている観測者からの説明は一般相対論で可能なのである。ちなみに，ここで説明した効果をサニャック効果とよんでいる。

補注

*1 教科書なのか，それとも啓蒙書なのかを見分ける方法を1つ紹介しよう。特殊相対論のページ数が一般相対論より多ければ，それは啓蒙書である。教科書なら一般相対論の方が倍以上あるはずである。相対論が間違っているとする人たちは，たいていは特殊相対論を問題にする。特殊相対論は理解しやすいが，一般相対論は必ずしもそうでないからだ。一般相対論に対しては，特殊相対論が間違いなのだから，どうせ一般相対論も間違いだろうと，雑な議論が多い。逆に一般相対論は正しいが，特殊相対論は間違っているという，とんでもない説もある。一般が正しければ特殊が正しいのは当然のことである。逆は真ならずで，特殊が正しくても一般が正しいという保証はない。

*2 筆者の1人(木下)は，その昔，成相秀一広島大学教授(故人)の一般相対論の講義を受けたことがあるが，当時はほとんどわからなかった。いまでもわかったとはいえない。

*3 電子はそういう剛体であり，ローレンツ収縮しない可能性があるとアブラハムは述べて，ローレンツ収縮するとしたローレンツと対立したことがある。その後の実験で，1910年過ぎにようやく問題は決着し，ローレンツの主張が正しいことが認められた。

*4 ボルンにしてみれば，苦労して書いた数十ページの論文が，たった1ページのエーレンフェストの論文で矛盾を突きつけられたのであるから，結構ショックだったのではあるまいか。

*5 ただしそれにも限界の長さというものがある。【正しい間違い6-2】参照。

*6 注意してほしいのは，第6,7章に述べたように，特殊相対論が加速度運動を扱えることに問題はない。それが直線加速度運動でも，回転運動のような2次元運動でも同じことだ。問題は，直線加速度運動している座標系に乗り移る(座標変換する)ことは，比較的簡単だが，回転運動している座標系に乗り移るのは，それほど簡単ではないということだ(とはいえ，それはできる)。この差を混同してはいけない。回転運動している座標系に乗り移ると，トーマス歳差といった奇妙な現象が発生する。

*7 この概念は非常にわかりにくいかもしれない。リーマンが1854年の就職論文でこの幾何学を発表したとき，その有用性に気づいたのは，あのガウス(C. F. Gauss)であったという。ガウスはその夜興奮して眠れなかったという。ガウスは翌年に亡くなるが，さてこの幾何学を聞いて満足したのか，悔しがったのか？

*8 $\Gamma^{\mu}_{\lambda\nu} = \frac{1}{2}g^{\mu\alpha}\left(\frac{\partial g_{\alpha\lambda}}{\partial x^{\nu}} + \frac{\partial g_{\alpha\nu}}{\partial x^{\lambda}} - \frac{\partial g_{\lambda\nu}}{\partial x^{\alpha}}\right)$

*9 ニュートン力学では力を受けていない物体の運動は等速直線運動である。リーマン幾何学に拡張すると，等速"測地線"運動をすることになり，測地線の定義に(8-1)が使用されることになる。測地線が常に直線であるならば，このような手間は無用であるので，通常はとりたてて説明されない。

*10 これは筆者の1人(松田)が翻訳した『アインシュタインは正しかったか？』(C.ウイル著，TBSブリタニカ刊)がくわしい。

*11 第4章補注で，この噂は，チャップリンの手紙が起源ではないかと述べたが，もう1つの有力な説をあ

げておこう。1919年11月9日のニューヨークタイムズで「これを理解できるのは12人しかいない」とアインシュタイン自身が述べたという記事があるのだ。記者の誇大表現か，本当にそういったのかは定かでないが，アインシュタインらしい表現だとはいえる。

*12 あまりにもパシャパシャと写真を撮られるので，アインシュタイン自身が「自分は写真のモデルだ」というようになったほどである。

*13 アインシュタインだけでなく，誰もが知らなかった。これを再発見し紹介したのは，レナルト（P. Lenard）であったが（1921年），これは彼がナチ党員であり，アーリア人であるゾルトナーはユダヤ人であるアインシュタインより100年進んでいると述べたいためだったという歴史的側面もある。

*14 ただし，この実験だけを説明するにはよいということで，ほかの実験…たとえば，GPSなどによる光のやり取りを説明しようとすると矛盾が生じる。

*15 これを無視できなくなると，遠心力による双方の時刻の遅れが顕著で，時間のずれが大きくなる効果を生む。

*16 マイケルソン-モーレー干渉計も地球上の回転体の上にあるのだからその影響を受けるのでは，と考えるかもしれないが，この装置は光の往復を使っているので，その"閉じた曲線が囲む面積"はゼロであり，時間差は生じない。

第9章

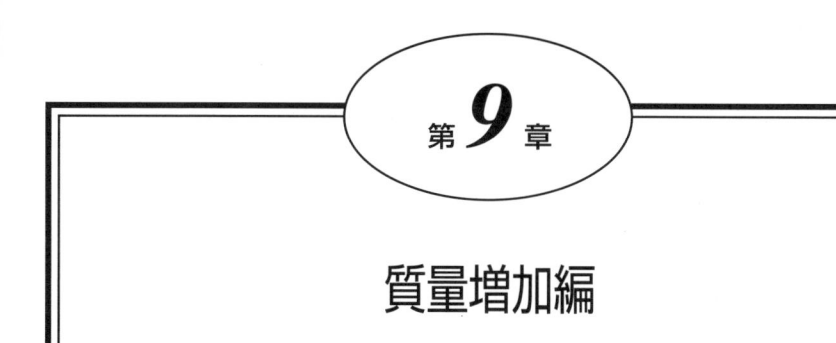

質量増加編

「運動する物体は質量が増加する。」この表現が多くの誤解を生み出してきた。その多くは，慣性質量，重力質量，相対論的質量などの概念の違いを混同することによる単純な勘違いであるが，話はそれだけにとどまらない。運動エネルギーの増加が必ずしも重力の増大に結びつかないことを理解せねば，間違いはなくならないのである。

【正しい間違い9-1】
運動する物体は質量が増加するのであるから，光速に近いスピードで平行に走るロケットがあれば，お互いの万有引力が強まり，ぶつかるだろう。ところが，ロケット上で観測すれば，お互いに静止しているのだから，引力は無視できるはずであり，矛盾である。

何を"質量"と定義するのが妥当かという議論はすでに何度か登場しているので深く立ち入らないことにするが，用語として共通理解がないと混乱のもとになる[*1]。以下では教科書にあるような，一般的な質量概念を採用する。しかし，教科書なら用語がちゃんと統一されているかというとそうでもないのが現状だ。
「運動する物体の質量は増加する」と述べた場合，それは相対論的質量の増加を意味している。具体的にいえば，物体が静止しているときの静止質量をm_0とすれば，速さvで移動している物体の相対論的質量m_vは，

$$m_v = \frac{m_0}{\sqrt{1-(v/c)^2}} \tag{9-1}$$

になるということである。"正しい間違い"では，この結論から「質量の増加＝重

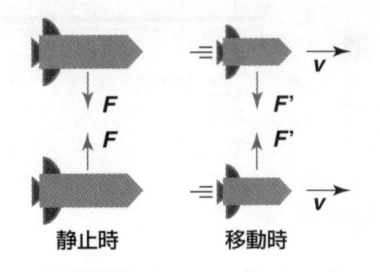

〈図1〉静止時と移動時の引力の違いは？

力の増加」と結びつけているのである。相対論的質量の増加とは，物体の動きづらさを表す慣性の増加を，ニュートン力学における慣性質量の増加とみた場合にどうなるかを表したものである。だから，慣性質量の増加を短絡的に重力質量の増加として，ニュートン力学における万有引力の増加に結びつけてはならない。

そもそも，相対論的質量という概念は，ニュートン力学から相対論的力学へのスムーズな移行を考えて，ニュートン力学の形をなるべく保つようにしようとして登場した概念と考えてよい。ニュートン力学では，速度vで移動する物体の運動量は$p=mv$という式で表される。ニュートン力学から相対論的力学へと拡張する際，物体の質量を相対論的質量m_vとすれば，$p=m_v v$となり，式の変形はなくてすむ。このとき，相対論的質量m_vは，ニュートン力学における慣性質量と見なされ，実際，そう考えても不都合はほとんど生じない。だから本編では，特に断らない限り，相対論的質量を慣性質量と表現する。

ただし，だからといって，慣性質量の増加をニュートン力学における重力質量にそのまま適応できると見なして，万有引力の式$F=GMm/r^2$に使われるMやmにそのまま当てはめてよいことにはならない。そのときは再び原点に立ち返り，ニュートン力学における力と相対論的力学における力とを比べて，どのような類似性があるのか，あるいはないのかを考える必要がある。つまり，どうすればニュートン力学から相対論的力学へスムーズに移行できるのかを改めて考える必要がある。

結論から先にいえば，並走するロケットどうしに働く引力は，$1/\sqrt{1-(v/c)^2}$倍に強くなるどころかまったくその逆で，$\sqrt{1-(v/c)^2}$倍に弱くなるのだ〈図1〉。

式(9-1)に従って慣性質量が増加していることは実験によって確かめられている。シンクロトロンなどの粒子加速器では，この質量増加を考えねば，装置を設計す

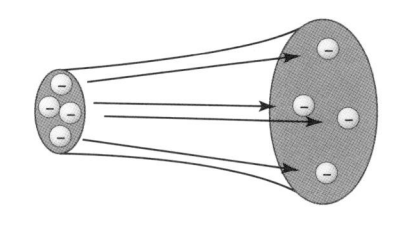

〈図2〉電子ビームの広がり

ることができない。粒子は速度が増すにつれて慣性が増し，カーブを曲がりにくくなる。啓蒙書のイラストにはこれを表現するために，止まっているときには痩せている人が，走ると太りだすといった愉快なものもあるが，これも誤解を生む温床になっているのかもしれない。太ると横方向に機敏に動けなくなるだけでなく，地球から受ける力も大きくなり，体重計が怖くなるからだ。つまり，慣性質量と重力質量の両方が増加するという誤解を生むもとになる。

　余談はさておき，まずは，質量そのものが力の源となる重力からいったん離れよう。もっと一般的に，光速度近くで移動する物体どうしに働く力がどのように変化するかという話から始めてみよう。シンクロトロンなどの粒子加速器の中を回る電子について考えてみる。この電子は，いわゆる電子ビームとして集団で加速されていて，何らかのターゲットにぶつけて反応を見るということになる。ところがよく考えてみると，電子どうしは互いに負の電荷をもっているのだから，集めると互いに反発し，最終的には蜘蛛の子を散らすように四方八方へ飛び散るはずである。つまり，電子ビームは最初は塊として飛んでいても，そのうちだんだんと広がっていく。実際，テレビのブラウン管内には小型の線形加速器ともいえる電子銃があるが，蛍光面に到達したころにはわずかに広がっている〈図2〉。

　ところが，この電子ビームの拡散は，ビームそのものの速さが上がるにつれて少なくなる。低速ビームだとすぐに広がるものが，光速近くに加速すると広がらないのである。これはなぜだろうか？

　この現象の説明はひと通りではなく，いろいろなアプローチができる。まずは，慣性質量が増えたことによる効果での説明だ。慣性質量の増加とは動かしづらさの増加なのであるから，電子どうしが互いに離れるという動作そのものも緩慢になる。手漕ぎのボートを岸から離すのは，ボートに乗って岸辺を足でひと蹴りすればよいが，乗船したのがタイタニックだったら，氷山をひと蹴りした程度ではそう

第9章　質量増加編

そう進路は変わるまい。

続いて，時間の遅れによる説明ができる。電子ビームと共に動いている観測者は，目の前にあるのは移動するビームではなく，ある瞬間に無理矢理集められた電子の集団でしかない。それは手の中に閉じこめられたホタルの集団のようなもので，手を広げればパッと飛散する。しかし，この観測者を光速近くで動いていると観測する別の観測者からみると，時間の遅れの効果で，手を広げる動作そのものも遅いし，飛散する速さも遅く観測される。このように，慣性質量の増加による動作の緩慢さは，そのまま時間の遅れの効果として解釈することができる。

さらに，ほかの解釈も可能だ。それは電磁気学的な解釈である。【正しい間違い 7-4】で触れたように，荷電粒子が移動するとその周囲に磁場ができる。そしてこの磁場内を荷電粒子が移動すると，磁場は粒子に力を及ぼす。すなわち，電子の集団が移動すると，個々の電子が移動することによって磁場が生じ，その磁場が再び個々の電子に力を及ぼすのである。すでにおわかりだと思うが，この磁場による力は電子どうしにとって引力として働き，電荷による反発力を弱めてしまうのだ。定性的な話だけでよいのならば，電子の移動によって発生する磁場の向きを"右ねじの法則"で調べ，さらに"フレミングの左手の法則"を考えれば，この磁場から電子が受け取る力が引力となることはすぐにわかる。左右の手を使ってご自身で確認してみてほしい。マクスウェルの電磁気学と相対性理論は非常に相性がよく，もちろん定量的な力の大きさについてもまったく同じ結果を得る[*2]。

ここまでの考察で，並走して走る荷電粒子に働く力についてわかっていただけたと思う。そこに働く力は，それら荷電粒子が速く移動していると観測する観測者からみると弱まるのである[*3]。そしてこれは，荷電粒子による電磁気的力のみに限定されるものではない。たとえば，2つの鉄球がバネによってつなげられており，振動していたとしよう。この装置が光速に近い速さで移動している場合，その振動数は減少する。慣性質量が増えたことによる説明では，鉄球の質量が増えたために振動が緩慢になり，振動数が減ったと見なされる。時間の遅れの説明ではまさにそのままで，時間の進みが遅れたために振動数が減ることとなる。無論これは解釈であり，要は"振動数は減少したという事実"を説明できればよいのである。上述した電磁気学的な解釈の延長を考えれば，振動数が減少したのはバネの力が弱まったためとも結論できるのである。

この結論は，最初の問いかけであるところの「平行して走るロケットどうしに働く引力」においても適応できる。ロケットの質量は小さいとはいえ，宇宙空間に2台が接近して置かれていれば，微小な引力によりそのうち接触するはずである。ロケットどうしが静止しているとみる観測者から見て，接触するまでの時間が1日かかったとすれば，ロケットが光速の8割で移動しているとみる観測者は，ロケットの時間の進み方が手元の時計の6割に遅れているために，1/0.6 ≒ 1.7日かかって接触するように見える。これは，ロケット間の引力がそれだけ弱くなったからだとも解釈できる。

　ここで，実際に相対論的力学を論ずる場合は，いかなる方法を取るかということも述べておこう。まずは力の定義を，

$$F = \frac{dp}{dt} \tag{9-2}$$

とするところから始まる。この定義はニュートン力学でも相対論でも変わらない。これを別の慣性系から見た場合はどのように力が変わるかという変換式を求めよう。別の慣性系からみても式(9-2)の形は変化しない。ただし，別の慣性系からみれば物体の速度は明らかに異なっているし，時間の進み方も違うので，個別の運動量や時間は違っている。あくまでも式(9-2)の"形"は変化しないだけなのであるから，別の慣性系での式を，

$$F' = \frac{dp'}{dt'} \tag{9-3}$$

とする。並走するロケットや電子を考える場合，座標の進行方向に対して垂直方向に働く力を求めることになる。くわしい説明は割愛するが*4，進行方向に対して垂直方向の運動量は変化しない。時間に関しては

$$t' = \frac{t}{\sqrt{1-(v/c)^2}} \tag{9-4}$$

という時間の遅れの関係式がある。よって，

$$F_y' = \frac{d p_y'}{dt'} = \frac{d p_y'/dt}{dt'/dt} = \sqrt{1-(v/c)^2}\,\frac{d p_y}{dt} = \sqrt{1-(v/c)^2}\,F_y \tag{9-5}$$

が成り立つ。並走するロケットどうしに働く引力は，$\sqrt{1-(v/c)^2}$倍だけ弱くなると書いたのはこういうことである。この計算は特殊相対論だけで解くことができる。ここで登場する力Fは，力が加われば運動量が変化するという式(9-2)がもとになっているのであり，電磁気力だとか重力だとかいう区別は最初からない。この関係

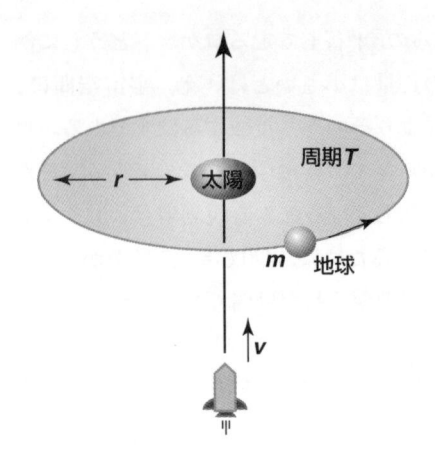

〈図3〉太陽系のロケットから見る

式は，重力で引っ張りあっているロケットどうしに働く力を表しているとしても立派に通用する。

　それでも疑わしいと思われる方は実際に重力で引っ張りあっている太陽と地球について考えてみよう。太陽と地球は互いに引力で引っ張りあいながらも，地球が太陽のまわりを公転することによって距離を保っている。このとき，地球に働く引力は，地球の質量をm，太陽と地球の間の距離をrとし，回転周期をTとすれば，

$$F = (2\pi)^2 \frac{mr}{T^2} \tag{9-6}$$

と書くことができる。これは高校で習う遠心力の公式そのものであり，教科書では$F=mr\omega^2$と，角速度ωを使って書かれる場合が多い。さて，この太陽系に光速近くの速度で近づく宇宙船があったとする〈図3〉。話を簡単にするため，回転軸方向である北かあるいは南の方向から近づいているとしよう。宇宙船から見ると，太陽と地球は平べったく縮んで見えるが，軸方向から近づいているため太陽と地球の間の距離は変化していない。太陽と地球の慣性質量は式(9-1)に従って増えていると観測される。回転周期は式(9-4)に従って遅れて見える。よく考えると，式(9-1)と式(9-4)はまったく同じ形の式である。これは当然といえば当然のことで，だからこそ慣性質量が増えたことによる効果と時間が遅れたことによる効果は同じだと説明できるのである。あとは式(9-1)と式(9-4)を式(9-6)に代入すればよいだけだ。宇宙船から見ると太陽と地球の間に働く力F'は，

$$F' = (2\pi)^2 \frac{\frac{m}{\sqrt{1-(v/c)^2}}r}{T^2} = \sqrt{1-(v/c)^2}\,F \tag{9-7}$$

となって，式(9-5)と一致する。

　そろそろ話をまとめてみよう。もともとの問題は，ロケットの質量は速さが増せば増えるのだから，ロケットを静止と見る観測者は引力を弱く感じ，ロケットが光速近くで移動していると見る観測者は，引力を強く感じるのではないかという指摘であった。しかし，相対論によれば，並走するロケットどうしに働く引力は，ロケットの速さが増すほど弱まるという，あべこべの結論なのである。式(9-1)は慣性質量の増加を表していて，ロケットどうしの動作が緩慢になる効果を表していたのだ。

　冒頭で述べたように，式(9-1)の質量増加を重力源の増加と短絡的に考えてよいという発想が誤解のはじまりなのである。ただし，この誤解はかなり浸透していて，次のような正しい間違いも存在する。

【正しい間違い9-2】
　ここに，もう少しでブラックホールに成り得るだけの質量をもった中性子星があるとする。運動する物体は質量が増加するのであるから，この中性子星が光速に近いスピードで移動していると観測する観測者からみれば，ブラックホールと観測されるのではないか？

　もちろん中性子星は誰が観測してもやはり中性子星である。観測者のいる慣性座標の違いによって，ブラックホールになったり中性子星になったりすることはない。もしもそのようなことが起きるのならば，1度ブラックホールになってしまった星が，もとの中性子星に戻ってしまうことも，座標の取り方によってはあり得ることになってしまう。このような誤解も【正しい間違い9-1】と同じく，式(9-1)の用法を間違えてしまったものだといえるだろう。では，たとえば次のような設定ならどうだろう？

「ここに，2つの中性子星がある。双方をくっつけて質量を合せても，ブラックホールになるだけの質量には達しない。しかし，運動する物体は質量が増加するのであ

るから，この中性子星を互いに光速に近いスピードでぶつければ，ブラックホールになるのではないか？」

この設定ならば，式(9-1)に示される質量増加分だけ中性子星の重力質量が実際に増加し，ブラックホールになることはあり得る。なるべく正面衝突の方がよい。逆に，互いに同じ方向に進んでいて追突した場合は，ブラックホールにはならない可能性が高い。後ろから追突する中性子星の合体の場合，それと並走して走る観測者が見ると，目の前でゆっくりと衝突しただけにすぎないからである。

このように，衝突の仕方によって，ブラックホールになったりならなかったりすることがあり得るのだが，その違いはいったい何であろうか？

簡単にいってしまえば，衝突前後の運動エネルギーの変化量が決定的に違う。正面衝突した星の場合，うまくいけば双方がもっていた運動エネルギーが0となってしまうこともある。つまり，衝突後に目の前で"止まってしまう"こともある。これと反対に後ろから追突した場合は，どう考えてもその後止まってしまうことはあり得ない。

この説明では次のような反論もあろう。目の前で"止まってしまう"かどうかは，それこそ座標の取り方による。たとえば前述のように，後ろから追突する中性子星と並走して走る観測者が見れば，中性子星どうしは目の前でゆっくりと衝突し，その後止まってしまうではないかと。それはその通りで間違ってはいないが，"ゆっくりと衝突"という点に注目していただきたい。重要なのは衝突前後の運動エネルギーの変化量である。どれだけ運動エネルギーが"消滅したか"が問題なのである。ゆっくり衝突して静止し，運動エネルギーがゼロとなる場合より，激しく衝突して運動エネルギーがゼロになった場合の方が変化量が大きいのである。

星が目の前で衝突し，衝突後は目の前に静止する座標系に，最初から観測者がいた場合を考えると一番わかりやすい。目の前で止まってしまった星は運動エネルギーを完全に失う。エネルギー保存則があるのだから，そのエネルギーは何らかのエネルギーに転化したはずである。それは熱エネルギーであったり，何らかのポテンシャルエネルギーだったりするだろう。どういう形態にせよ，最終的に星の内部にエネルギーが蓄えられることになる。この蓄積されたエネルギー分が星の質量の増分となるのだ。そして，この増加した質量は，物体の動作を緩慢にさせる慣性質量だけでなく，重力源としての重力質量の増加でもある。つまり，本当の意味

で質量が増えるのである[*5]。

　本当の意味とかいわれると，じゃあ偽の意味もあるのかと勘ぐられるかもしれない。ある意味，光速近くで移動する粒子の質量増加というのは，質量増加用の運動エネルギーをもらっただけであり，実際には質量に"換金されていない"状態だといえるだろう。

　少し別の角度からこの問題を見てみよう。相対論を発表した当のアインシュタインは，相対論的質量を示す式(9-1)は，実はどこにも述べていないのである。それどころか，相対論的質量という概念は導入すべきではないと思っていたようだ。その代わりに，相対論的な運動量pとエネルギーEについては，以下のように書いている。

$$p = \frac{mv}{\sqrt{1-(v/c)^2}} \quad および \quad E = \frac{mc^2}{\sqrt{1-(v/c)^2}} \tag{9-8}$$

　この書き方ならば，慣性質量は増えるが重力質量は増えないなどという奇妙な説明をする必要はない。物体が曲がりづらくなるのは運動量が増えるからだといえばよい。相対論的質量を導入することによる混乱や，「導入すべき」対「導入すべきでない」の議論はあるが，ここで登場する相対論的運動量という概念に対する混乱はまったくない。また，エネルギーについても同様で，物体が質量という形でもともともっているエネルギーと運動エネルギーとを分離して考えることなく，速度が光速に近づくにつれてエネルギーが無限大になっていくことがわかる。啓蒙書の多くで相対論的質量の増加を示し「速度が光速に近づくにつれて"質量が増すから"，光速は越えられない」という説明をするから，「じゃあ，星が光速に近づくとブラックホールになるの？」という誤解が生じるのである。

　結局のところ，相対論的質量とは運動量の増加やエネルギーの増加分を"質量の項に押し込めて"式を簡単にしてしまおうという策略だということを理解する必要がある。前にも述べたように，ニュートン力学とは本質的に違う相対論を，それまで慣れ親しんだニュートン力学の形になるべく近づけようという配慮だといえるだろう。もちろん，それを余計なお世話と考えるか，あるいは適切な用法と考えるかは人それぞれである。相対論的質量の誤用による勘違いが多いのもまた事実であるから，説明するときは十分注意する必要があろう。

第9章　質量増加編

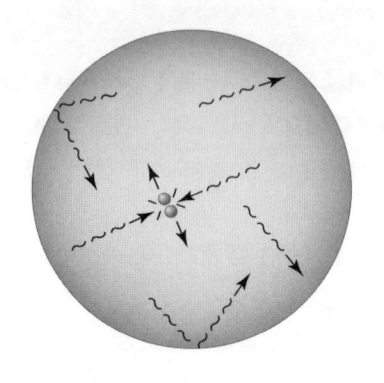

〈図4〉球体の中の閉じこめられた光

　ここまで理解されたとして、さらに追加したいことがある。これまでの話は、光速近くで移動する粒子においては、慣性質量の増加の効果はあるが、それがすぐ重力源として働くと直結して考えてはならないということを示してきた。しかし、これも条件次第なのである。

　もう一度、中性子星の衝突について考えてもらいたい。衝突後、運動エネルギーが0となり、その消えたエネルギーが熱エネルギーなどに変わり、星の質量の増加分になると述べた。しかし、熱エネルギーというのは結局のところ、星を構成している粒子のランダムな運動であり、それら粒子の運動エネルギーの総和である。とすれば、衝突前の運動エネルギーが、形態は変化したにせよ、やはり運動エネルギーに変わっただけであると見なしてもよいのではないかという疑問が生じるであろう。つまり、ぶつかりつつある"冷たい"中性子星が、静止した"熱い"中性子星になっただけであるならば、その星の質量が増加したとはいえないのではないかという疑問である。ところがこの場合、重力源として働く星の質量も増加したと見なして構わないのである。

　"冷たい"が運動している中性子星と、"熱い"が静止している中性子星の違いは、簡単にいえば、エネルギーが1か所に局在化したか否かの違いである。中性子星どうしが衝突して1つになった後は、その内部をミクロ的に見れば個々の粒子の運動エネルギーに変わっただけなのかもしれないが、星の内部にエネルギーが蓄えられたことには変わりがない。このような状況のとき、その内部エネルギーも含めて重力源として作用するのだ。

　このことを理解するには、次のような思考実験を考えていただきたい。ある球

体の入れ物があるとしよう。そしてその内側は鏡張りになっていて，中には光子が入っているとする。光は質量はもっていないが運動量はもっているので，内壁にぶつかるとその反作用で球体を動かすことになる〈図4〉。もしも光子が1つしか入ってなくて，なおかつ，壁に垂直にぶつかってくり返し往復しているとするならば，この球体は小刻みに振動をくり返すことになり，あたかも中で質量をもった物体が行き来しているかのようにふるまう[*6]。無数の光子が入っていてそれらがランダムに内壁にぶつかっている場合，球全体の振動は相殺されて観測されなくなるだろうが，外部からの測定では中の光子のもつエネルギーは，その量に見合うだけの質量の増加として観測されることになる。

　たとえば，この球を急に動かしたとする。進行方向の前方の内壁にぶつかる光子は，逃げていく壁にぶつかることとなり，あたかも波長が伸びた光が壁にぶつかったかのようにふるまうため，壁に及ぼす力は弱まる。進行方向の後方の内壁にぶつかる光子はこれと逆で，壁に及ぼす力は強くなる。この効果を総合すると，球体は中に光子が入っていればいるほど動かしづらくなるわけで，まさに慣性質量が増加したのと同様の効果を及ぼす。さらに，この球体を重量計の上に載せたとしよう。上方に進んでいく光はいわゆる赤方偏移を受けて，天井壁にぶつかるときには波長が伸びており，それだけ壁に及ぼす力は弱くなる。一方，床壁にぶつかっていく光はこれと逆で，青方偏移を受け，波長が縮んでいるだろう。つまり，その差異分だけ，この球体は下向きに働く力が強くなり，重量計の針はそれだけ余分に回る。よって，それだけ重力質量も増えていることになるのである。

　そもそも，内部にある無数の光子は本当にずっと光子のままかというとこれも疑わしい。光子どうしの衝突で電子・陽電子対が発生しては消滅していくような過程がくり返されていて，ある種の平衡状態に達していると考えるのが妥当であろう。あるいは鏡の反射率が実は100％ではなくて，とっくの昔に壁面に吸収されているのかもしれない。しかしながら，そのような本当の内部状況を考慮する必要はない。今現在の質量をもっている電子・陽電子対の割合と質量をもっていない光子の割合がコレコレだからというような計算はいらない。これらエネルギーがその形態は何であるにせよ，球体の内部に収まっているならば…言い換えれば"エネルギーの局在化"が起こっているならば，そのエネルギーは質量に変わったと考えてよいのである。

第9章　質量増加編　　147

ところで，この"エネルギーの局在化"であるが，実に相対的なものであることがわかる。どのようなスケールで話をしているかで変わってくるのである。たとえば，中性子星が移動しているだけの場合，その運動エネルギーは質量にまだ"換金されていない"状態だと述べたのであるが，もっとマクロな視点で見た場合はどうだろうか？　すなわち，この中性子星を含めてもっと多数の星々が無数に動き回っているが，実はそれらの星々が1つの銀河系をつくっていたとしたと考えてみよう。銀河系スケールの視点に立てば，個々の星の運動は，熱エネルギーに対する分子や原子の運動に相当する。よって，銀河系全体の質量を考えた場合，星々のランダムな運動による運動エネルギーは，銀河系の質量の一部として組みこまれていると考えてよい。

　もっと特異な例を考えてみよう。前述した内側が鏡張りの球体の中に，光子ではなく小さなブラックホールを入れたとする。ブラックホールは光さえ出さないといわれるが，その大きさによって"温度"が定義され，その温度によりブラックホールから黒体放射が出てくることがわかっている。これをホーキング放射とよぶ。それによって，ブラックホールが蒸発するとされている。今の設定の場合，この放射は周囲にある内壁の鏡により反射されて再びブラックホールに戻っていくことになる。だから，ブラックホールは蒸発しっぱなしというわけではなく，ある程度蒸発して球体の内面に放射が満ちてきたら，放射量と吸収量が同じになるという一種の平衡状態に達したときに蒸発が止まる。どの段階で止まるかはブラックホールと球体の大きさによるので，一概にはいえない。条件によれば全部蒸発しきってしまう可能性もある。ブラックホールの温度はブラックホールが小さいほど高い。すると，ある程度蒸発して周囲に放射光が満ち，ブラックホールに戻っていく光が増えたとしても，そのときにはさらにブラックホールは小さくなっていて温度が上がり，さらに放射量が増えていることになる。結局，周囲にたまった放射光の増加によるブラックホールへの光の吸収量より，ブラックホールの放射量の方が常に上回っているような条件ならば，ブラックホールのすべてが蒸発しきってしまうのである。

　さて，われわれは外から球体を観測しており，このような内部状態を知ることができないとしたら，球体そのものの重力の変化は感じとることができない。球を割ってみたら，ブラックホールはすべて光になっているのかもしれないが，それによって重力の変化が観測されるわけではないのである。

大風呂敷を広げついでに，もっともスケールの大きいものを考えよう。われわれの住む宇宙そのものである。宇宙そのものからみれば，星も銀河系も，グレイトウォールでさえ"内部"である。宇宙が閉じているか開いているかという話が宇宙論ではしばしば登場するが，宇宙の膨張を押し止める重力源は，星のような物質の質量はいうに及ばず，それらのもつ運動エネルギーや，はたまた光として宇宙に充満している放射エネルギーさえも重力源である。それらはひとまとめにされてエネルギーテンソル $T^{\mu\nu}$ として宇宙モデルへと組みこまれるのである。

　話が広がりすぎてしまい，収拾するのは少したいへんであるが，"単独で"移動している粒子を考えるとき，その運動エネルギーは運動エネルギーのままであり，それがその粒子の重力質量に加味されると考えるのは間違いだといえるだろう。しかし，その現象を少し遠目から観測すれば，その粒子は何らかの"集団"の一部かもしれない。そして，この"集団"に焦点が当てられているときには，全体としての運動エネルギーは重力質量に加味されていると考えられる。

　ここでの教訓は"木を見て森を見ず，森を見て木を見ず"にならないように気をつけようということだといえるかもしれない。

【正しい間違い9-3】
　運動する物体は質量が増加するのであるから，巨大なリングを回転させたり止めたりすることでその周囲に発生する重力を大きくしたり小さくしたりできるのではないだろうか？

　現実問題として，重力の変化が感じられるほどリングを回転させることは，通常の物質では不可能だろうから，ここでは原理的な話だと思っていただきたい。
　まず，今度の対象はリングであるから，移動していく星や粒子と違い，観測者の目の前に"局在"している。局在していながらも回転数を増すことによって運動エネルギーを増やすことができる。そういう意味では，【正しい間違い9-2】で示したような，光子が詰まった球と同等の性質をもちそうである。では，箱の中に電池とモーターを結線し，回転するリングをモーターに取りつけておけば，スイッチ1つでこの箱は重力発生器として成り立つかといえば，答はNOである〈図5〉。
　話は簡単で，質量をも含めたうえでのエネルギー保存則により，この装置をい

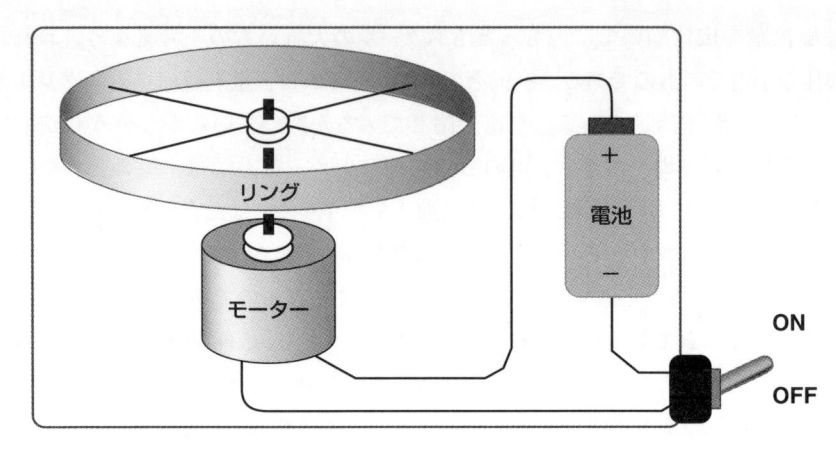

〈図5〉重力発生装置？

くら回転させても重力が増加することはない。装置全体の質量は変化しないからである。もっと端的にいえば，電池の中に化学的なポテンシャルエネルギーとして蓄えられていたエネルギーが，リングの回転という物理的な運動エネルギーに変わったというだけであって，その総和が変化しない限り，質量は増加しないのである。

　いま一度，中性子星の衝突を考えてみよう。もしも，中性子星が衝突した原因が，互いの引力に引かれてぶつかったものだったとしたらどうだろうか。この場合は，衝突後の中性子星の質量は，衝突前の2つの中性子星の質量の和以下である。衝突後の中性子星の質量が増えるのは，あくまでも自重で引き合う以外の外的な力によって運動エネルギーを得ていて，それが質量に変化するためのものだ。

　このことを理解するには，逆の立場で，最初はくっついていた中性子星が分裂することを考えた方がわかりやすい。はじめに互いの重力でくっつき合っている2つの中性子星があったとする。結合部に発破を仕掛けて初速を与え，分離してやるのであるが，そのとき与えた初速は，中性子星どうしに働く引力のために次第に小さくなっていく。ある程度離れたところで完全に止まってしまったとしよう。このとき，中性子星に与えた運動エネルギーはゼロになってしまっているが，そのエネルギーは中性子星の質量の増加となって現れる。その後，再び互いの引力でぶつかった場合は，そのときに発生する熱エネルギーなど，もろもろをすべて足し合せれば質量は保存するのであるが，衝突時に放射として外にエネルギーが漏れれば，そ

の分だけ全体の質量は軽くなってしまうのである。

　同様なことが生じるのは，原子核の反応が顕著だ。たとえば，ヘリウム原子核は陽子2個と中性子2個からなっているが，ヘリウム原子核の質量と，バラの陽子2個と中性子2個の質量の総和では，明らかに後者の方が大きい。ヘリウム原子核をバラバラに解体するエネルギー分に相当する質量が，バラの陽子2個と中性子2個には含まれているからである。では，中性子2個のターゲットに，シンクロトロンなどの粒子加速器で陽子2個を加速して強制的にぶつけた場合はどうなるか？もちろん衝突時の陽子の速さにもよるのであるが，今度は外部からもらったエネルギー分だけ質量の大きい粒子をつくり出すことができることになる。

　話を戻して，回転するリングを考えよう。もしリングを含む装置全体が，回転が増すにつれて質量が大きくなるのだとすれば，そのモーターの電源は装置の"外部"から供給されなければならない。装置内に組みこまれていてはダメなのである。そして，リングの質量が増えた分だけ，外部の電源に蓄えられていたエネルギーは減り，その量に相当する質量が外部電源から消えてなくなることとなる。この方法での質量のやり取りはまことに効率が悪い。質量を増やすためだけのためにリングの回転エネルギーを蓄えるのであれば，外部の電池そのものをリングに貼りつけた方が早いというものである。概算であるが，広島型原爆のエネルギーは質量に換算して1gに相当する。つまり，これだけの発電量のありったけをリングの回転につぎこんだとしても，リングに1円玉をくっつけたのと同等の効果しかないのである。

　何となく与太話っぽくなってしまったが，回転するリングが発生するであろう重力について，多少付け加えておきたい。回転する物体により発生する重力は，通常の星が発生させるような重力と違い，回転方向に空間を引きずる効果がある。リングの回転につられて横方向に引っ張られるのだ。これをレンズ・シリング効果という。これは回転するブラックホールなどの研究により理論的に調べられている。なお，「通常の星が発生させるような重力」と述べたが，われわれが住む地球を含めて，多くの星は自転しているので，この引きずり効果は多かれ少なかれある。そして，この効果はニュートン力学では出てこないものであるから，一般相対論の検証として，その観測をすることは有意義なことである。最近になってようやく精度的にめどが付き，地球を回る人工衛星の軌道の微小なずれを観測して，この引きずり効果は確認されつつあるようだ。

さらに，回転する物体が引き起こす時空はなかなかおもしろく，非常に長い円筒を高速で回転させることにより，その円筒を1周することで過去にさかのぼれるという，一種のタイムマシンの案が，1974年にF. ティプラーにより提案されている。リングを回転させて重力発生器をつくろうというのはナンセンスかもしれないが，タイムマシンをつくろうというのならばおもしろいかもしれない。

補注
*1 パリティブックス『間違いだらけの物理概念』(丸善，1993)の「質量概念の落し穴（レフ・オクン著）」がくわしい。
*2 電磁気学の説明をより一般的に行うために特殊相対論は生れたといってもよいのであるから，これは当然だともいえる。マクスウェルの電磁気学は相対論誕生以前から真に相対論的であったといえるだろう。そういう意味では，マクスウェルの電磁気学が正しいとする限り，ローレンツ変換や，ここで説明したような質量の増加や時間の遅れの結論は，アインシュタインが生れていなくても，やはり1905年前後に登場していたに違いない。
*3 ただし，あくまで進行方向に対して横向きに並走して走っている場合である。進行方向に対し前後に離れて移動している電子どうしに働く力は，座標によらず力は同じになる。ただし，進行方向の前後向きはローレンツ収縮による距離の変化などを考慮せねばならず，少々複雑な計算が必要となるが（アインシュタインは縦質量や横質量の概念を使ったりしている），結果的に慣性質量や時間の遅れでの説明とやはり同じ結論になる。
*4 要は，運動量がローレンツ変換によってどのような変換を受けるかという話である。特殊相対論の教科書には必ず載っているので興味がある方は参照してもらいたい。
*5 シンクロトロンのような粒子加速器も，衝突によって生じる運動エネルギーの質量への転化を利用して素粒子をつくり出している。よって本来は，固定されたターゲットに粒子をぶつけるよりも，双方逆向きに加速してぶつけた方が効率がよい。実際，電子と陽電子を逆向きに加速して正面衝突させる加速器も実在している。
*6 ただし，振動するといっても，光速より速く他端に動きが伝わらないのであるから，光の往復と球体の往復が完全に一致するわけではない。球体上を波紋のように動きが伝わることになる。

第10章

幾何光学編

相対論に関する勘違いには相対論以前の段階のものも多くある。光速が有限であるがゆえの見え方のゆがみを見落している人が結構多い。ローレンツ収縮がそのまま"写真に撮れる"と思っている人も少なからずいるのだ[1]。「見える」，「眺める」，「観測する」などの表現が出てきたら注意しよう。

【正しい間違い10-1】
　光速に近い速さで動いている時計を見ると，遅れて見える。

　啓蒙書に限らず，教科書であってもたいていの本にはこう書いてあるし，私自身もこの表現を何度も使ったことがある。しかし，正確にいえばこの表現は間違いである。いつも遅れて"見える"とは限らない。
　解説するのは後にして，とりあえず次のような設問があった場合，あなたはどう答えるだろうか？
「光速の80％で移動する時計がある。これがあなたに向かって直進してくるとき，時計の進み方はどう見えるか？　逆にあなたから遠ざかっていく場合はどう見えるか？」
　光速の80％の場合，ローレンツ変換を考えると，時計は通常の60％しか進まない計算となる。ところが，実際にどう見えるかを考えると話はそれほど単純ではない。
　この時計が8光年向こうからやってくるとしよう。手元に到着するまでに10年かかるが，到着したときの時計は6年しか進んでいない。ここまでは通常の相対論で出てくる話である。問題なのは「手元に到着するまでに10年かかる」という部分

である。観測者は「10年前に時計が出発した」と観測しないのだ。時計が8光年向こうからやってきていることを知るには，その情報が観測者に届かねばならない。もちろん，それには8年かかる。つまり，時計が8光年向こうにあるという映像を実際に見るのは，手元に時計が到着する2年前なのである。

つまり，実際に得られた映像では，2年前に8光年向こうにあった時計が手元にやってきたように見える。その間に時計の時刻は6年進むのであるから，時計は通常の3倍の速さで動いて見えるのである。

遠ざかっていく場合も同様であるが，向きが逆なので結論はまったく違う。手元に時計があるときから10年経つと，時計は8光年向こうに離れている。そのとき，時計の時刻は6年進んでいる。しかし，その情報が観測者に届くのに8年かかるため，観測者は18年後に6年進んだ時計を観測することとなり，時計は通常の1/3の速さで動いて見えることとなる。

つぎに，これをいろいろな場合に当てはめることができるように，一般的に考えてみる。速度vで観測者に向かってくる時計があったとしよう。この時計が静止しているとみる観測者の計る時間の進み方，つまり固有時はt_0であるとする。ローレンツ変換だけで考えると，速度vで動いている時計の時間の進み方は，

$$t = t_0 \sqrt{1-(v/c)^2} \tag{10-1}$$

となる。つまり，観測者の時計がt_0時間過ぎたときに，動いている時計はその間にt時間しか時を刻まない。これが相対論でいうところの時間の遅れである。ところが，いまはこの時計が近づいてきていて，"実際に"時計の針がどう見えるかを考えているので，さらに考察を進めなければならない。

まず最初に時計は，観測者からvt_0の距離を隔てた場所からスタートする。そのときにちょうど0時を指していたとすれば，観測者に到着したときの時計の針はt時を指しているはずだ。そして，時計が本当に出発したのは観測者の時計で計って，到着のt_0時間前なのだが，t_0時間前に出発したという情報は，出発後vt_0/c時間でやってくる。このため観測者が時計の出発を認知するのは，t_0-vt_0/c時間後である。つまり，t_0-vt_0/c時間の間に時計はt時間だけ針を進めるとみる。よって，光がやってくる時間も考慮した時計の針の進み方をTとすれば，

$$T = \left(\frac{t}{t_0 - vt_0/c}\right) t_0 = \sqrt{\frac{c+v}{c-v}}\, t_0 \tag{10-2}$$

となる[*2]。v が正ならば時計が近づくことを示しているのだが，どうみても $T > t_0$ である。つまり，時計が近づいているときは，どんな場合でも時間は進んでいるように見えるのである。ローレンツ変換によって時計が遅れるということは，現実には観測できないことになる。ちなみに，v が負のときは時計が遠ざかることを示していて，このときはローレンツ変換による遅れよりもっと激しく遅れることがわかるであろう。

前述した，光速の80％で移動する時計をこの式に当てはめるには，$v=0.8c$ および $v=-0.8c$ を入れればよいので確認してみてほしい。

このように，実際に"見える"といった場合，それは相対論のローレンツ変換以外に光速が有限であるがゆえの見え方を考慮しなければならない。

いわれてみればしごく当然のことであるが，このことに気づいて「相対論は間違っている」という人もいたりする。たとえば，こちらに向かってくる時計の例では，2年間に8光年の距離を移動する時計を観測するのであるから，単純に考えれば光速の4倍で観測者に近づく時計なのである。そして，このような見かけ上の超光速現象は現実にも観測されている[*3]。

なお，まったく同様の考察が，ローレンツ収縮する物体についての伸び縮みについてもいえることはすでに「ローレンツ収縮編」（第7章）で述べているので参考にしてもらいたい。

【正しい間違い10-2】
高速で移動する宇宙船から宇宙を眺めると，相対論的効果によって星の色が変わるという，いわゆるスターボウが見られる。

スターボウというものを少し簡単に説明しておく。宇宙船が地球から飛び出して移動し始めると，それまで見ていた星々の様子が変わる。その1つに，ドップラー効果によって星の色が変化するという現象がある。前方の星の発する光の振動数が大きくなり，後方の星の発する光の振動数が小さくなるというものだ。ドップラー効果は救急車のサイレンの変化で説明するのが定番であるが，あれと同じである。実際にどれくらい変化するかといえば，真正面と真後ろの変化の式でよいのならばすでに解いている。式(10-2)がそれだ。ここでの時間 t と t_0 を，振動数 ν と ν_0

第10章　幾何光学編　155

に変えればよい。この式は時計の動き方がどう変化して見えるかを示した式であったが, 時計の振り子が速くゆれるようになれば, 光である電磁波の振動数も同様に大きくなるというわけである。

式(10-2)をもっと一般的にして, 真正面から角度 θ 外れた場所からきた光の振動数 ν_0 は,

$$\nu = \frac{\sqrt{1-(v/c)^2}}{1-(v/c)\cos\theta}\nu_0 \qquad (10\text{-}3)$$

と変化することがわかっている。もちろん, $\theta=0$ とすれば式(10-2)と同じになる。そして, この振動数の変化がすべての星に生じることになり, それを色の変化として考えると, 全天がまるで虹のように変化するだろうということでスターボウ(星虹)という名が付いた。

もちろん本当に虹色になるわけではない。そもそも星の色はどれもまちまちなのであるし, 宇宙船の速度によって人間の可視できる振動数からはずれて見えなくなるものもあれば, 逆に見えてくるものもあるだろう[*4]。だから, スターボウというのは, あくまでも比喩的表現である。

このスターボウそのものについては異論はない。もっとも, 科学雑誌などではわかりやすさを追求するためかもしれないが, 本当に前方を青くして, 後方を赤くしたイラストが描かれていたりするのには少し閉口するのではあるが…。

ここで指摘したいのは, これらの現象をすべて何でもかんでも"相対論的効果"の一言でかたづけてしまう本があるということだ。スターボウはたとえ相対論が存在してなかったとしても起こり得るし, 相対論効果は脇役でしかない現象である。

このことは相対論を考慮しないドップラー効果を考えればおのずとわかる。振動数が変化する要因になっているのは, いうまでもなく波源と観測者の相対運動である。ここでは波源…いまの場合は光源であるが, これが運動する場合を考えよう。波源が1つの波を発したあと, 次の波を発するまでに, 前の波を追いかけながら運動する場合は, 波頭の間隔が縮まり, 反対だと間隔が伸びる。よって, ドップラー効果は, 観測者に対して光源が近づいているか遠ざかっているかを考慮して, その比を出すことで定式化される。観測者に対して光源がまっすぐ近づかない場合ならば, 近づく速度成分 $v\cos\theta$ とそれに直行する成分 $v\sin\theta$ とに分けて, 近

づく速度成分のみを考慮すればよい。

式を書けば一目瞭然である。
$$\nu = \frac{c}{c - v\cos\theta}\nu_0 = \frac{1}{1-(v/c)\cos\theta}\nu_0 \tag{10-4}$$

これが，式(10-3)に対する非相対論的ドップラー効果である。何のことはない，$\sqrt{1-(v/c)^2}$ があるかないかの違いだ。これは，光源が発する光のもともとの振動数が，非相対論では ν_0 で，相対論では $\sqrt{1-(v/c)^2}\,\nu_0$ である違いだとすればわかりやすい。相対論では動いている光源の時計は遅れているので，それに対応する分だけ振動数も間延びして小さくなるというわけである。

さて，話をもとに戻そう。この節で述べようとしているのは，スターボウという現象は相対論的効果ということでかたづけるべきではないということである。式(10-3)と式(10-4)の違いでわかるように，相対論的効果は確かに光源の振動数を変化させる効果をもつが，これはすべての光の振動数を"一定の比率で小さくする"という効果である。宇宙船の前方の星か後方の星か無関係である。

たとえば全天の星の色がすべて同じで黄色だったとしたら，相対論的効果で"すべての星の色"がオレンジ色になったというような効果を与えることになる。しかし，この現象をスターボウと表現するかといえば，それはNOだろう。スターボウというのは，宇宙船の前方と後方で星の色があたかも虹色に変わったかのように振動数が変化することを比喩的に述べた言葉であるから，その本質はドップラー効果の方にある。式(10-3)と式(10-4)を使って述べれば，右辺の分子部分ではなく，θ によって変化する分母がその本質であり，ここは相対論的式であろうが非相対論的式であろうが同じなのである。

スターボウを相対論的効果であると述べているか，あるいはそう誤解しても仕方がないような表現をしているのは，単行本よりは，科学雑誌に多く見られる。特に綺麗なイラストで見せようとしている雑誌に多い。

イラストはパッと見てその全体像を把握できるという即効性をもつと同時に，今度はそのイメージが逆に仇となって，本当にそう"見える"と思いこませたり，何が本質であるのかを見誤らせたりするという諸刃の剣である。相対論関係に限らず科学雑誌に掲載されているイラスト類は，すべては本文を補うため特定の一面を強調したものであり，決して実際にそう"見える"わけではないということを肝

に命じておくべきであろう*5。

【正しい間違い10-3】
高速で移動する宇宙船から宇宙を眺めると，相対論的効果によって星が前方に集まる。

【正しい間違い10-2】と似ているが，こちらは間違いとまではいいきれない。星が前方に集まるときの"集まり方"は，まさに特殊相対論の効果が顕著に現れるからだ。それでも，「相対論を考慮しないとこのような効果は生じない」という主張なら間違いだといえるだろう。

動いている観測者から見ると，星が前方に集まって見えるという現象は光行差現象とよばれる。1725年にブラッドレーによって発見された。もちろん相対論はない時代である。それどころか，この年にはまだニュートンは生きていた。

「エーテル編」（第5章）でも紹介したが，光行差現象は，空から降ってくる雨を使って説明されることが多い。風がなければ雨は真上から降るが，その中を観測者が傘をさして走った場合は，傘を前方に傾けねばならないということだ。話としてはこれだけで終わってしまう。

まず，非相対論的な話をしよう。雨が前方から降ってくるように見えるという現象を光に当てはめて考えるだけでよい。たとえば，宇宙船が遠くの星に対して光速と同じ速さで移動しているとする（非相対論的な話なのだから宇宙船の速度は光速の制限を受けることはない）。すると，宇宙船の進行方向に対して真上から降ってくる光は，前方45度上空からやってくることになる。宇宙船上で星を観測する天文学者は望遠鏡を真上ではなく，前方45度に傾けねばならない。

真上からくる光に対して限定すると，実際に観測される光が仰角としていくらになるかを考えれば，

$$\tan\theta = c/v \quad (10\text{-}5)$$

のθで与えられることになる。$v=c$のとき$\tan\theta=1$でθは45度。vが大きくなるにつれて$\tan\theta$は小さくなり，それにつれてθも小さくなる。

つぎに，これに相対論を考慮した場合を考えよう。宇宙船は光速と同じ速さというわけにはいかないが，光速に限りなく近い状況というものを考えることはでき

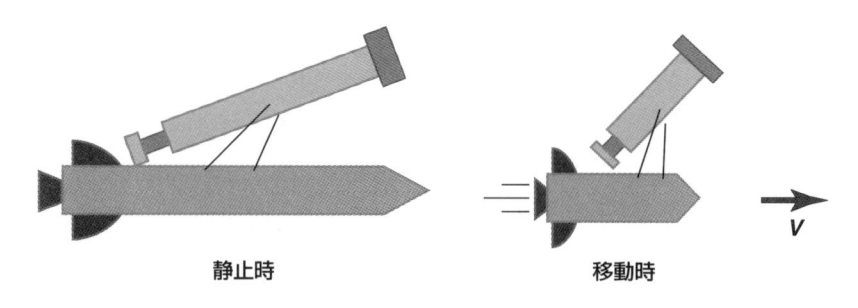

<図1> ローレンツ収縮による角度の変化

静止時　　　　　　　　移動時

る。このとき星からの光はどう見えるかであるが，45度以上に前方に傾いて観測される。光速に近づけば，ついには真正面からくるように観測されることになる。式 (10-5) に対応させて書けば，

$$\tan\theta = (c/v)\sqrt{1-(v/c)^2} \tag{10-6}$$

である。$\sqrt{1-(v/c)^2}$ は $v \to c$ において 0 に近づくから，v が光速に近づけば θ も 0 に近づいていく。よって，宇宙船上で星を観測する天文学者は望遠鏡を真正面近くまで傾けねばならない。

　なぜこの違いが現れるのか？　具体的には，$\sqrt{1-(v/c)^2}$ の違いは何かという話になるが，これは宇宙船のローレンツ収縮分だと説明するのがもっとも納得いく方法ではないかと思われる。

　一度，宇宙船上の観測者の立場を離れて，遠くの星に対して静止している観測者の立場をとってみよう。非相対論的な話では，目の前を光速で通り過ぎていく宇宙船上に設置された望遠鏡は前方45度に傾いている。これで真上からの星の光が観測できる。相対論的な場合に，もしも最初から前方45度に傾けた望遠鏡が設置されていたとしたら，目の前を通り過ぎていくときにはもっと起き上がった角度となる〈図1〉。なぜならば，望遠鏡そのものがローレンツ収縮で前後に縮んでいるからである。つまり，ローレンツ収縮込みで前方45度に傾くように設置されてなければならない。前方45度というのは，前に1進んで上に1進むとできあがる角であるが，もしもローレンツ収縮で前後が半分の長さに縮むことがわかっているならば，あらかじめ前に2進んで上に1進むとできあがる角に設置しておかねばならないと

いうことである。

　少し余談となるが，非相対論で前方45度と観測される光が，相対論を考慮すると真正面からくると観測されるという違いがあるのだから，これを逆に利用して相対論が正しいかどうかを検証することが可能である。

　光速近くまで加速された素粒子が出す光を調べ，その放射角度を見るのだ。現実には電子が物体に衝突したときに出す制動放射光や，加速器内で磁場で曲げられるときに出すシンクロトロン放射光を利用する。電子が低速の場合，光の放射方向は一様であるが，速さが増すにつれて前方にかたよってくる。非相対論的であるならば最大45度しか集まらない[*6]が，相対論的ならばほとんど真正面1点に集中するはずだ。結果はもちろん相対論的効果が現れている。現在ではシンクロトロン放射光は，安定して連続したビーム光を出すものとして利用され，実用の段階にきている。

　このように，相対論的話と非相対論的話では，確かに前方に星が集まる"集まり方"が異なっている。相対論的結論の方がより鋭角に集まることとなる。しかし，ニュートン力学だけを使った話としても光行差の話はできるのだから，星が前方に集まるという話が相対論を必要とする話だとはいいがたい（正確な描写には必要ではあるが）。それにもかかわらず，ニュートン力学ではこのような現象があたかも生じないかのように書かれている本やイラストがあるのはどういうわけであろうか？

　思うに，相対論の登場で，ニュートン力学の立場が変質したためではないかと想像する。相対論からみるとニュートン力学というのは光速無限大の極限の理論である。もしも，光速無限大という条件を付加するならば，ここで述べたような光行差は生じることはなく，星が移動して見えることはない。すなわち，相対論が登場したことで，それまでのニュートン力学とのすみ分けが必要となり，「ニュートン力学＝光速無限大で成り立つ理論」という意識が生れたのではないだろうか。こう考えると，【正しい間違い10-2】で述べたドップラー効果の話も納得がいく。無限大の速度と比べれば，c（=299792458m/s）という数値の速度は，時速50kmの自動車の速度と大差ないことになってしまうのだから。なにしろ相手は無限大なのだ。

　しかし，そうだとしても，「光速の80％で動く観測者が見た世界」などというフレーズで，まわりを眺めたときの色や形の変化を，ニュートン力学では生じず，相

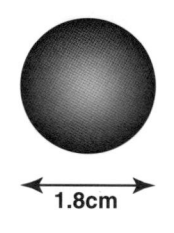

⟨図2⟩ 地球がブラックホールになったら（原寸大！）

対論では生じるとしてしまったらやはり間違いになってしまう。細かいことではあるが注意する必要はあるだろう。

　なお，歴史的な観点からみてニュートン力学において光速が無限大だと信じられていたということはまず考えられない。ガリレイの時代以前ならば，光速を測定する手段がなかったので，有限か無限かはわからない状態だったといえるだろうが，冒頭に述べたように光行差が発見されたのはニュートン存命中であり，これを使ってブラッドレーは光速を逆に算出する手立てに使っているほどである。よって，相対論の登場により，初めてニュートン力学は光速無限大に対応する理論だと認知されたと考えるのが妥当であろう。

　ちなみに，うがった見方をすれば，ニュートン力学で周囲の物体の色や形が変わらないような文やイラストが登場する背景として，正確に描いたら相対論と違いがよくわからなくて"インパクトがない"というのがあるかもしれない。

　"正確だけど難しくて，パッとは違いが理解できない"のがよいか，"見ただけで違いがわかるが，誤解を招きやすい"のがよいか。これは子供の自転車の練習に補助輪を付けるか付けないかみたいなものである。補助輪を付ければすぐに乗り回せるようになるが，それは本来の自転車の乗り方ではなく，変な癖が付いてしまうだろう。かといってまったく付けずに練習させると，最初の一歩がなかなか踏みだせず，練習そのものを放棄してしまうかもしれない。あなたなら我が子の練習に補助輪を使うだろうか？

【正しい間違い10-4】
　ブラックホールはシュバルツシルト半径の大きさをもつ黒い天体として観測される。

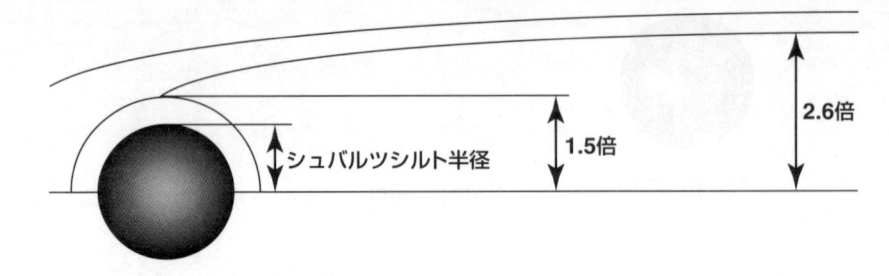

〈図3〉ブラックホールの縁を通る光

　これは結構広まっている間違いではないだろうか？　特に地球の重さのブラックホールが存在しているとすれば，シュバルツシルト半径が9mm程度の大きさになり，単行本でも"原寸大"のものが描ける。これはなかなかインパクトのある図（単に黒く塗った丸なのだが）なので，実際に描いてある本もある〈図2〉。
　これにだまされてはいけない。もっとも，だますつもりで描かれているわけではないだろう。シュバルツシルト半径が9mmであって，図にするとそうなるということは間違いではない。問題はその大きさに"見える"わけではないという点にある。
　ブラックホールがホールである所以は，そこへ光が落っこちると二度と出てこないという現象による。その限界半径がシュバルツシルト半径であり，ここまで落ちると絶対に外には出られない。よって，シュバルツシルト半径で描かれた丸が"真っ黒"であることは確かである。
　ただし，そこから光が出られないということと，観測者に光が届かないということは同義ではない。"真っ黒"という条件は，観測者に光が届かないという条件を満たせばよいことになる。くわしい計算は少し面倒なので[*7]割愛するが，観測者が遠くにいる場合は，だいたいシュバルツシルト半径の2.6倍以上離れた場所を通過するコースを通る光でなければ，光は観測者には届かない。これより内側を通過するように発射された光は，ブラックホールに近づくにつれて軌道が曲がり，最終的にはブラックホールに飲みこまれてしまうのである〈図3〉。
　シュバルツシルト半径というのは，そこから真上に光が発射された場合になんとか出られる限界を表していて，ナナメ上空に発射された光は，たとえシュバルツシルト半径のちょっと外側でも外へは出られない。
　鉛直向きではなくて，ブラックホールの地平線に対して水平に発射された光が

外側へ出られる限界はシュバルツシルト半径の1.5倍である。シュバルツシルト半径の1.5倍の円軌道というのは特徴的で，光を水平に投げてやると，ぐるっと1周して戻ってくるという性質をもつ。少し内側だとら旋を描いて下に落ち，少し外側ならば同様にら旋を描いて外へ脱出することができる。

シュバルツシルト半径の2.6倍というのは，無限遠から光を投げると，近日点ならぬ近ブラックホール点でシュバルツシルト半径の1.5倍の円軌道に近づきつつも，再び外側へ脱出できるギリギリの境界を表している。こう書くと，ブラックホールでクルッと180度方向転換するコースを思い浮かべるが，これだとシュバルツシルト半径の1.5倍まで近づけない。シュバルツシルト半径の1.5倍の少し外側ならばら旋を描いて外へ出られると述べたように，何度か周回して出ていくということになるだろう。そうすると，シュバルツシルト半径の2.6倍の縁の部分というのは，半周してきた光の内側に，1周半，2周半…と，いろいろな経路からの光が混在して見えるはずだ。もっとも，周回違いで光量も違うので，現実にどう見えるかはちょっと想像だけでは無理である。

以上のような理由で，観測者がブラックホールを真っ黒と見る領域とは，シュバルツシルト半径の2.6倍の円ということになる。ただ勘違いしてもらうと困るのは，シュバルツシルト半径の2.6倍の円として見えるといっても，その光はシュバルツシルト半径の1.5倍まで近づいた光である。その光が観測者に届くまでにさらに曲げられて，もっと外側の角度から目に飛び込んでくるから2.6倍の円と見える。これは蜃気楼が浮き上がってみえるのと同じだ。蜃気楼で見える遠くの景色は，決して空中に浮いているものが見えているわけではない。地面にある物体から発せられた光が，途中の気象条件で曲げられ，あたかも空中に浮いているように見えるだけである。であるから，2.6倍の円の縁に見える光景は，実際にシュバルツシルト半径の2.6倍の位置にあるものが見えているわけではなく，1.5倍の位置にあるものが見えていることになる。かなりややこしくなったがおわかりいただけただろうか？

ところが話はこれだけでは終わらない。2.6倍の円というのは，ブラックホールを遠くから見た場合の条件であって，近づけばもっと大きく見える。光がブラックホール近傍で彎曲して観測者に対して外側から来たように届くのだから，その分大きく見えることになる。

極端な例が，シュバルツシルト半径の1.5倍の場所にいる観測者である。ここに

いる観測者が水平線の彼方を望遠鏡でのぞいたとしたら，自分の後頭部がみえるだろう。なにしろ光が1周して戻ってくるのだから，円筒形の鏡の中心に置かれたような状況である。ガマを入れればタラリタラリと汗を流してくれるに違いない。このとき観測者はブラックホールの大きさをどう見るか？　答は無限大である。観測者が見るのは延々と続く真っ黒な壁である。真っ黒な地面といった方がよいかもしれない。これを球の一部だと見なすならば，半径は無限大だ。観測者が少し腰をかがめれば，曲率が逆になってしまう。中華鍋の底にいるような状況だが，この場合のブラックホールの大きさはどう表現してよいのか困る。

　ようするに，シュバルツシルト半径の2.6倍の球というのは絶対的ではない。観測者がブラックホールに近づいた場合，2.6倍の球をそのまま想像して当てはめるわけにはいかない。

　さらに話は続く。いままで観測者は，ブラックホールに対して静止している場合を想定していた。もしも移動していたら，大きさはまた変わる。【正しい間違い10-3】で，移動する宇宙船から星を眺めると前方に星が集まるのと同じく，ブラックホールに近づきつつある観測者は光行差現象によってブラックホールを小さく見る。遠くから自由落下してブラックホールに近づく宇宙船から眺めると，近づきつつあるにもかかわらず，次第に小さくみえるようになったりすることもあるのだ。ある程度近づいて「そろそろヤバイから逆噴射」してもすでに後の祭りで，逆噴射した途端にムクムクと大きくなっていくブラックホールに慌てふためくこともあり得る。当然ながら，ブラックホールに対して離れていく場合は，静止している観測者よりブラックホールを大きく観測することになる。

　このように，ブラックホールの大きさというのは，観測者の状況によってさまざまに変わる。どれが本当だということはいえない。どう見えるかを議論している以上，すべて本当なのである。

　少なくともいえるのは，ブラックホールを"あらゆる光を吸収する黒い天体"程度に認識していては，正確な理解はできないし，当然ながら正確にどう見えるかも描けないのである。ただ，わかっていたとしても正確に描くのは至難の業である。やっぱり半径9mmの丸い円で我慢してもらう方がよいかもしれない。

補注
- *1 実は当のローレンツもそう勘違いしていた。
- *2 この式は相対論的ドップラー効果の式としてよく書かれているが，動いている時計を現実に見た場合の進み方と考えてもよいなどとわざわざ明記しないのが普通だ。
- *3 超新星から広がる光のリングなどがそれだ。くわしくはパリティブックス『間違いだらけの物理概念』(丸善，1993)の「超光速は可能か？(杉本大一郎著)」に書かれている。
- *4 それ以前に，人間の色を見分ける細胞は，暗いところではあまり機能しないので，星の色はあまりわからないのが実情だろう。
- *5 ただ，だからといってイラストレーターを責めるのはもちろん筋違いだ。しかしながら，本文を完全に理解して描かれたイラストは本文を補強してさらに雄弁に語るが，そうでない場合は間違った印象を与えるのだから，責任重大ではある。
- *6 ここでは非相対論的な光をニュートン的粒子と考え，速度の合成ができると考えている。エーテル上を動く波として光を捉えるならば，非相対論的な光はどのような場合でも前方にかたよったりはしない。くわしくは【正しい間違い5-3】を参考にしてほしい。
- *7 ここで述べているのは無限遠からブラックホールへやってくる粒子の重力捕獲の断面積に基づく半径であるが，これら"重力レンズ"の効果が本格的に研究され始めたのは，S. リーブスの1964年の論文からのようである。

第11章

双子のパラドックス編

　相対論にとっての双子のパラドックスは，洋食屋さんにとってのオムレツみたいなものだ。相対論について少しでも興味がある人ならばこのパラドックスは必ず知っていて，あれこれ考えを巡らせたことが1度はあるはずである。事実，この話題に触れていない啓蒙書は皆無といってよかろう。しかし，オムレツに始まり，オムレツに終わるというのと同様に，このパラドックスは奥が深く，相対論のスキルが身につくにつれて新たな見方や解釈を見いだすことができる。逆にいえば，わかったつもりになっていても，どこかの段階で"正しい間違い"をしている可能性が高いのである[1]。

　【正しい間違い11-1】
　　双子のパラドックスの説明には一般相対論が必要である。

　ここにおもしろい事実がある。"双子のパラドックスの説明には一般相対論が必要"と述べられているのは啓蒙書の方だ。相対論の教科書では，そのほとんどが特殊相対論の章で，時空図を使いさらっと説明がなされているだけなのが通例である。啓蒙書で双子のパラドックスに興味をもち，さらに調べたいと教科書をひも解くと，あたかも屋根に昇ったあとでハシゴをはずされたような気持ちになること請け合いである。なにゆえ，こんなことになっているのであろうか？
　まず，双子のパラドックスを簡単におさらいしよう。といっても，パラドックスそのものは実に単純である。双子の兄弟がいて，兄が宇宙船に乗り，遠くの星へと旅をする。相対論的効果により高速で移動する物体の時間は遅れる。そのため，兄はあまり歳をとらず，宇宙船が地球に返ってきたとき，弟の方が兄より歳を

とっていることになる。ところが，兄からみれば，高速で移動するのは弟の方であるから，歳をとっているのは兄の方だと考えることもできる。果たしてどっちが正しいのだろうか…というのが，双子のパラドックスである。

　ちなみに，この双子のパラドックスの生みの親は，ほかならぬアインシュタインである。1か所にとどまっている時計に比べ，任意の閉鎖空間をぐるっと1周して戻ってくる時計の方が遅れるということが，1905年の特殊相対論の論文に定理として述べられている。結論からいえばこの指摘は正しい。双子の兄弟の話に戻れば，歳をとるのはずっと地球にいた弟の方である。さらに，"双子のパラドックスの説明には一般相対論が必要"という間違った考えを定着させたのも，結果的にはアインシュタイン自身といってよいかもしれない。双子のパラドックスについての議論が活発になったとき，アインシュタインはその渦中には加わらず，もっぱら一般相対論の完成に力を入れていた。アインシュタインにとってみれば，双子のパラドックスの問題は枝葉の問題にすぎず，それらの問題も含めすべて説明できる一般相対論に没頭していたのである。そして，一般相対論の完成を待って，その問題に解答を示すことになる。アインシュタインは，より包括的な理論の構築をもって，それまで登場した個々の問題に一気に解答するという方法を好んでいたようだ。しかし，このことが逆に仇になり，双子のパラドックスに一般相対論が必要だという固定観念が広まったようである。もちろん，アインシュタインにその責任を押しつけるのは筋違いであるが，そのまま放置しておくのも問題であろう。

　双子のパラドックスの解決には，さまざまな方法がある。本解説ではそれを5つに分類する。1)折れ線時空図法，2)相互信号受信法，3)同時線法，4)距離観測法，5)一般相対論法である。1から4は特殊相対論の範囲内での説明で，5が一般相対論的説明である。もっとも，4は一般相対論的説明にあと1歩というところである。まずは，一般的な教科書でもっとも多く採用されていると思われる，特殊相対論の範疇での双子のパラドックスの説明から始めよう。

■ 折れ線時空図法

たいていの場合，宇宙船は非常に高性能なエンジンを搭載していることになっており，地球から出発した直後に，ものすごい加速をし，あっという間に最高速度に達することになっている。また，その後の方向転換もあっという間に終わるし，地

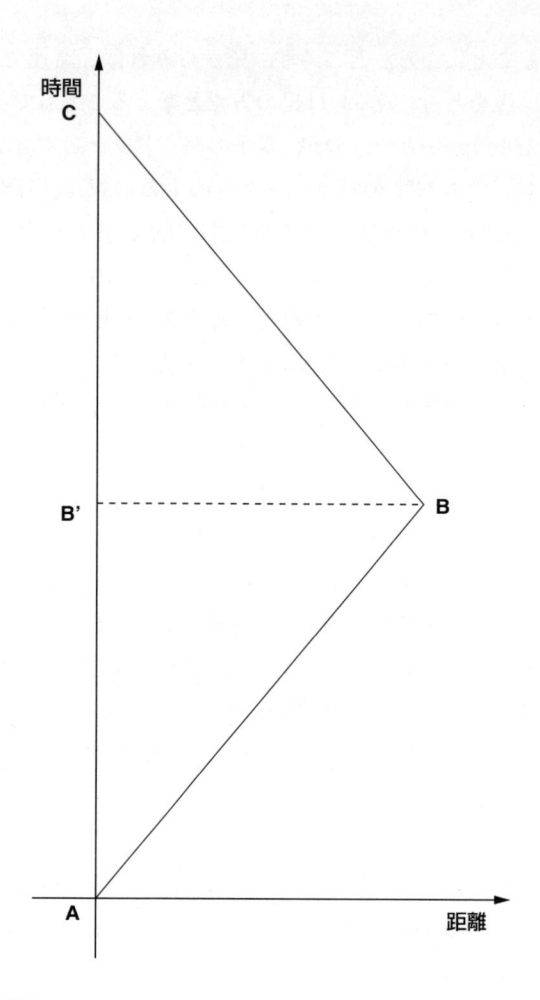

〈図1〉兄弟の軌跡を示した時空図

球に帰ってきたときもその直前で急停止する＊2。もちろん，この急激な加速時に時計が壊れたりということは考えなくてよいものとする。

〈図1〉でみれば，宇宙船に乗っている兄の軌跡はABCであるのに対し，地球上にいる弟は空間的にはまったく動いていないので，その"軌跡"は時間軸上のAB'Cとなる。兄と弟の違いの重要な点は，どちらが動いているかではなく，兄の軌跡は折れ線になっているが，弟の軌跡は直線だという点にある。ほかの慣性系にいる第

三者からみれば，弟が動いていて兄が止まっているとみる状況もあり得るだろう。しかし，第三者が"同一の慣性系にとどまって観測する限り"，弟の速度は最初から最後まで一定であるのに対し，兄の速度は途中で変化する。別の表現をすれば，弟はずっと同一の慣性系にいるのに対し，兄は途中で慣性系を乗り換えるのである。これはどのような慣性系から眺めても同じだ。

　もっとも簡単な説明で済ませている教科書や啓蒙書では，このことに言及し，次のように説明する。AC間を結ぶ，直線で構成された線は無数に考えられる。しかし，弟の立場は折れ線にならない唯一のものであり，それ以外の軌跡は必ずどこかで折れ曲がる。言い換えれば，弟はずっと加速度運動による慣性力を受けることはないが，兄の立場では必ずどこかで慣性力を受ける。このため，兄と弟の立場を入れ替えることはできない。つまり，兄と弟の立場は「完全に相対的」であるということはない。よって，弟の時計がほかのどの立場にいる兄の時計より進んでいるとしても不思議ではなく，本質的な矛盾はないのであってパラドックスにはならない…と。

　この説明だけで納得できる人は，一を聞いて十を理解する人か，あるいは，一を聞いて十を理解した"気になる"人のどちらかである。ある意味，双子のパラドックスの説明はこれだけで必要十分条件を満たしている。すなわち，"時空図上の2点を結ぶあらゆる線のうち一番「長い」のは2点を結ぶ直線であり，それ以外はすべて直線より「短い」"ということである。えっ！　2点を結ぶ直線は，一番「短い」のではないのか？　折れ線を含むそれ以外の線は直線より長いのではないのか？

　これは当然の疑問で，答はもちろん距離の定義による。弟は地球にずっといたのだから，移動した「3次元」空間距離はゼロである。それに対して，宇宙旅行してきた兄は，膨大な空間距離を移動したことになる。ところが，時空図上での「4次元距離」では，弟の道のりが「最長」なのである。それでは最短距離は何かというと，兄が光速で飛び出して，向こうの星で瞬間的に転向して，光速で戻ってきた場合になる。もちろん，兄が質量をもっている限り，本当の光速まで加速することはあり得ない。しかし，光速に無限に近づいた場合を想定してほしい。このとき，折れ線の長さは4次元的には最短となる。

　経過した時間（固有時間）というものは，この4次元的距離に比例する（比例定数は光速の逆数）。つまり，弟の方が長い時間の経過を経験し，兄はそれより短い時

間を経験する。光速で行って帰ってきた兄ならば，4次元距離はゼロだから，時間の経過もゼロなのである。

　この4次元距離を，第8章「一般相対論編」で登場した，平らな時空を表す式(8-8)を使って考える。

平らな時空

$$ds^2 = c^2 dt^2 - dx^2 - dy^2 - dz^2 \tag{8-8}$$

　平らな時空とは，いわゆる大局的な慣性系のことであり，兄も弟も多くの期間この慣性系内にいる。ただし，兄の場合は，発進・転向・帰還のときは加速度運動となるのでこの限りではない。さて，弟の場合を考えると，まったく移動しないのであるから，弟の移動した3次元距離は0，つまり

$$\frac{\sqrt{dx^2 + dy^2 + dz^2}}{dt} = 0$$

よって，

$$ds^2 = c^2 dt^2 \tag{11-1}$$

である。この ds が4次元距離であり，ds/c が固有時間，つまり経過時間である。結局のところ，式(8-8)の右辺のマイナス成分が0であるので，微分線素 ds は最大になる。兄の場合はゼロ"以外"であるので，必ず，微分線素 ds はそれ以下となる。極端な例の"兄が光速で飛び出して転向し戻ってきた場合"においては，

$$\frac{\sqrt{dx^2 + dy^2 + dz^2}}{dt} = c$$

よって，

$$ds^2 = 0 \tag{11-2}$$

となってしまう。空間的に一番短い直線のときに，4次元距離は最大になり，時間の経過が一番長く，それ以外では，4次元距離は短くなり，時間の経過が短い。

　弟の慣性系を基準にし，兄の時計の進み方(固有時間)を τ，速度を v で表せば，

$$d\tau^2 = dt^2 - \frac{dx^2 + dy^2 + dz^2}{c^2} = dt^2 \left(1 - \frac{v^2}{c^2}\right) \tag{11-3}$$

となる。この式はいわゆる，時間の遅れの式そのものだ。ds はどのような慣性系から見ても不変であるということがわかっているので，第三者から見た場合の状況云々という説明を省くこともできる。

式(11-3)では3次元的空間距離の2乗である$dx^2+dy^2+dz^2$に負号が付いていることからわかるように、これが最小、つまり、ゼロのときに固有時間は最大となる。いままでの説明では、兄の時空図上の線（世界線）は、直線から構成される折れ線としたが、曲がっていてもかまわない。つまり、兄がどのような加速、減速運動をしようとも、弟の固有時間が最大、つまり、弟の方が兄より歳をとるという事実に変わりはない。

さて、上述した通り、最初からこの説明だけで必要十分だと"本当に"納得できる人は、すでに双子のパラドックスの本質について十分に理解し、このもっとも簡単でスマートな説明を"再発見"した人である。最終的にはこの説明に戻ってくるのだとしても、われわれはもっといろいろな解釈や説明を体験し、理解し、自らのものにしてからでないと、この説明の必要十分さは理解できないだろう。あとになって「私はそのことをもっと簡単にいえたはずだ[*3]」というためには、さらに双子のパラドックスのほかの切り口からの説明を知る必要がある。そんな思いから、さらに続けて別の説明を紹介しよう。

■ 相互信号受信法

教科書よりも啓蒙書の方に多いと思われる双子のパラドックスの説明に、兄と弟で信号をやり取りする方法のものがある。兄が宇宙船に乗り込み、弟が地球に残るのは同じであるが、2人は再び出会うまでのあいだ、互いに等間隔で相手に信号を送り、なおかつ、相手からの信号を受け取るという通信をする。そして、互いに送った信号の数と、受け取った数とが一致すればパラドックスはないことになる。等間隔で信号を送るということということは、互いに相手を望遠鏡で観察し、相手の腕時計の数字を読むということと同等である。現実には、相手の腕時計の目盛りを読むことができるほど、強力な望遠鏡はない。その代わりに相手が等間隔で送ってくる信号を観察すればよいのだ。

まず、弟から見た兄の時計の動きを考察しよう。兄が速さvで移動している（兄弟が離れる向きが正）と観察する場合、兄の時計は弟の時計と比べ、$\sqrt{1-(v/c)^2}$倍に遅れているはずである。しかし、実際に望遠鏡を使って目で観察する場合、光が弟に届く時間を考慮する必要がある。すでに第10章「幾何光学編」で示したように、光速が有限であるがゆえの光の到着のずれ…すなわち相対論的ドップラー効果

を考慮せねばならないということである．結局のところ，兄の時計の進みを τ, 弟の時計の進みが t だとすれば，

$$T = \sqrt{\frac{c-v}{c+v}}\, t \tag{11-4}$$

となる[*4]．

では，具体的な数値を入れて考えてみよう。兄は地球から6光年離れた星へ旅をし，再び戻ってくるとする。余談であるが，この説明法のほとんどは兄の速度を"仮に"光速の60%としている。理由は簡単で，$v=0.6c$ を採用すれば，

$$\sqrt{1-(v/c)^2} = 0.8, \quad \sqrt{\frac{c-v}{c+v}} = 0.5, \quad \sqrt{\frac{c+v}{c-v}} = 2$$

と非常にスッキリした数になるからだ。もちろんほかの数値を代入しても構わないが，単に計算が煩雑になるだけである。さて，弟から見れば兄は20年かけて往復することになるが，兄の時計の進み方は手元の時計の0.8倍であるため，16年分しか歳をとっていない。つまり，弟の方が4歳だけ余計に歳をとっていることになる。実際に望遠鏡で兄の時計を見ていく場合も，弟は20年かけて，トータルで16年進む兄の時計を観測することになるのだが，その観測記録は，往路10年と復路10年で対称，とはなっていない。弟は前半の16年で，兄の時計が8年進むのを観測し，後半の4年で残りの8年分を観測する。つまり，前半の16年は，兄が遠ざかっていくのを観測しているのであるから，兄の時計の進みは弟の時計の進みの0.5倍になっているように観測される。後半の4年は，兄が近づいてくるのを観測しているのであるから，兄の時計の進みは弟の時計の進みの2倍になっているように観測されるのである。なぜ16年目で切り替わるかといえば，実際は弟の時計で10年目に兄は転向するのだが，転向時に兄弟は6光年だけ離れているので，転向したという映像が弟に届くのに6年かかるのだ。言葉だけで書くとごちゃごちゃしてわかりづらいかもしれないが，グラフにすると実に簡単である〈図2a〉。

では，反対に兄の立場に立ち，弟の時計を観察した場合はどうなるであろうか？兄の立場では，弟の時計の進み方の方が，自分のもつ時計の0.8倍になっている。兄が16年かけて地球に帰ってくると，弟の時計は $16 \times 0.8 = 12.8$ 年しか進んでいないのではないかという疑念が頭をもたげてくる。しかし，実際に弟の時計を望遠鏡で観測し続けることを考えると，兄の16年の旅の間に，弟の時計は20年進むこ

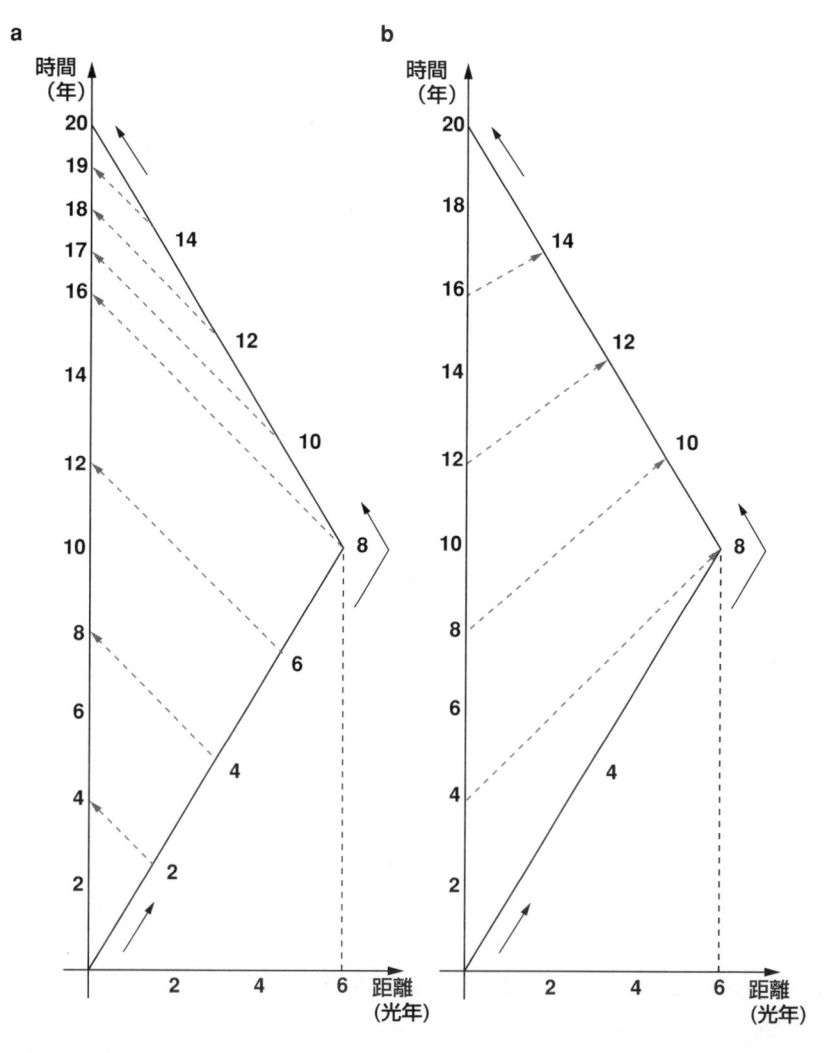

〈図2〉兄弟が相互に受信する信号
a：兄が等間隔で送る信号を弟が受信する。弟は，はじめの16年間は，兄の時計の8年分を観測し，残りの4年間で8年分を観測する。
b：弟が等間隔で送る信号を兄が受け取る。兄ははじめの8年間で弟の時計が4年間進むのを観測する。残りの8年間で弟の16年間分の時計の進みを観測する。

とがわかる。

　まず、兄は前半の8年間で、弟の時計が4年進むのを観測する。ここまでは弟の立場とまったく同じである。違うのはそのあとだ。兄はその直後、ものすごい加速度を感じることとなる。それが終わると、いままで遠ざかりつつあった弟が近づいてくる向きに速度を変えているのに気づき、あらためて弟の時計を見ると、弟の時計は手元の時計の2倍で進み始めているのを観測する。そしてその時計の進み方は、その後の8年間続くため、8年で16年分を観測することになり、トータルで弟の時計は20年進むことになるのである。それを〈図2b〉に示す。

　まとめてみよう。弟から見た兄の時計の進みは、前半16年間に半分の8年進み、後半の4年間に2倍の8年進むことで、トータル16年であった。兄から見た弟の時計の進みは、前半の8年間に半分の4年進み、後半の8年間で2倍の16年進むことで、トータル20年となるわけだ。もっともはっきりとした違いは、時計の進み方の切り替わるターニングポイントの時期だということができる。弟の立場では、ターニングポイントは全過程の真ん中ではなく、かなり後半の方の16年目にある。理由はすでに述べたように、兄が転向したという情報が弟に届くまでにタイムラグがあるからだ。兄の立場では、ターニングポイントは全過程の真ん中にある。兄からみれば、弟との距離がいくらある云々の話とは関係なく、加速度を感じた直後に弟が方向転換をしたのを確認するのである。

　一言でいえば、これはドップラー効果そのものである。遠くで救急車が急激に方向転換をした場合、そのことが音の変化となって観測者に伝わるのには時間がかかる。しかし、観測者自身が急激に移動を開始した場合は、救急車までの距離は無関係に、移動開始直後に音の変化が現れる。これは、「加速度運動編」（第6章）での考察とも絡むのであるが、救急車の方向転換では、観測者にとって変化するのは救急車のみであるが、観測者自身の移動は、観測者"以外の全宇宙"が移動を始めたと認識される。移動開始直後に音の変化が現れるのは、救急車が"そのとき現在"に出した音が変化するのみならず、すでに観測者の耳もとまではるばるやってきた音もひっくるめて、すべての音がドップラー効果で変化するからである。結局は、弟の立場と兄の立場の非対称性に帰依するものなのであるが、弟から見た転向時の変化は、兄の宇宙船"だけ"なのに対し、兄の場合は、弟がいる地球を含めた、兄の乗っている宇宙船"以外の全宇宙"の変化となることをいま一度思い

出していただきたい。

　実際，兄から見る転向前と転向後の映像は劇的に変化する。弟が急に近づき始めたということだけでなく，全宇宙の星々が光行差現象により大きく移動してしまうことの方に，まずは目を奪われるだろう。観測されていたスターボウの色の配置も，前後でまったく入れ代わってしまっていることにも気づく。そして，弟に目を戻すと，あたかも転向前より一時的に急激に遠ざかったかのように小さくなって観測される。このことについては，後に詳述する。

　双子のパラドックスについて，啓蒙書では，上に紹介した2つの解説のどちらか，あるいは両方で，80％はカバーされているという感触を私はもっている。多くの人はこの説明で納得するか，あるいは，これ以上の解説は一般相対論等の"非常に難しい話"を知ってなければダメだと脅かされ，しぶしぶあきらめるかのどちらかなのであろう。そうではなく，特殊相対論的な別の立場での解説もある。それは兄と弟の同時刻についての考察から説明しているものである。それを解説しよう。

■ 同時線法

いま一度，〈図2a〉を見ていただきたい。たとえばここで，弟にとって10年後と"同時刻"の兄の時間はどこになると考えるべきであろうか？　それは図上でまっすぐに横に水平線を引いたときに交わる8年後ということになるだろう（〈図3〉参照）。兄の時計で8年後の映像が弟に届くのは，さらに6年の年月を必要とする。しかし，これは兄弟の間の距離が6光年離れているからである。弟の10年後と兄の8年後は"弟にとってみれば"まぎれもなく同時であるといって差し支えなかろう。他の時間どうしを比べることを考えても，図上でまっすぐに水平線を引いたときに交わった兄の世界線の時刻を採用すればよい。さらにいえば，この水平線というのは，さまざまな場所での同時刻を示す点の集合体である。この線上で交わった別々の現象は，弟にとってみればすべて同時刻に起こった現象だと見なされる。であるから，この線を同時線とよぶことにしよう。

　ただし，この同時線は"弟にとっての"という注釈つきである。相対論では一般に，離れた場所での複数の現象が同時であるかどうかは，どの観測者から見てのものかを特定しなければ答えることができない。ある観測者が見ると同時であっても，別の観測者が見れば，同時ではないことがあり得るからである。では，"兄

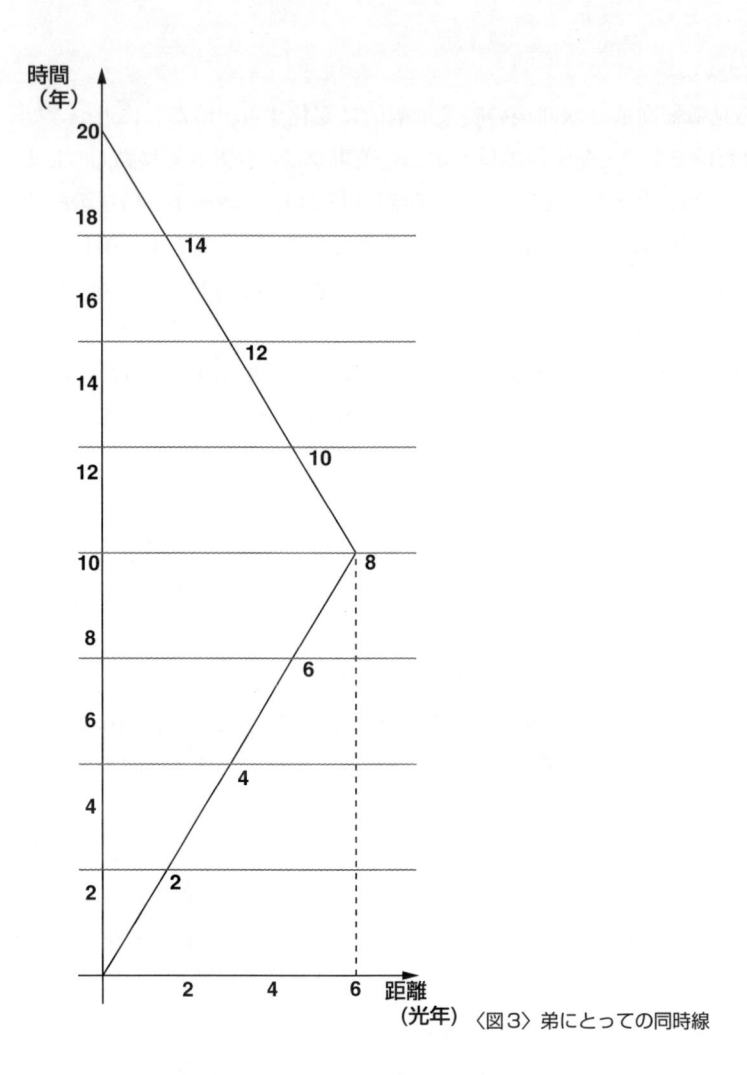

〈図3〉弟にとっての同時線

にとっての"同時線はどうなるだろうか？

　兄は，旅半ばにして方向転換をするため，前半と後半で別々の同時線が必要となる。まず，兄が方向転換直前を考えることにする。〈図2b〉で示したように，兄の時計で8年たったときには，弟の時計はまだ4年を指し示している映像しか届いていない。しかし，これはドップラー効果も加わったためのものであるから，兄の時計で8年たったときの弟の時計は，8×0.8=6.4年後となっているはずである。よ

〈図4〉兄にとっての同時線

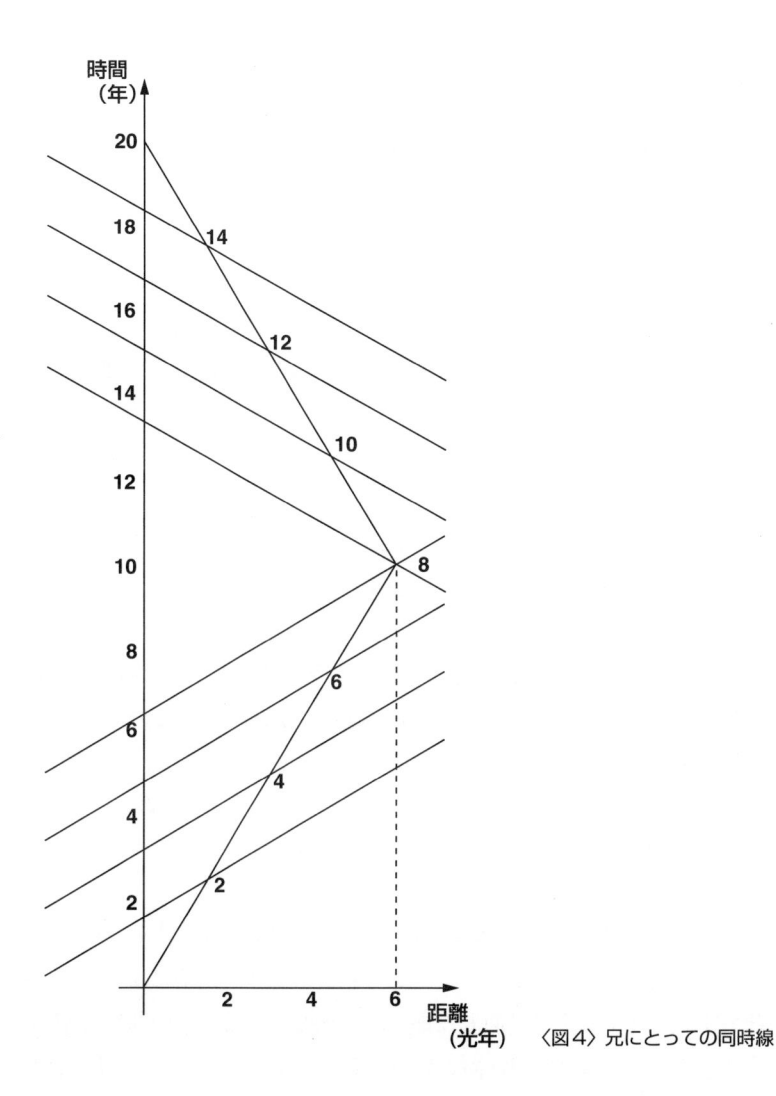

って，兄の8年後と弟の6.4年後の点を線で結べばよい。なお，出発のときの加速を無視するならば，兄の方向転換前の他の同時線は，この線に平行なものとなる。続いて，方向転換後はどうなるかだ。兄にとって転換前と転換後の弟の動きの違いは，遠ざかる動きか近づく動きかの違いとなる。そのため，同時線の傾きが逆転することとなる。弟にとっての同時線〈図3〉と，兄にとっての同時線〈図4〉のグラ

フを示す。

　弟の同時線はともかく，兄の同時線では，兄の8年後に対応する弟の同時刻が，6.4年後と13.6年後の2つあることになる。正確には2つというのではなく，兄の8年後という"一瞬"と同時刻として対応する時刻が，弟の6.4年後から13.6年後までという"期間"になってしまっているのだ。このようなことが生じてしまった原因は，方向転換にかかる時間を無視して"一瞬"としてしまった点にある。実際には方向転換にかかる時間も，ある幅をもった"期間"である。その期間中の任意の"一瞬"に対応する弟の時刻もちゃんと1対1に対応する。そのことを踏まえて〈図4〉を正確に書き直すと，〈図5〉のようになる。

　この図をよく見てみよう。加速運動をする時間を考えたので，当然ながら出発・方向転換・到着時は曲線となっている。これに呼応し，そこから伸びる同時線も傾きが異なっているが，特徴的な方向転換の期間αを中心に考える。兄にとってこの期間はごくわずかであるが，それに対応する弟の期間βは数年に及ぶ。兄から見てもトータルして弟の時間の方が早く進むのは，この期間の差が主な原因だといってもよいだろう。それ以外の期間を考えれば，弟が見た場合に兄の方の時計が遅れているのと同様に，兄から見た場合はやはり弟の方が遅れているのである。つまり，弟から見て弟の20年が兄の16年に対応するように，兄から見て"期間αを除けば"兄の16年は弟の$16 \times 0.8 = 12.8$年に対応する。ただし，"期間αだけ"を考えれば，兄の経過時間はわずかなのに対し，これに対応する弟の経過時間は7.2年にもなるというわけだ。

　さて，この説明法を採用した啓蒙書を検討すると，兄と弟の同時刻についての扱いに微妙な差異が見られることがある。一例を紹介しよう。兄弟にまたがる同時線を考え，〈図5〉に到達するまでは同じである。しかしその後，兄の期間αが弟の期間βに対応するという主張を無意味だと述べているものがある。加速期間中の兄から見て，"今現在"の弟の時計の針はいくらを示しているだろうかと考えることは無意味だというのだ。その根拠として，期間αを貫く同時線がα'点で一点に交わるといったような"異常なこと"が起こっているため，同時刻がどこかということを調べるために同時線をむやみに伸ばすのは問題だという主張である。しかし，この"異常なこと"は実際に観測できる事実であり，すでに第6章「加速度運動編」で紹介したものと直結している。それは，加速中の宇宙船後方にできる"ブラック

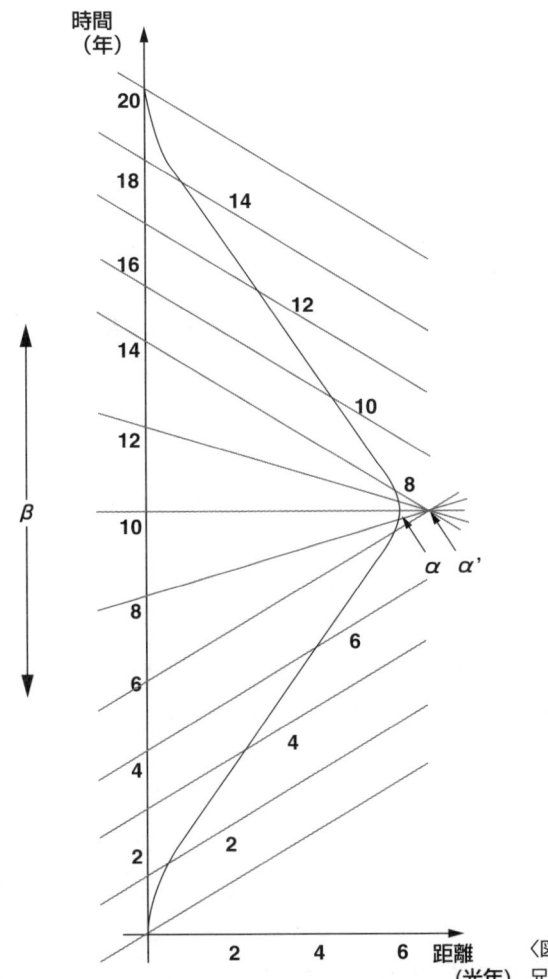

〈図5〉兄の加速，減速時間を考慮した，兄にとっての同時線

ウォール"の存在そのものなのだ。

　今一度，そのときの結論を考察してみよう。加速度 a で加速度運動をしている宇宙船があるとし，その宇宙船の時間が τ_0 で流れているとする。この宇宙船から見て，距離 x_1 だけ離れた場所の時間の流れを τ_1 とすれば，

$$\tau_1 = \left(1 + \frac{a}{c^2} x_1\right) \tau_0 \tag{8-10}$$

となる。宇宙船後方の距離c^2/aの場所を考えると，恒等的に$\tau_1=0$だ。つまり，宇宙船の時間がどれだけ経過しようと，距離c^2/aの場所の時間はまったく経過しない。逆に，宇宙船前方はどうか？ 距離c^2/a前方では，宇宙船内の時間に比べて2倍早く進む。距離$2c^2/a$なら3倍，距離$3c^2/a$なら4倍というふうに，距離に比例して時間の進み方が直線的に変化する。このことを踏まえた上で，今一度，〈図5〉のα'からα，そしてβと続く部分の同時線を眺めてほしい。α'を要として扇状に同時線が広がっているのに気づくはずである。この状況こそが，式(8-10)の意味するところだ。$\alpha\alpha'$間の距離がまさに距離c^2/aであり，扇状に広がる同時線は，距離に比例して時間の進み方が直線的に変化することを如実に表しているのである。

　以上のような考察から，兄から見た弟の時計が急激に進むということは，同時線を使ったこの方法で十分説明可能なものだと思われるがいかがであろうか？ さて，ここまでの説明で読者の中には，扇状に広がる同時線がある場所は方向転換期間だけでなく，出発時と到着時にもあることに気づかれたかもしれない。加速する期間は，最低でもこの3回あるのだから，出発時と到着時も同様な議論ができるはずである。これはもちろん正しいのであるが，この場合は方向転換時と決定的に違う点がある。それは兄弟間の距離である。出発時と到着時は兄弟間の距離は近いため，ここで生じる時間差はほとんど問題にならないのである。いってみれば，扇の要部分から離れれば離れるほど，扇の骨の間隔は広くなるということだ。であるから，逆に出発時と到着時には，これから向かおうとする星の時間が急激に進むことになる。

　さらに，ここで誤解を避けるために一言付け加えておく。"兄から見た弟の時計が急激に進む"というのは，実際に望遠鏡で弟を観察して見える現象ではない。すでに相対論的ドップラー効果を考慮した解説で説明したように，その急激な時計の進みが兄に届くまでの時間や，兄から見た場合の弟の動きも含めて考慮しなければならない。すると最終的には，兄は，最初の8年で4年分の弟の時計の動きを観測し，残り8年で16年分を観測するということになる。くり返しになるが，方向転換期間中に弟の時計がクルクルとせわしなく回るということを，兄が実際にみることはないのである。

　もちろん，この説明だけでは不十分であろう。つぎは，兄と弟の距離の変化を考えた上での説明を試みる。このような説明は教科書でも啓蒙書でもあまり見ら

れないが，まったくないわけではない．

■ 距離観測法

双子のパラドックスに関するもっとも単純な正しい間違いは，次のようなものだ．われわれが扱っているのは，「相対性」理論であり，兄の立場も弟の立場も相対的である．つまり，どちらも同等なのである，だから両者に経過する時間に差などあるはずがない，というものだ．兄と弟の立場が，同等ではないことはすでに何度も述べた．ここでも両者の見る相手の運動という観点で，同じ問題を考えてみよう．弟の座標系で，兄の運動を示したものは〈図1〉である（〈図2〉から〈図5〉まで基本的に同じ）．ところで，兄が静止していると感じる座標系から見た弟の運動はどうだろうか．〈図1〉を左右反転（鏡像）したものが，それであろうか．もしそうならば，兄と弟の立場は完全に相対的である．しかし，兄の見る弟の運動は，弟のみる兄の運動の単なる鏡像ではないのである．

まず，兄の方向転換直前を考えよう．このとき，兄弟間の距離は6光年離れているのだが，これは弟の立場でのものである．「加速度運動編」（第6章）での考察とかなり重なるのだが，兄から見れば弟までの距離はローレンツ収縮により $6 \times 0.8 = 4.8$ 光年に縮んでいることに注意しよう．方向転換直後も同様にローレンツ収縮をしていてやはり距離は4.8光年なのだが，問題はその間である．方向転換するときのちょうど中間には，一瞬かもしれないが，兄弟の相対速度が0になるときがあり，その瞬間は兄弟共にその間隔は6光年だと結論づけるはずである．つまり，兄から見れば，非常に短い間に1.2光年も弟は離れ，その後，再び短い間に再び1.2光年近づき，その後，等速度運動に戻ることになる．

これは，兄の置かれた状況を考えれば理解できる．方向転換が始まったとき，兄は突然自分の乗った宇宙船に慣性力が働くのを感じる．それまで上下の区別がなかった宇宙船内に突然重力が発生し，上下の区別ができる．そしてはるか4.8光年上空に，弟がいる地球が存在していることになる．ここで再び式(8-10)を見てみよう．この式は，兄が乗る宇宙船から見て，距離 x_1 だけ離れた場所での時間の流れを決定する式である．宇宙船に対して上方は時間が早く進み，下方は時間が遅れて進む．下方では時間が静止している壁までが出現する．これによって，この期間の弟の時間が進むわけだが，このことが同時にここで述べたような弟の"急離

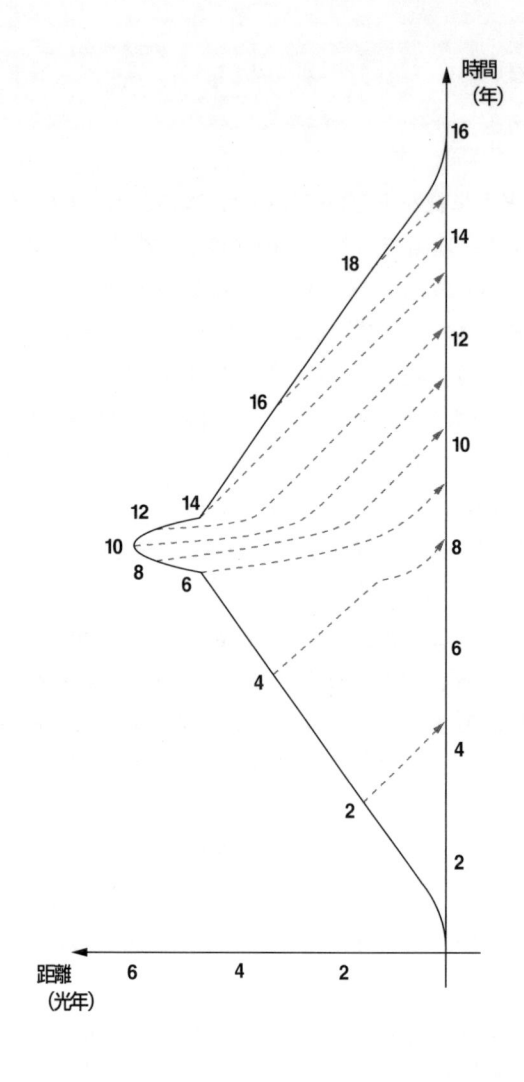

〈図6〉兄が見た弟の軌跡

脱・急接近"の原因にもなっている。時間の進みが早いということは映画のフィルムを早回ししていることと同等であり、そこで動いている人間の映像はスタスタと早足になる。時間の進みが倍になるということは、同時にそこで運動する物体の速度が倍になるということでもある。

　このことを踏まえて、兄から見た場合の弟の軌跡をグラフに描いてみよう〈図6〉。
　兄から見れば方向転換期間中（兄の立場なのだから正確には宇宙空間に"一様重

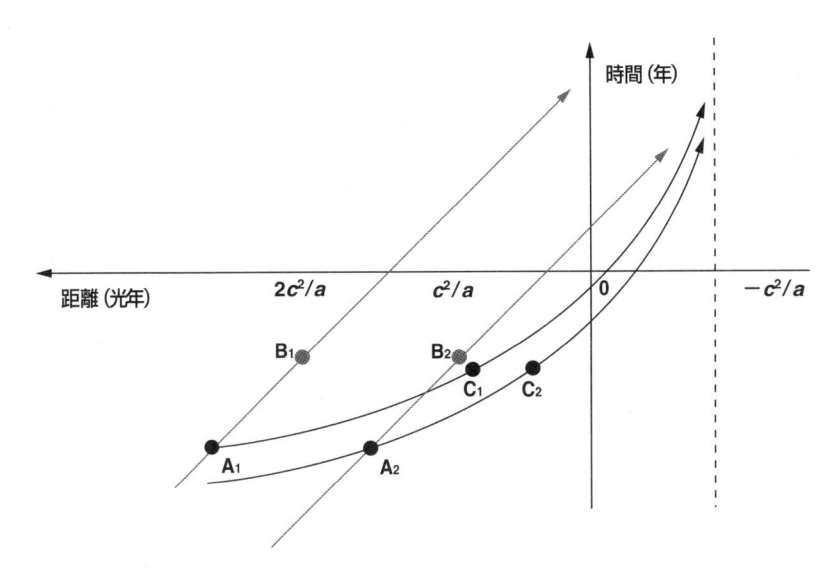

〈図7〉兄から見た光の軌跡

力場"が生じている期間だというべきであるが)の弟は急激に位置を変えるのであるから，グラフとしては凸型にポコッと突起ができた形状になる。このグラフに対応する，弟から見た兄の軌跡は〈図5〉であるので，そちらと見比べてみてほしい。単なる鏡像でないことは明らかであろう。

〈図6〉には弟からやってきた光の軌跡も描いてある。特徴的なのは光の軌跡がある領域では"曲がっている"ということだろう。曲がっている期間は兄の方向転換期間中に限られている。光の軌跡が曲がるのは，この期間，兄からすれば，場所によって光速が変化するからである。それは時間の進み方が上方で早くなり，下方で遅くなるのと同じ理由から生じ，上方の光速は速くなり，下方では遅くなる。この部分だけを拡大したのが，〈図7〉である。

兄は原点0にいて，上方にいる弟の時計から発せられた映像信号を受信する。方向転換期間突入直後にA_1〜A_2にいる映像信号は，あとにはC_1〜C_2に来ているというようなことが起こる。このとき，それぞれの映像信号の間隔が詰まっているのがおわかりだろうか？

もしも兄が慣性系にいたのならば，光速はどこでも一定であり，A_1〜A_2にいる

第11章 双子のパラドックス編　　183

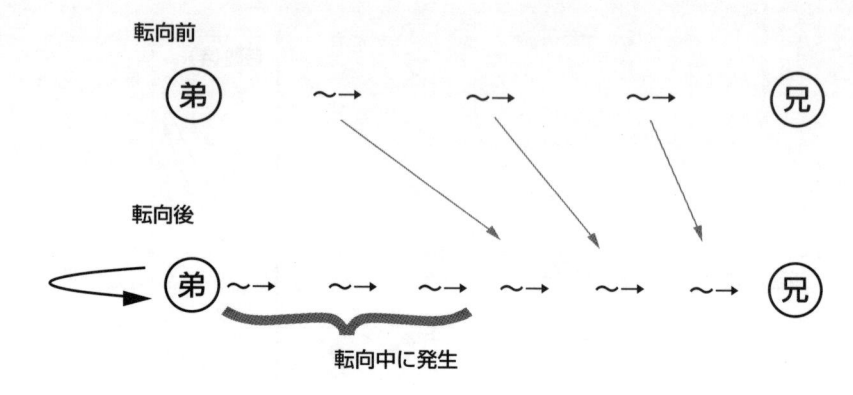

〈図8〉方向転換前後の映像信号の移動

　映像信号は，$B_1 \sim B_2$ に来ていることになる。その場合は，グラフ上の光の軌跡は直線であるし，間隔が縮むことはない。しかし，方向転換期間中では，兄の下方 $-c^2/a$ に光が落下するにつれて速さは0に近づいていく。これが映像信号の"渋滞"の原因である*5。

　ここまで考えてやっと，兄が弟の時計を望遠鏡で見たとき，前半8年で4年分の映像を受け取り，後半の8年で16年分の映像を受け取る理由がわかる。兄の方向転換期間中に弟の時計がクルクルと回るだけでは，そのクルクルと回る映像が"塊のまま"兄に到着することになり，それが実際に観測できるような錯角に陥るだろう。しかし，この塊は，その場所での光速が，兄のいる場所と比べて速くなっていることにより，間隔が広げられてバラバラにされてしまう。すでに弟から飛び出して兄に近づきつつある時計の映像信号（ただし，まだ兄は受け取っていない）は，この方向転換期間中にその間隔が圧縮される。理由は，その映像信号の位置関係にある。弟から発せられた映像信号は，前に出たものほど兄に近づいており，最近発せられた映像信号ほど兄から離れている。そして転向期間中，兄に近い場所ほど光速は遅く，兄から遠い場所ほど光速は速い。このため，映像信号は次第に渋滞を起こすことになる〈図8〉。

　これらの映像信号の移動を，転換前と転換後とで総合すると，最終的に全体として詰まった信号が整列する。その後，兄は整列したその信号を順番に受け取るわけである。

さて，非常に長くなってしまったので，本説のもともとの指摘を忘れてしまっているかもしれない。"双子のパラドックスの説明には一般相対論が必要である"という正しい間違いについて解説するのが目的であった。これまで4通りの説明を試みてみたが，これらはすべて特殊相対論の範疇に収まるものである。後半2通りの説明は加速度運動についての考察も含まれていたが，すでに第6章「加速度運動編」でも述べているように，今回使用した方法は，やはり特殊相対論だけでも説明可能なものである。

■ 一般相対論法

　最後に，一般相対論による双子のパラドックスの解法の概略も説明しておこう。一般相対論的な双子のパラドックスの解法は，兄の加速度運動中に発生する"一様重力場"を定義することから始まる。「一般相対論編」（第8章）から引用すると，等加速度系の時空，すなわち

$$ds^2 = \left(1 + \frac{a}{c^2}x\right)^2 c^2 dt^2 - dx^2 - dy^2 - dz^2 \tag{8-9}$$

である。ただし，出発・到着時の加速度の向きと方向転換時の加速度の向きが違うので，それぞれの加速度を a と $-a$ に区別する必要がある。また，そのほかの期間は慣性飛行であり，$a=0$ だ。兄の立場で考えれば，弟は8年かけて兄からもっとも離れた場所へ行き，その後8年かけて再び戻ってくる。まずは前半の8年について考えてみる。

　8年後，兄弟は出発時と同じようにともに相対速度が0の瞬間が来る。もしもここで兄が宇宙船のエンジン[*6]を切れば，兄弟は6光年隔てて再び同一の慣性系にとどまることになる。このとき，兄から考えても6光年の隔たりがあることが示せれば，パラドックスは存在しないことになる。これを示すには兄の立場で微分線素 ds を積分し，その合計が6光年となればよい。ただし，出発時の加速期間，慣性飛行期間，目的地到着時の減速期間はすべて別々の時空であるので，別々に積分する必要がある。

$$\int_{\text{加速期間}} ds + \int_{\text{慣性飛行期間}} ds + \int_{\text{減速期間}} ds$$
$$= \int_{\text{加速期間}} \sqrt{\left(1 + \frac{a}{c^2}x\right)^2 c^2 - \frac{dx^2}{dt^2}}\, dt + \int_{\text{慣性飛行期間}} \sqrt{c^2 - \frac{dx^2}{dt^2}}\, dt$$
$$+ \int_{\text{減速期間}} \sqrt{\left(1 - \frac{a}{c^2}x\right)^2 c^2 - \frac{dx^2}{dt^2}}\, dt$$

$$= 6 \text{光年} \tag{11-5}$$

ということを示せばよい(yz座標は省略した)。具体的な計算は割愛するが[*7],確かにそうなることがわかる。ただ,いきなりこの説明を最初にしても何のことかさっぱりわからないということにもなりかねない。これまでのさまざまなパターンの説明を踏まえれば,少しはわかっていただけるだろうか? そして,この説明法の慣性飛行期間だけを考慮したのが,一番最初に述べた,「一番長い微分線素dsは$ds=cdt$であり,それ以外はすべてこれより短い」なのである。

さて,一般相対論的説明を付け加えたついでに,この説明も人によってはいろいろな見方があるということを付け加えておく。この説明では,兄の立場で慣性系とは違う"加速度系の時空"を定義し,それを使って解いているのだから"純粋に"一般相対論的な解法だと思われるのだが,この説明さえ特殊相対論の範疇での説明だと述べる人がいるのだ。

一般相対論は,曲がった時空を取り扱うために生れた理論であり,その空間の曲がりはリーマン・テンソルで表され,アインシュタイン方程式には縮約したリッチ・テンソル $R^{\mu\nu}$ が入っている。通常の場合,慣性系では $R^{\mu\nu}=0$ であり,重力場では $R^{\mu\nu} \neq 0$ となっている。特殊な状況の場合,重力場が存在していたとしても $R^{\mu\nu}=0$ が成り立つことがある。実は,宇宙船の加減速によって兄が感じる"一様重力場"も $R^{\mu\nu}=0$ が成り立つ特殊な重力場である。ほかには回転する物体上に乗った観測者が感じる重力場等も $R^{\mu\nu}=0$ が成り立つ重力場だ。これら特殊な重力場の特徴は,座標変換を行うと大局的な空間がすべて慣性系となってしまうという点にある。簡単にいえば,観測者が「えいっ!」と宇宙空間に飛び出せば,その周囲はすべて慣性系となってしまうというような重力場である。たとえば,宇宙船に乗った兄は,加速度運動をする宇宙船から「えいっ!」と飛び降りれば,あとは等速直線運動するのみであり,宇宙全体を慣性系と認識する。加速度運動しているの

〈表1〉時空の分類

	接続係数 Γ	リッチ・テンソル R
慣性系	$\Gamma^{\mu}_{\lambda\nu}=0$	$R^{\mu\nu}=0$
偽の重力場	$\Gamma^{\mu}_{\lambda\nu}\neq 0$	$R^{\mu\nu}=0$
真の重力場	$\Gamma^{\mu}_{\lambda\nu}\neq 0$	$R^{\mu\nu}\neq 0$

は宇宙船"だけ"なのだから当然であろう。これとは別に、地球などがつくる重力場は、「えいっ！」と飛び降りても周囲全体が慣性系になることはない。教科書によっては、この違いを明確に示すため、地球などがつくり出す重力場を"真の重力場"として区別しているものもある。$R^{\mu\nu}=0$か$R^{\mu\nu}\neq 0$かで区別しているといってもよいだろう。

では、"真の重力場"でもなく、かといって"慣性系"でもない、加速する宇宙船がつくるような重力場（仮に"偽の重力場"としておく）はどういう分類になるのだろうか？

これは、一般相対論で登場する接続係数$\Gamma^{\mu}_{\lambda\nu}$がゼロか否かの違いである。$\Gamma^{\mu}_{\lambda\nu}=0$のときは重力はなく、$\Gamma^{\mu}_{\lambda\nu}\neq 0$のとき重力ありである。ただし、$\Gamma^{\mu}_{\lambda\nu}\neq 0$であったとしても、さらに$R^{\mu\nu}=0$か$R^{\mu\nu}\neq 0$の違いがあるわけだ。つまり、〈表1〉のようになるということである。加速度運動系が特殊相対論でも定式化できるのは、リッチ・テンソルが0であり時空が曲がっていないからである。"真の重力場"になると特殊相対論は手も足も出ない。特殊相対論は慣性系のみに通用する理論ではなく、"偽の重力場"ならば扱うことができる。このあたりをはっきり認識していないために誤解が生じることも少なくない。特殊相対論と一般相対論の住み分けは、慣性系を扱うか重力場を扱うかという分類とは微妙に食い違う。"偽の重力場"に関しての扱いが、教科書や啓蒙書によってそれぞれで明確ではない。"偽の重力場"は、あたかも哺乳類であるのに卵を産むカモノハシのようなものなのだ。

上述したような"等加速度系の時空"を定義した説明であっても、それは特殊相対論での説明だとする人の主張の骨子は、兄が経験する重力場は"偽の重力場"であり、どのように座標変換をしたとしても時空が曲がっていないのだから、それは特殊相対論の範疇だというのである。つまり、この主張を採用すれば、双子のパラドックスに関して"どのような説明をしても"、すべて特殊相対論での説明なの

〈表2〉双子のパラドックスの5つの解法

解説名	概略
折れ線時空図法	2点間を結ぶ直線は1つでほかは必ず折れ線だから、ずっと慣性系にいる弟は特別で、それ以外はすべて弟より若くなる。教科書に多い説明。
相互信号受信法	ドップラー効果も考慮して互いに相手を観察すると、相手が転向して見える時期が兄弟で異なっている。この差を考えれば矛盾は解決する。啓蒙書に多い。
同時線法	自分の時刻に対して同時となる相手の時刻を逐一調べる方法。兄の転向時に弟の時計が早く回るのがわかる。納得しやすいが、誤解も多い。
距離観測法	同時線法に加え、同時刻における相手までの距離の変化も考慮した説明。場所による時間の進み方や光速の変化が加わり、一般相対論的説明にあと1歩。
一般相対論法	兄弟それぞれの時空を考え、その世界線の長さを比較するという方法。定量的で完全な解法であるが、概念が難しく、啓蒙書ではほとんどお目にかかれない。

である。私としてはこの主張は少し極端すぎると思う。一般相対論で使われる"数学的手法"を使った説明ならば、一般相対論での説明だと述べてよかろう。

しかし、たとえば、回転する物体の問題を解く場合、特殊相対論では説明できないから、"純粋に"一般相対論的問題であるといわれると、首を傾げたくなる[*8]。第8章「一般相対論編」でも述べたように、アインシュタインは、回転する物体の問題に直面し、曲がった時空を扱う方法を模索し始めた。いわば、一般相対論の第一歩は回転する物体の考察から始まったといってもよいだろう。しかし、このことが回転する物体の問題は特殊相対論では扱えないことを示しているのではない。特殊相対論による等加速度運動の定式化に比べれば、はるかにややこしいのではあるが、理論的にできない代物ではないのだ。

もしもあなたが大学で物理を教えている先生であり、特殊と一般とをどこで分けて教えるかといわれれば、少し悩む問題かもしれない。教科書によっては、最初から一般相対論的な"数学的手法"を使い、その中で慣性系を平坦な特殊な状態のものとして扱っているものもある。その方がスマートだったりもする。啓蒙書の場合はこのような天下り的な方法はほとんど用いないが、そのことがかえって話を複雑にしていることもある。それこそ先生によって、扱いが違うのではないだろうか？

以上，双子のパラドックスの解説として5つを紹介した．まとめると〈表2〉のようになる．

ほぼこれで完全に網羅できたのではないかと思うが，双子のパラドックスは相対論の中でもっとも人気のある話題であるので，中には明らかにおかしいと思われる珍説・奇説の解法もある．以下でその解説の一部を紹介してみよう．

【正しい間違い11-2】
兄は転向時に弟が小さくなっていくのを観測する．このことを説明するには，弟までの距離が遠くなったと考える必要がある．

兄から見た弟の映像を考えてほしい．兄が出発して転向直前までは，弟はしだいに離れていくだけ[*9]であり，特に変わった変化はないが，転向時には劇的に変化する．この変化は弟までの"実際の"距離の変化とは無関係で，光行差現象がその主たる原因である．光行差現象とは，地球の公転によって，星の位置が変わって見えるという現象であるが，星の位置が変わるということは，1つの星について考察すれば，その星の大きさが変化するということでもある．以前，第10章「幾何光学編」でブラックホールの大きさの変化について説明したのであるが，ここでもう少し掘り下げてみよう．

兄の宇宙船が地球から6光年離れ，転向直前に地球を望遠鏡で見たとしよう．兄の地球との相対速度は，前の考察と同じく光速の60%だとする．兄から見れば，弟がいる地球までの"実際の"距離は4.8光年であるが，光行差を考えれば，もう少し近くいるように観測される．言い換えれば，4.8光年向こうに地球があるときに観測される地球の大きさよりも大きく見えるのである．地球の直径は距離が変わっても変化しないのだから，見た目の大きさの変化は距離の変化であると考えるのは自然な発想だろう．では，この距離を具体的に計算するにはどうすればよいだろうか？

まず，見た目の天体の大きさというのは，立体角で表される．天体までの距離を r とし，天球上に占める天体の面積を dS とすれば，立体角 $d\Omega$ は，

$$d\Omega = dS/r^2 \qquad (11\text{-}6)$$

である。たとえば地球から月と太陽を見た場合，この立体角 $d\Omega$ はほぼ同じであり，だからこそ日食のとき，月が太陽にピタリ重なる。もちろんこのことは，月と太陽の大きさが同じということを表しているわけではない。太陽までの距離が月までの距離より非常に大きいために，太陽の大きさが相殺され，みかけの大きさが太陽と月で同じとなるのだ。みかけの大きさからその物体までの距離を推定するということは，実はわれわれはいつもやっていることである。たとえば，写真に双子が写っているとしよう。兄の体が弟より数倍大きく写っているとすれば，われわれは兄が前にいて，弟が後ろにいると認識する。これを絵画に利用したのがいわゆる遠近法だ。逆に，遠近法によってきちんと描かれた絵画ならば，それをコンピュータ処理によってもとの3次元画像にすることもある程度可能である。

　話を地球までの距離の考察に戻そう。まず，兄と地球の相対速度が0の場合を考え，その間の距離を r_0 とし，そのとき，兄が望遠鏡で観測する地球の立体角を $d\Omega_0$ としよう。この立体角の実際の大きさは，地球の半径が概知であるので，式 (11-6) を使えば，計算により求めることができる。よって兄は，地球を観測することで地球までの距離を算出することができる[10]。

　さて問題は，兄が速さ v で移動していた場合（地球から離れる向きを正とする）に，この立体角 $d\Omega_0$ がどう変化するかである。兄は地球から離れるか，あるいは近づくかのどちらかの移動しかしないとすれば，変化後の立体角 $d\Omega_v$ は，

$$d\Omega_v = \frac{c+v}{c-v} d\Omega_0 \tag{11-7}$$

で表される。ここから地球までの距離を算出するのであるが，地球の実際の大きさは変化しないのであるから，式 (11-6) の dS は移動速度がどうであれ変化しない。結局，兄が速さ v で移動していた場合に観測する兄と地球間の距離 r_v は，

$$r_v = \sqrt{\frac{c-v}{c+v}} r_0 \tag{11-8}$$

となる。この形の式はすでに，相対論的ドップラー効果を表すものとして登場しているので覚えている方も多いだろう。ここに具体的な数値を入れてみよう。$r_0 = 6$ 光年，$v = 0.6c$ を代入すれば，兄は，転向する直前の地球を，あたかも距離3光年しか離れていないように観測することになる。

　すでにお気づきの読者の方も多いと思われるが，この結果は，光速が有限であるがゆえの光の到着のずれから考えても説明可能である。というより，兄の立場か

ら考えると，こちらの説明の方が納得しやすい。兄にしてみれば，移動しているのは弟のいる地球の方である。転向直前，兄は地球との距離を4.8光年と算出するが，4.8光年向こうの地球の映像を見てそう思うわけではない。いま現在の地球の映像が兄に届くには，長い距離を光は旅をしてやってこなければならず，瞬時に光が届くわけではないからである。地球までの距離が3光年しか離れていないように兄が観測するのは，3光年離れたときに発せられた光が，3年の歳月をかけてようやく兄に届いたからだ。兄から考えれば，3年の間に地球は$0.6c \times 3$年$=1.8$光年だけさらに離れているはずだと推測する。だからこそ，地球までの距離が3光年だと観測した"瞬間"の実際の距離は，3光年$+1.8$光年$=4.8$光年だと兄は算出するのである。

"兄が移動している場合"において，兄はどの方向から光を受け取るかを考えるのが光行差による説明なのであるから，これは本来，弟の立場によるものである。兄の立場では，兄は静止していて，弟がいる地球の方が動いていると見るべきであるから，ここで述べたような光の到着のずれを使った説明の方がよいだろう。ちなみに，この立場では，3光年向こうの地球が静止していようが移動していようが，それによって地球の占める立体角が変化することはあり得ない[*11]。3年後，兄が受け取る地球の映像は，地球の速度がどうであれ，すべて同じ立体角であるが，そこから推測される"今現在の地球までの距離"は，地球が静止して観測されたか移動して観測されたかで違ってくる。その3年の間に地球がどこまで移動するかは，地球の移動速度で変わってくるからである。

光行差の説明がよいか，あるいは，光の到着のずれの説明がよいかは人によって好みが別れるであろうが，どちらの立場での説明にせよ，式(11-8)に従って，兄は地球の距離を算出すると考えてもよいと思われる。ただ，くどいようであるが，ここで算出された3光年という距離は，"今現在の地球までの距離"ではなく，"過去に"3光年離れた瞬間があって，その映像があとになって兄に届いたと考えるべきだということを強調しておこう。

さて，望遠鏡で地球を観測することによるこの距離測定法を使い，双子のパラドックスを説明しようとする人がいた。兄は，弟までの距離の変化を次のように観察するとしたのである。

まず，兄が宇宙船で旅立ち，兄から見て距離4.8光年の彼方まで地球が遠ざか

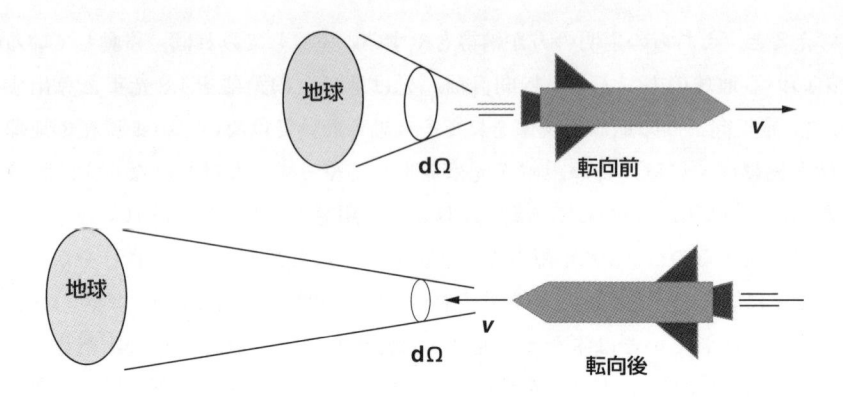

〈図9〉立体角の変化は，地球までの距離の変化か？

ると観測するのは今までと同じである。転向直前に兄は，望遠鏡で見た地球までの距離が3光年だと観測する。むろん，これは今現在の距離を示しているのではないが，地球の大きさから距離を割り出すと3光年になるというわけである。転向時，兄が見る地球は，みるみるうちに小さくなっていく。兄はこれを「地球がどんどん遠くなっていく」と観測する。兄の立場では"そう考える以外にこの現象を説明できない"のである。つまり，弟は兄から3光年離れた後，突如として急激に兄から離れていく。その後，弟は再び兄に近づき始めるのだが，急激に離れた距離のぶんだけ余分に時間がカウントされるのを，兄はその後観測すると考えれば，双子のパラドックスは説明できるとするのだ。あなたはこの説明で納得できるだろうか？〈図9〉

　まず，この説明の大きな欠点は，転向後の地球までの距離である。式(11-8)で考えれば，転向直後の距離は12光年となる。しかし，"過去に"12光年離れた瞬間があったと兄が思うかと考えれば，それはNOであろう。なにしろ，転向直後というのは，兄の時計で考えればまだ8年しかたっていない。12年前はまだ兄弟で地球にいたのであり，そのときの映像が望遠鏡から見えるわけではないのだ。兄が望遠鏡で見る地球の映像は，地球の大きさは短期間に劇的に変化するのであるが，転向前と後でその中身にはほとんど変化がないのである。

　また，この説明にはもっと致命的な欠陥がある。もし，本当に弟が"距離が3光年離れた後，急激に12光年離れた"としても，兄が見る映像は"距離が3光年離

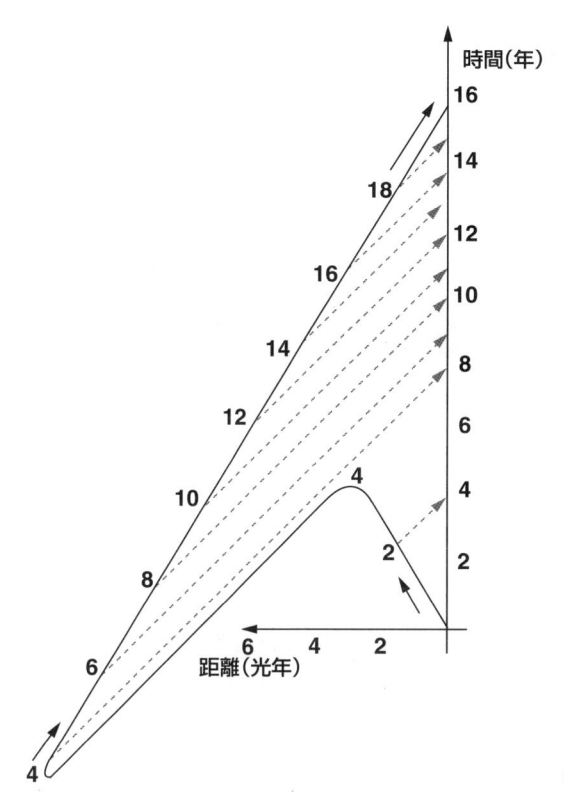

〈図10〉弟はタイムマシンに乗った？

れた後，急激に12光年離れた"ものにはならないのである。3光年と12光年では間に9光年の空間がある。当然ながら，この空間を光が横断するには9年かかる。よって，弟が"距離が3光年離れた後，急激に12光年離れた"ときに兄が見る映像は，"距離が3光年離れた後，9年間かけて12光年離れた"というものになってしまう。逆を考えよう。兄が見る映像が"距離が3光年離れた後，急激に12光年離れた"というものになるためには，弟はどういう運動をしたと考えればよいのか？　これはまことに奇妙なもので，弟は地球とともにタイムマシンに乗る必要がある。弟は兄から3光年離れた直後，タイムマシンに乗って兄から12光年離れた場所に出現する。ただし，出現するのは，9年前でなければならない。9年前に出現するからこそ，間の9光年の空間を埋める時間が生じ，弟がタイムマシンで忽然と消えた"直後に"そこから9光年離れた場所に忽然と表れることになる。言葉だけの説明では

第11章　双子のパラドックス編　193

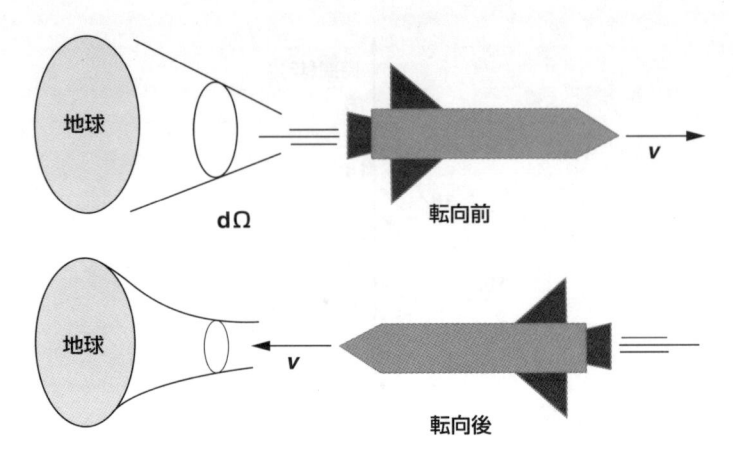

〈図11〉光の曲がりにより立体角が変わる

　ややこしくてクラクラするかもしれないが，これを時空図で描けば一目瞭然である〈図10〉。
　この図でよくわかるのであるが，この解説は，兄が受け取る弟の映像の数が転向前の8年と転向後の8年とで劇的に変わることを，何とか説明しようとして失敗したものだといえる。なにしろ，転向前後で弟から受け取る映像は4倍に増えるのだから，弟の移動距離をどうにかやりくりして4倍にし，この問題を無理矢理解決したものといえるだろう。この図に対応するのが〈図6〉ということになるので見比べてみてほしい。兄が受ける映像については確かに同じだが，それに対する弟の軌跡はまったく違っている。
　さて，このような奇妙な結論に達してしまった直接の原因は，転向時に地球が小さくなるという現象を，地球が遠くなったと解釈した点にあるといえるだろう。では，転向時に地球が小さくなるという現象を，兄はどのように解釈すべきであろうか？
　そのカギとなるのは転向時に宇宙全体に発生する"一様重力場"の作用である。すでに述べたように，この一様重力場により光速が場所によって変化する。一様重力場の上方に浮かんでいる地球からの光は速く，兄に近づくにつれて光速は遅くなる。このような空間をななめに通って兄にやってくる光は，あたかも大気中から水中に光が入っていくのと同等に"屈折"することになる。兄はこの屈折に

より地球が小さく見えるようになったと解釈するわけである〈図11〉。

さて，以上述べたような"地球が遠くなった"という奇妙な説明にはまってしまうのは素人ばかりではない。事実，ネット上でこの解法が紹介されたとき，"地球が遠くなったと考える以外に，地球が小さくなったことを説明できない"と信じ込んでしまった人の中には，一般相対論についてちゃんと理解していた人もいたのである。なぜ，このような落し穴に落ちてしまうのかを考えると，この小さい地球の映像を"遠かったときの地球の映像"と考えるしかない観測者を考えることが可能だからであろう。それも兄に非常に近い立場で…。

その観測者とは，転向後の兄と相対速度ゼロで遠方から地球に近づく観測者である。たとえば，数十光年彼方から地球に向けて光速の60％で近づく観測者がいたとする。彼の顔だちは兄そっくり（ということは弟そっくりでもあるのだが）だとしよう。以後，彼を偽兄とよぶことにする。偽兄はずっと地球を観測し続けながら地球に近づいている。あるとき，偽兄は，自分とそっくりな双子の兄が宇宙船に乗って自分に近づいてくるのを発見する。兄の宇宙船が偽兄の目の前まで迫り，2人は衝突すると思われたその瞬間，兄の急激な逆噴射により，偽兄の前で急停止する。偽兄は兄の乗る宇宙船にドッキングし中に入って2人で地球を眺めることにした。このとき，いまみている地球が，実際の地球までの距離より小さい理由について，兄と偽兄ではその解釈が真っ向から異なることとなる。2人はいまこのとき，同じ場所でなおかつ同じ慣性系にいるというのに，その解釈は全然違うのである。

兄と偽兄の会話は次のようなものになるであろう。

偽兄：「地球が小さくみえるのは，今見ている映像が12年前のものだからだ。地球はその間に $0.6c \times 12$ 年 $= 7.2$ 光年移動しているので，今現在の地球までの距離は，12光年 -7.2 光年 $=4.8$ 光年になっているだろう。」

兄：「いやそうではない。今見ている映像は3年前のものである。しかし，私が経験した"一様重力場"によって，光が曲がり，あたかも望遠鏡を逆さにのぞいたように，遠くなったように見えるだけである。事実，私は，12年前に兄弟で撮った写真をもっている（偽兄に写真を渡す。片隅には確かに12年前の日付が印字されている）。それから，今現在の地球までの距離が4.8光年だというのは私もそう思う。地球は4.8光年離れた後，"一様重力場"中をいっきに6光年まで離れ，その

後，再び 4.8 光年まで近づいて現在に至っている。」

偽兄：「（写真を見ながら）この写真は 12 年前ではなく 15 年前のものだ。地球はわれわれに対して，光速の 60％で移動しているから，時計の進み方が遅くなっている。」

兄：「確かにいまは地球の時計は遅れているが，この写真を撮ったときは 12 年前で間違いない。そして，君がこの写真を『15 年前のもの』という理由もわかっている。私が地球から離れたとき…というより，地球が勝手に"一様重力場"を落下していったのであるが，君はそのとき，はるか彼方をこちらに自由落下してきた。そのときに君の時計がクルクルと回ったのだ。」

その後，いろいろな会話が考えられるが，兄と偽兄の主張の中で，いま現在の地球の位置や時刻については意見が一致していることに注目しよう。このことは，"以後の"地球の映像や弟の年齢などの解釈や説明には相違が出ないということを示している。意見の相違があるのは"過去の"現象についてであるが，その相違についても，互いに"相手がなぜそのように解釈するのか"は説明することができる。たとえば，兄弟が並んで写っている写真が，12 年前のものなのかそうでないのかは，兄と偽兄とで意見が別れるのであるが，なぜ写真に 12 年前の日付けが印字されているかの理由については，どちらの立場でも説明ができる。これは実に重要なことだ。写真に 12 年前の日付けが印字されているという事実は変えようがないが，それを偽兄は 15 年前の写真だという主張を曲げることなく，理論的に説明できるのである。そこに矛盾は生じない。これがもし，兄から見て 12 年前の日付けが印字されたと確認されたものが，偽兄からみると 15 年前の日付けが印字されたと確認されるということならば，実験結果に矛盾が生じることになるが，そうはならないのである。

そろそろまとめてみよう。兄と偽兄の根源的な違いは，偽兄はずっと同じ慣性系にとどまっており，その唯一の慣性系の立場だけ考えればよいが，兄は，ある慣性系から別の慣性系に乗り換えるので，その 2 つの慣性系のどちらも矛盾なく説明できなければならない。このため，偽兄は，地球が小さく見える原因をそのまま素直に遠くの映像だと考えればよいが，兄は以前いた慣性系での解釈も合せて説明する必要がある。そのため，兄は偽兄の主張を退けるのである。もちろん，兄には兄だけが観測できる"一様重力場"中での地球の運動という現象があり，こ

れを考慮すれば，地球が小さく見える原因を矛盾なく説明することができる。

では，少しお遊びをしてみよう。兄がポカをして，転向期間中にグーグーと寝てしまっていたとしよう。朝起きてふと地球を見たら，いきなり小さくなっていてびっくりするということになる。兄は，地球が小さく見える原因となる一番肝心な期間を観測し損ねるのである。そこに偽兄が乗り込んできて，「地球が小さく見えるのは，12光年離れた映像だから…云々」と説明したらどうだろう？　兄はこの解釈にのるだろうか？　いや，兄はこの解釈にはやはり反対するはずである。肝心な期間を寝ていたとしても，就寝前と起床後の弟の映像は"大きさを除き"変化がない。よって，偽兄の解釈を採用すると，前述したように，弟はタイムマシンで9年前に移動するというような奇妙な状況を容認しなければならなくなる。まあそのような解釈を容認するかどうかは兄次第であるが，少なくともこれは相対論による解説ではないので，双子のパラドックスの相対論的解法とはいえない。

では，もう1歩踏み込んでみよう。兄は転向期間中に発生する強烈な重力のショック（？）によって，記憶喪失となり，転向前の記憶をまったくなくしてしまったとする。そこに偽兄が乗り込んできて自説を展開する。今度はどうだろう？　この場合，兄は転向前にいた慣性系の映像を説明する必要がない。そういう意味では，兄の立場は偽兄と同じであるから，偽兄の解釈に異論を唱えることはないだろう。ただ，兄が何気なく手を突っ込んだポケットに，自分と自分そっくりの人が写っている12年前の日付けの入った写真を見つけたとき，それをどう説明するかまでは保証できないが…。

このことをもう少しスケールを拡大して考えてみる。たとえば，地球を含む銀河系から400万光年ほど離れた星雲があると望遠鏡によって観測されたとする。現代天文学の観測機器を駆使し，その星雲は秒速300km程度（光速の1000分の1）で近づいているのがわかったとしよう。すると，天文学者は次のように結論づけるはずである。「いま現在の観測で400万光年離れているように見えるが，これは，400万年前に出た光がやっといま地球に届いたことを示している。いま現在の銀河までの距離は，星雲の速度に変化がないと仮定すれば，4000光年近づいて399.6万光年のはずだ」と。しかし，もしかすると，この星雲は，過去において一度も400万光年以上，われわれの住む銀河系から離れたことがないのかもしれない。たとえば，"ほんの"10万年ほど前に，われわれの住む銀河系の近傍を，銀河系の質量

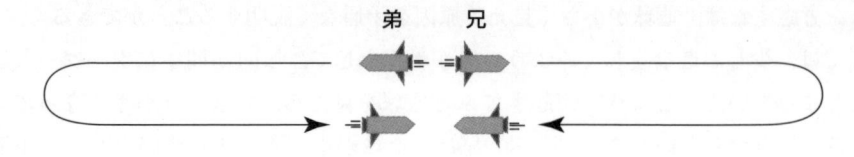

〈図12〉完全に対称な双子のパラドックス

に匹敵する巨大なブラックホールが通過し，それによって399.6万光年離れた星雲に向け"われわれの銀河系の方"が動き始めただけなのかもしれない。つまり，われわれ人類は，記憶喪失になった兄と同様，"ほんの"10万年ほど前の記憶をもたない存在なのかもしれないわけである。

　余談が過ぎてしまったが，以上，双子のパラドックスをわかりやすく説明しようとするあまり，逆に間違えてしまった例を紹介した。ただ，この説明を考えついた人は相対論が間違っているとは思っていない，いわば相対論擁護派である。これとは逆に，双子のパラドックスは本当のパラドックスであり，これこそ相対論が間違っている証拠だとする，いわば相対論反対派による解説もある。どちらかというとこちらの方が数も多く，ちゃんと間違えどころを間違えた"正しい間違い"になっている場合が多い。その例を紹介しよう。

【正しい間違い11-3】
　双子の兄弟が正確にプログラム制御された宇宙船に別々に乗り込み，一直線上を逆方向に往復し，ぴたりもとの場所で出会ったとする〈図12〉。このような完全に対称な場合でも，互いに相手の時計が遅れて観測されるはずであり，双子のパラドックスが生じる。

　この反論は素人が述べているのではなく，相対論は間違っているという自説を通俗書に展開している某大学の工学部教授のものである。双子のパラドックスは，兄は転向するときに重力を感じ，弟は感じないという非対称な現象であるから，矛盾は生じないと説明されることが多い。おそらく，この説明に不満を感じていたのだろう。それならばということで，完全に対称な状況を考え，このような場合でも相手の時計の方が遅れて見えるはずだから，矛盾は決定的だといいたかったよう

である。結論からいえば，このような矛盾は生じ得ない。なぜならば，再び出会った兄弟の時計は互いに同じ時を刻んでいるからである。

　まずは，オーソドックスな双子のパラドックスをいま一度思い出してみよう。弟は地球にとどまり，兄が宇宙船に乗って往復する。弟が見て兄の時計が遅れるのは，まさに特殊相対論で説明されるローレンツ変換による時計の遅れそのものである。兄は途中加速度運動をするが，そのときの計算方法もそれほど変わらない。ある瞬間瞬間の速度による時計の遅れを計算し，あとでそれを集計すればよい。物理的にいえば，積分する手間が1つ増えるだけである。これに対し，兄から見て弟の時計が"進む"のは，加速度運動期間に限られていて，それ以外の期間は弟から見た兄とまったく同じである。弟の時計が進む原因は何度か述べたが，兄が観測する"一様重力場"の上空に弟がいるからである。時計の進み方はその距離に比例して早くなるので，弟の時計は兄から離れれば離れるほど早くなる。このことは，たとえば重力の底にある地球上の時計よりも，人工衛星上の時計の方が早く動くことですでに確かめられている。

　もっとも，話はそれほど単純ではなく，はるか上空の時間の流れが早い場所にいたとしても，そこを弟が高速で移動していたのならば，その速度による時間の遅れも考えねばならない。たとえば，地球の中心から距離r離れた円軌道を速さvで周回する人工衛星と，その軌道上の1点で"ホバリング"して静止している宇宙船とを考えてみよう。"ホバリング"している宇宙船の時計の進み方τ_0は，一般相対性理論の教科書にはまず間違いなく載っている，星による時間の遅れそのもので，無限遠の時間の進み方tと比べれば，

$$\tau_0 = \sqrt{1 - r_g/r}\ t$$
r_gはシュバルツシルト半径 　　　　　　　　　　　　　　　　　　　　(11-9)

となる。これに比べ，円軌道を周回する人工衛星の時間の進み方τ_vは，

$$\tau_v = \sqrt{1 - 3r_g/2r}\ t = \sqrt{1-(v/c)^2}\ \tau_0 \qquad (11\text{-}10)$$

と表すことができる。2つの違いは，まさに速度による時間の遅れの分のみなのである。つまり，同じ高度にいる物体ならば，速ければ速いほど時間は遅れることとなる。しかしそれを考慮しても，人工衛星は地球から離れて上空にあればあるほど時間が進むことが式(11-10)からわかるのだ。

さて，兄から見た弟の場合は，時間の流れが早い上空を，位置と速度を変えながら，上昇・静止・降下するということになり，その計算は多少複雑になるが[*12]，やはり，弟の時間は進んで見えることになる。その加速度運動中の弟の時間の進みを考えると，それに等速移動時の弟の時間の遅れを差し引いても，トータルとして弟の時間の進みの方が兄より勝っており，弟の方が兄より歳をとっていることになるというのが，オーソドックスな双子のパラドックスの解法である。

　今回は，兄も弟もまったく同じ宇宙船で，一直線上を逆方向に往復するという新種の双子のパラドックスであるが，まず違うのは，互いが観測する相手の速度である。兄だけが光速の60％で移動する場合と比べ，互いに光速の60％で離れれば，その相対速度は光速の88％に達する。そうなればそれだけ相手の時間の進み方が遅くなってしまう。もちろんこのことを考慮して，互いに相手との相対速度が光速の60％となるように出発時の宇宙船のエンジンの出力を弱めに調整することはできる。すると今度は，転向期間が短くなり，相手の時計が進む期間が減ってしまう。じゃあ，転向時の宇宙船のエンジンの出力も弱めに調整してはどうか？この場合，期間は同じにできるかもしれないが，そこで感じる重力は弱くなり，相手の時計の進み方が弱まってしまう。どちらにせよ，転向時に相手の時計が進むという作用は減ることになる。

　それと同時に，互いに相手が宇宙船であり，みずからが重力を感じている転向時に"相手もエンジンを噴かせて強制的に転向してくる"という事実も見逃せない。オーソドックスな双子のパラドックスの場合，重力を感じるのは兄だけであり，弟はその重力場中を"自由落下"していたのであるが，今回の場合，弟はエンジンを噴かせて強制的に兄に近づいてくる。このため，弟の時計がもっとも進むべきはずの，"兄より遠く離れ，かつ，兄に対して相対速度が小さい"状況が強制的に減ってしまうのである。

　これらの状況を総合すると，結局のところ，兄から見た場合の弟の時間の進みは相殺され，再び出会ったとき時計の進み方はまったく同じになってしまう。もちろん，今回の設定の場合，まったく対称的であるから，弟から見た兄の場合もまったく同様に議論できる。

　このように，兄と弟が完全に対称な状況の場合，再び出会ったときに互いの時計を比べれば，まったく同じ時を刻んでいることとなる。もともとの間違いは，こ

のような場合でも兄より弟が先に歳をとるというような双子のパラドックスが成り立つと考えた点にあることになる。

さて，このような反論に対し，前出の教授は次のような思考実験を再び提示した。あなたはどこがおかしいかわかるであろうか？

【正しい間違い11-4】
　兄弟が一直線上を逆方向に，自分のもつ時計で計って120分で往復するようにプログラムする。転向期間は59分後から61分後までである。相手の時計が早く進むという転向期間を避けるため，互いに自らがもつ時計を50分で止め，20分後に再び動かせば，出会ったときの互いの時計は100分を示していることになる。しかし，互いに相手の時計が遅れていると観測する期間のみ時計を動かしたのに，互いの時計が同じ時を指しているというのは矛盾である。

少し長いので解説しよう。この教授の意図は，相手の時計が進むとかいう転向期間を含む説明を外したいという点にあった。相手の時計が遅れるという期間だけを採用しようというのである。そうすることで，兄から見れば弟の時計が遅れ，弟からみれば兄の時計が遅れるという本来の双子のパラドックスが示せると考えたわけだ。

互いに相手の時計が遅れている期間だけを選んだのだから，たとえば，再び出会ったときに，兄の時計が100分たっていたのならば，弟の時計は99分を示しているはずだというのである。もちろん，それはそれで，「では，これを弟からみれば，弟の時計が100分で兄の時計が99分を示している」ということにもなり，本来の双子のパラドックスが成立する。つまり，
　(1) 兄100分，弟99分 → 弟からみると，弟100分，兄99分で矛盾
　(2) 弟100分，兄99分 → 兄からみると，兄100分，弟99分で矛盾
　(3) 兄100分，弟100分 → 互いに相手の時計が遅れているという事実に反し，矛盾
と述べたわけである。(1)と(2)がセットで，オーソドックスな双子のパラドックス。(3)が，今回新たに指摘された矛盾ということになる。完全に対称な運動の場合，再び出会ったときの兄と弟の時計がまったく同じになったとしてもやはりおかしいのだと，この教授はいいたいのだ。

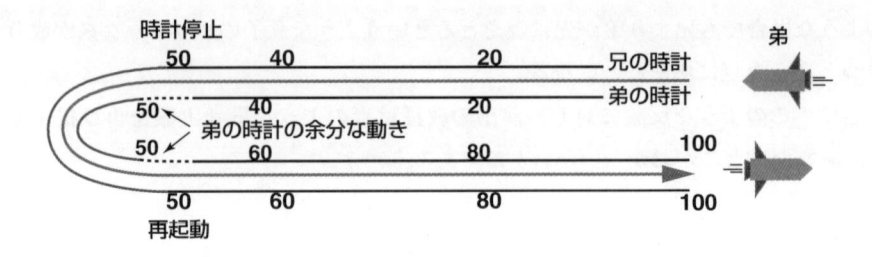

〈図13〉兄が観測する時計の動き

　今までの議論を理解された方なら，この指摘のどこがおかしいかはすぐわかるのではないだろうか？　まず，兄の視点で考えてみよう*13。兄は，最初50分過ぎたとき，自らの時計を止める。少し補足しておくと，その後20分後に再びスイッチを入れねばならないのだから，止めてしまう時計とは別に，20分間を計るタイマーをその瞬間にセットする必要がある。さて，この教授が見落しているのは，兄がスイッチを止めた瞬間，弟の時計はまだ動いているということである。兄からみれば弟の時計は遅れているのだからこれは当然であろう。弟は時間的に遅れて時計を止めることになる。続いて，弟も20分間を計るタイマーを，その瞬間にセットするはずである。すると，弟のタイマーは転向時をはさんで動いていることになり，兄からみれば早くタイマーの時間が切れる。つまり，弟の時計が再び動き出すのは，今度は逆に兄より早いのである。

　これでおわかりだと思うが，この思考実験の設定では，兄は弟の時計の方が"長く動いている"ことを知る。しかし，"時計そのものの動きは遅れている"ため，結局どちらの時計も100分だけ時を刻んで再び出会うのである〈図13〉。

　なお，余談であるが，これに続くさらなる反論があったことを付け加えておこう。

　この教授の主張では，兄から見た場合，自分の時計が50分のとき，相手の時計は49分過ぎを指しているとする。ここまではよいだろう。問題はそのあとである。弟はその49分過ぎを指しているそのとき，"時計を止める"はずだというのである。つまり，弟の立場では，弟は時計が50分になった瞬間に自らの時計を止めるのにもかかわらず，兄からみると，弟は49分過ぎを時計が指した瞬間に，自らの時計を止めるというのが"相対論の主張"だというのだ。

　第2章「同時の相対性編」ですでに説明したものと同等な勘違いをこの教授はし

ているのだが*14，写真で撮れるような観測事実が，観測者によって異なって見えるというような，どう考えてもあり得そうもないことを相対論が述べていると今まで信じて反論していたということ自身が，すでに異常なことのように思われるのだが，いかがであろうか？

　以上，双子のパラドックスに関した正しい間違いの，ごく一部を紹介した．人気がある話題だけに，それこそ山のように奇妙な説が転がっていて，とてもすべてを紹介しきれないというのが実情である．しかし，それは悪いことばかりではない．これら双子のパラドックスの間違った解説を論破することが，双子のパラドックスの正しい理解の一番の近道ではないかとさえ思えるのである．これらの説を他山の石とし，みずからの技量で消化できる力を付けてほしい．

補注
*1 入り口は単純だが，その解法は一筋縄ではいかないからこそ，興味をもつ人が絶えないともいえる．数学でいえば"フェルマーの最終定理"のようなものだろうか？
*2 これは加速度運動の時間を無視するための配慮であるが，このような説明があまりにも多いために，特殊相対論では加速度運動は扱えないという誤解の温床にもなっている．第6章「加速度運動編」でも述べたように，実は加速度運動を考慮しても特殊相対論の範疇で説明可能である．くわしくは後述．
*3 この言葉は，アインシュタインが1905年の特殊相対論の論文を，（競売にかけてそのお金を寄付するために）1943年になってもう一度手書きで書き直したときに発せられたものである．
*4 導出は「幾何光学編」（第10章）を参照．
*5 兄が加速度運動をしているときに対応した，曲がっている光の世界線（A-C線）の傾きが，慣性系に対応した直線の世界線（A-B線）の傾きと一致している場所が1点だけある．それは，兄からの距離がゼロを表す縦軸上（時間軸上）である．
*6 このエンジンは，弟から見ると，兄の乗る宇宙船を加速させるための装置であるが，兄からみれば宇宙空間全体に"一様重力場"を発生させるための装置である．
*7 実は，第6章「加速度運動編」でその一端は計算済みである．余力があれば挑戦してもらいたい．
*8 このように書かれている啓蒙書の類いは多い．
*9 ただし，ずっと離れていく映像をみるわけではなく，兄が等加速度運動をしているかぎり，一定距離以上離れた弟をみることはない．第6章「加速度運動編」を参照のこと．
*10 もっとも，数光年離れてしまうと，地球はおろか，太陽でさえその大きさを普通の望遠鏡で直接測定するのは分解能的に不可能で，恒星干渉計を使うなどしなければならないだろう．ここではあくまで原理的な話だと思っていただきたい．
*11 もっとも，その色は速度によりドップラー効果で変化することにはなるが．
*12 人工衛星の例でも，軌道がだ円軌道であったりすると同様な難しさがあるのは想像できるであろう．
*13 といっても，完全に対称な状況なので，弟の視点でもまったく同じ議論をすることはできる．
*14 第2章「同時の相対性編」で述べたような思考実験をしてみよう．弟が止める時計には爆弾が仕掛けられていて，50分ピタリでストップさせると爆発するとしよう．すると，弟の立場では爆発し，ボロボロになって兄に再会することになるが，兄の立場では爆発せずにピンピンで弟に再会することになる．このようなことがあり得ないことは自明であろう．

第12章

科学的方法論編

　これまで相対論に関する具体的な勘違いや誤解の事例を示し，それらに対する解説を試みてきた。しかし，すべての間違いを取り上げることは不可能であるし，たとえそれができたとしても，間違える人がいなくなるとは思えない。人は考えればどこかで必ず間違える生きものなのである。結局のところ，われわれは自らの間違いを自らで発見し，修正できる能力を身に付けることこそが本当に必要なのであり，必ずしも正しい理解に初めから到達する必要はない。"正しい間違いをしない"ことが重要なのではなく，"正しい間違いを正しく認識する"ことが重要なのだ。

　【正しい間違い12-1】
　　相対論が正しいとする説は正しく，間違いだとする説は間違っている。

　今まで述べてきた解説を見返していただければすでにおわかりであろう。われわれは相対論に賛成しているか反対しているかということを直接は問題にしていない。そもそも，ある理論を正しく理解しているか否かということと，それに賛成しているか反対しているかということはまったく別な概念であり，この異なる概念はしばしば"ねじれ"を引き起こしている。ある理論を正しく理解していたとしても，それに反対している場合もあるのだ。
　象徴的な例をあげよう。1926年シュレーディンガーは，電子の波動性を表す式として有名な波動方程式を発表した。その後，マックス・ボルンはこの波動方程式を，原子核に電子をぶつける実験などの考察から，電子の位置を示す"確率の波"を表していると述べるのだが，シュレーディンガーはこの主張には最後まで反対した。「こんな論争に巻き込まれるのならば，波動方程式など発見しなかっ

た！」とまで述べているほどである。箱に閉じこめられた猫が，半分生きていて半分死んでいるという有名なシュレーディンガーの猫の思考実験は，波動方程式の確率的解釈がいかにおかしい結論を引き出すかを示したものだということができる。しかし，このことは，シュレーディンガーが波動方程式の意味するところや，その実験事実を理解していなかったことを示しているのではもちろんない。波動方程式が正しいとしたときに観測されるべき事実が，自らの思想信条と合致しなかっただけである。つまり，ある理論を正しく理解できる能力をもっているかどうかということと，それが自らの思想信条に合うかどうかは互いに独立な概念であり，必ずしも一致していないということだ。

　相対論に関しても同様な事例が存在する。たとえば，『「相対論」はやはり間違っていた』（徳間書店）という本がある。中には大学の教授を筆頭に多数の"反相対論者"が名を連ねているのであるが，その中に1人だけ相対論を正しく理解したうえで反論している人がいる[*1]。これは，現在の一般相対論が抱える問題をちゃんと述べていてなかなかおもしろい。"相対論は間違っている"という思想信条だからといって，相対論の理解が間違っているとは限らないのである。

　さて，独立の概念が2つあるのだから，逆の"ねじれ"も存在する。すなわち，相対論に賛成しているのだが，実は正しく理解しておらず，間違った結論を導いている例である。もっとも多いと思われるのは，同時の相対性に関するものだろう。つまり，「列車上の観測者が，左右から同時に光を受け取ったとしても，ホームから見ると，列車上の観測者には同時に光が届いていない」といった間違った理解が意外に多い。さすがに啓蒙書の類では少なくなったが，いまだにインターネット上などを探せば，いくつも見ることができる。丁寧な動画付きの場合もある。もちろん，彼らは相対論に反対しているのではなく正しいと思っており，相対論をやさしく解説しようと試みている場合が多い。いわば善意の人である。しかし，残念ながらわれわれはそれを容認することはできない。われわれは，相対論に賛成しているか反対しているかではなく，相対論を正しく説明しているか否かに注目し，間違っていた場合について反論を試みているのである。

　どちらかといえば，相対論に反対し，かつ，間違った説明をしている場合より，相対論に賛成していながら，かつ，間違った説明をしている場合の方が被害が大きいのではないかとさえ思える。最終的な結論が正しいだけに，途中経過も正し

第12章　科学的方法論編

いだろうと気を抜いてしまうのである。その点，相対論に反対している場合は，現在の主流的理論に反論しているわけであるから，些細なミスも見逃さないよう吟味されるであろう。

そもそも，それまでの定説を覆して登場した新理論は，当初は異端の理論として必ずこのような"洗礼"を受けるものである。ニュートンが万有引力による力学を発表したとき，ホイヘンスは引力というような遠隔作用の力を馬鹿げていると退けたし[*2]，物質が原子や分子でできているという説も，ほんの100年ほど前にマッハやオストワルトが痛烈に批判している。

相対論も例外ではない。それどころか，相対論ほど科学的にも，そして本来無関係であるはずの政治的にも批判にさらされた理論はないのではないかとさえ思えるのである。逆に，さまざまな抵抗や悪意に満ちた批判にもかかわらず，相対論が生き残ったのはなぜかを考えれば，それが科学的に正しく，観測事実に合うからにほかならないのだ。

【正しい間違い12-2】
相対論に反する理論は迫害される。

いわゆる"相対論は間違っている"と主張をする人の多くが，このような意識をもっているようである。結論からいえば，このようなことはあり得ない。実際に一般相対論ではない重力理論は多数あり，いろいろな立場から検討され，分け隔てなく観察や実験にかけられているのである。

そもそも，科学理論というのは，どのような場所で発表され，どのような方法で審査され，どのような経過で認知されていくのであろうか？

まず，発表の場であるが，これは数多くある学会がその場ということになる。物理なら物理学会があり，発表された論文はさまざまな科学雑誌に載り，世に出ていく。積極的な研究者ならば，論文の別刷りを関係しそうな各関係機関に送付するだろう。また，物理法則などの研究は，当然ながら1国だけで完結するものではないから，全世界に発信せねば，本当の発表にはなり得ない。別々の国の研究者が共同で研究することも多いし，逆にライバルとなる研究者も全世界にいて，新発見や新理論の先陣争いはグローバルに行われることとなる。この場合，論文

に使われる公用語は英語となる。もっとも，ヨーロッパでは，フランス語やドイツ語の論文がそのまま出回ることも多かった[*3]が，日本を含む，いわゆる"2バイト文字"の国の言語はローカルな言語であり，全世界に発信するためにはやはり英語で書かれていなければならない。湯川秀樹の中間子理論も，発表の場は日本数学物理学会の常会（1934年11月17日）というローカルな場だったのだが，タイトルは「On the Interaction of Elementary Particles」であり，もちろん論文の中身もすべて英語だった。その後，中間子らしき粒子が見つかったとしてイギリスに論文を投稿したが返却されたり，ボーア来日時に中間子論を説明し，「君はそんなに新粒子が好きなのか」といわれて相手にされなかったりもしたが，アメリカと日本の宇宙線の観測により中間子らしきものが見つかったとたん，注目され始めたというのが，まあ現金なものだというか，いかにもである。ともかく，もしこれが日本語で書かれていただけであったら，海外で注目されることはなかったであろう。

なお，学会発表だけしてもそれは一過性のものだから，論文として残すことが肝要である。たとえば，南極のオゾンホールを発見し，1984年に最初に学会発表したのは，日本の忠鉢 繁であったのだが，1985年にネイチャーに論文として発表したのはイギリスのファーマンが最初であった。ということで，以後引用されるのはファーマンの論文ということになる。文章で残し，世界の人の目に触れるところに置くというのは重要なことだ。

続いて，論文の審査方法であるが，これは各学会で区々であり無審査のものもある。たいていは論文のチェックをするレフェリーが1人ないし2人いて審査をする。レフェリーといっても特別な人ではなく，いわば"同業者"であり，審査の内容自身も明らかなミスや勘違いを指摘するだけと思えばよい。もちろん，レフェリーも人の子であるから，あまりに先進的な論文の場合はその意義を理解できなかったり，間違ったものとしてリジェクトされたりする。若き数学者アーベルが書いた論文を，レフェリーであるコーシーがその重要性に気づかずにお蔵入りさせてしまい，ルジャンドルにより"再発見"されたときはすでにアーベルは亡くなっていたという不幸もあった。最近では，佐藤勝彦がインフレーションモデルを提唱したとき，レフェリーから「式の変換を間違えたためこのような結論になったのではないか？」と差し戻しの憂き目にあったという。

このように，レフェリーによる審査というのも完全ではないが，論文の発表者

はレフェリーと討論し納得してもらうか，あるいは争点を洗い出し修正して再度送るか，いざとなれば別の雑誌に投稿するなどの道が残されている。さらに，前述した通り，レフェリーがチェックするのは現在の定説に合っているかどうかではなく，単純にミスがあるかないかである。簡単にいえば，次の3点さえ満足していればよい。

(1) オリジナル原稿であるか？
(2) 論理的，数学的に無矛盾であるか？
(3) 現在までの実験に合うか？

(1)は当然といえば当然であるが，膨大な論文の中からそれがオリジナルかどうかを見極めるのは難しい。だからこそ，レフェリーが"同業者"である必要があるのだ。最近では，ローゼンがアインシュタイン方程式の厳密解を発見したとして書かれた論文が，60年前に書かれたことのある解と同じだったということで話題になったりもした[*4]。もっとも(1)の条件は，同じ研究をくり返すという無駄を省くという意味をもっており，まず研究者自身があらかじめ調べるべきことがらである。

(2)は理論が理論として成立しているかどうかの最低条件である。前述した佐藤勝彦のインフレーションモデルに対するレフェリーの差し戻しはこの条件による。ただし，この場合はレフェリーの方がミスを犯しており，このような場合は何度か説明した後，レフェリーが謝罪して論文が載ることとなる。この条件では，"互いに"矛盾する論文が掲載されることもあり得る。個々の論文で論理的，数学的に無矛盾だったとしても，互いの論文が"互いに"成り立たないことはいくらでもあるのだ。

(3)は自然科学に特有な条件だということができるだろう。もしも数学であれば，論文がオリジナルであり，かつ，数学的に無矛盾ならばそれでOKである[*5]。しかし自然科学であれば，(3)の条件に適合しなければまったくダメである。ニュートン力学と相対論はともに論理的，数学的には無矛盾であるが，この"ふるい"によって相対論に軍配が上がったのである。しかしこの条件は，技術が進歩するにつれてより厳しいものになり，そのつど検証されることとなる。よって，(1),(2),(3)をクリアし，苦労して論文を世に送り出したにもかかわらず，その直後にその論文が無価値になってしまうことすらある。

少し特異な例をあげよう。1987年，われわれの銀河のお隣にある大マゼラン星雲に超新星が現れた。SN1987Aと名づけられたその星は，まさに宇宙の実験場であり，これに関するたくさんの論文が乱れ飛ぶこととなる。2年後，SN1987Aはパルサーとして X 線を放出し始める。理論的には，周囲のガスが晴れた4〜5年後に観測されるだろうと思われていて，かなり早いということも話題となったが，もっと大きな問題があった。その回転が異常に速く，1秒間に1969回も回転していたのである。過去に発見されていた一番速いパルサーでも1秒間に600回程度だったのにだ。それまでパルサーは，中性子星の回転だと理論づけられていたのだが，これだけ速くなるとたとえ中性子星だとしても，遠心力によってバラバラにされてしまうのである。そこで，中性子よりももっと密度の高い物質で星がつくられていると考えられたが，だからといってブラックホールになってしまってはパルサーにはならない。結局，中性子を構成するクォーク物質——その中でもストレンジクォークの塊ではないかと推察されるに至る。いわば，クォーク星だというのだ。クォークは核子の中に閉じこめられて決して表に出ないものであるが，それが重力に押しつぶされて星というマクロなものになっているというのである。もちろん，これにもっとも早く反応したのは核子やクォークの研究者だ。それまで考えてもみなかった研究分野が広がったのである。彼らは張り切って研究を始めたのだが，それは突然終わることとなる。そもそもの1秒間に1969回転という観測結果自身が測定ミスだったことがわかったのだ！　1年もの間，この観測結果に振り回された研究者にはまことに申し訳ないが，この事件は，理論屋はどんなにおかしいと思われる観測結果であったとしても，それが"事実だと認識された以上"それを説明する理論を構築することに全力を尽くすことを如実に示しているといえるのではあるまいか？　この場合は早とちりであったのだが，このような事件は結構多い。早とちりで論文を大量生産する理論屋も世の中にはいる。つまり，結果的には間違っていたとしても，上記の3条件を論じていると思われれば論文は発表できるのである。

　"相対論は間違っている"と主張をする人の論文が，レフェリーによってリジェクトされるとしたら，それは決して相対論に反した理論だからではない。上記した(1),(2),(3)をクリアしていないからである。

　たとえば，(1)であるが，"相対論は間違っている"という主張は山のように学会

に発表されている。1931年には『アインシュタインに反対する百人の著者』という本まで出版されているし，ディングルらがくり返し双子のパラドックスに反論している。1950年代後半には猛烈な論争があった。もしも，いまから"相対論は間違っている"という論文を書こうとした場合，オリジナルのテーマを提供するのはかなり難しいだろう。実際，"相対論は間違っている"という主張で書かれた啓蒙書だけをみてもほとんどが共通する間違いをしており，著者固有のオリジナルなものは少ない。それどころか，一見して相対論に反するような理論や実験が現れると，その意味するところや事実を確かめずに広まってしまう傾向さえあるように思える。たくさんの人が述べているようにみえて，実は根は1つということが多い。

たとえば，アスペの実験を考えてみよう。その実験結果が，相対論に反していないことは，実験をした当のアスペや，この実験の理論的な提案者であるベル自身が述べていることである。それにもかかわらず，この実験は"相対論は間違っている"という主張をする人々にとっては，これこそが相対論の間違いを示す実験だという。そして，その人々は異口同音にこの実験を「アスペクトの実験」と，英語読みするのである。A. Aspect氏はフランス人であり，フランス語の場合，語尾の子音は発音しないのが通例である。だから，「アスペの実験」が正しい発音なのであるが，いいたいのはどちらの発音が正しいかではない。実際，教科書に載っている科学者でも，間違った発音で広まっている人はいくらでもいるのである[*6]。なお，普通の啓蒙書にもアスペの実験が知られ始めた当初は，アスペと書かれたりアスペクトと書かれたりしているが，いまはアスペに収束しているようだ。"相対論は間違っている"という主張をする人々のみが取り残され，アスペクトの名が広まっているのは，そのグループ内だけで引用されているからだと考えるのが妥当だと思われるが，いかがであろうか？

続いて(2)だが，もっともわかりやすいのは，「マクスウェル方程式はガリレイ変換に対して不変である」といった主張である。そもそも相対論は，マクスウェル方程式が座標変換によって不変になるようにと考えられた理論である[*7]。ある方程式が座標変換によって不変かどうかということは純粋に数学の問題であるから，マクスウェル方程式が出た直後からガリレイ変換に対して不変ではないことはわかっており，ローレンツ変換という操作が考案された。これは当然ながら，実験や観察，思想信条とは無関係に導かれる代物である。事実，ローレンツ変換が最初

に導かれるのは，相対論が登場する18年も前のことである．

特殊相対論の基本的な部分は，連立方程式とルートの計算さえできれば，それが数学的に正しいことは理解できる．そういう意味では中学生でも理解可能である．マクスウェル方程式のローレンツ変換に対する不変性は，微分方程式の変形をしなければならないので少々難しいが，それでも大学の教養課程程度である．ところが，大学生を教えるべき大学教授がこれを間違えるのだ．ただ，彼らに数学的素養がないとは思えない．自らの専門分野では難しいテンソル計算をやっていたりするのである．何度か紹介した，ある工学部の教授とe-mailで話をしてみてわかったことだが，彼らは初めから相対論は間違いであるという信念をもち，「こうしたことは何も数式を使って計算することなく，明々白々のこととしてわかる」と述べるのである．第11章「双子のパラドックス編」で述べたように，実際にそこで具体的に表明された思考実験は，数学的に見て明らかに間違っており，なぜ大学教授がこんな単純な間違いをするのだろうと思うのだが，彼にとってそのミスは枝葉の問題でしかない．いや，もしも相対論が数学的に完全に正しいと仮定しても[*8]，彼は次のように述べたのである．

「残念ながら，たとえアインシュタインの相対論的時間が万が一自然科学的に正しくても，われわれの日常的時間感覚のベースになることは永久にないでしょう．こう言うと，私の論説が心情的だと言われそうですが，そうではなくて，人としての五感の尊重，人としての思考様式への信頼，哲学的思考あるいは論理学的思考の尊重から来るごく自然な説です．貴台は哲学も論理学も科学であることをご存知ないのですか．立派な人文科学ですよ．自然科学がそれに優先するという理由はまったく何もない．もし自然科学者がそう思い込んでいるとすれば，それは自然科学者のおごりであり，傲慢以外のなにものでもない．わたし自身自然科学者だから，そうならないように気を付けています．」

e-mailでのやり取りの間，われわれは「自然科学が哲学や論理学に優先する」などとは一切述べなかったのはいうまでもないし，もちろん，そんなことはまったく思っていない．われわれは，"相対論的時間が自然科学的に正しい"か否かをずっと議論していたのであり，その相対論的時間が"日常的時間感覚のベースになる"かどうかははじめから問題にしていない．なぜならば，われわれは自然科学の話をしているからである．しかし，これが哲学や論理学をないがしろにしている

わけではない。

　「論理的，数学的に無矛盾であるか？」は，自然科学では必須の最低条件である。ただし，数学的に無矛盾かという条件を人文科学に適応するつもりはまったくない。もしも，初めから「相対論的時間が今後，人文科学に受け入れられるか？」という設問ならば，相対論的時間が自然科学的に正しいと思っている人だけを集めたとしても意見が分かれるところであろう。このことを混同してはいけない。

　話がずれるかもしれないが，たとえば「偏差値の問題点は何か？」と述べた場合を考えてみよう。一般の人は，子供の能力の画一的見方がはびこるとか，数値によって入る大学が選別され，本人の意志が生かされないなどの問題点をあげるはずだ。逆に賛成する人は，現実に自分の位置が客観的にわかり，励みになる等をあげるだろう。しかし，「偏差値の計算中にミスがよく発生し，正しい結果が出ていない」と反対する人はいないはずである。つまり，反対する人も賛成する人も，偏差値の計算式に数値を入れ，出てきた答そのものが間違っているとは思っていない。賛成論者が計算しても反対論者が計算しても，同じ値が出るのである。違いはその数値の活用法やとらえ方なのだ。ある教科の偏差値がたとえば40だったとしよう。それに対して，偏差値教育反対論者が「だからといってその教科が劣っていると決めつけてはいけない」と述べたとする。まったくもってその通りである。この結論は，偏差値というものを計算すればそれが40だったという事実を述べているにすぎないし，(2)の条件というのは計算に矛盾やミスがなければよいと述べているだけなのである。

　余談であるが，理系の人[*9]に「偏差値の問題点は何か？」と聞くと，上述した一般の人のような解答はまず返ってこない。「数学入試の点数などはその分布が正規分布からかけ離れているから，偏差値そのものの統計的意味が希薄である」と返ってくることが多い。さらに話が続いたならば，「分散の計算で二乗和をとらずに絶対値の和をとってみては？」とか「χ^2分布だとしたときの代わりとなる妥当な計算方法は？」などと話が続く。これはこれでなかなか興味深い。このような話をしている輪の中に「私は偏差値導入は反対で…」といい始める人がいたらどうだろう。率直に思うのは，そんな話はしていないということだろう。もちろんだからといって，偏差値の教育的問題をないがしろにしているわけではないのは当然である。そもそもの話題が違うのだ。自然科学ならば自然科学の土俵で審議しよう。そ

れならば，まずは(2)の条件を満たそうといっているだけなのである。

　さて，最後の(3)の条件は(1)と同様，よく調べてからでないとわからない。(1)の条件にひっかかり，既存の理論を再発見しただけで徒労に終わったとしても，紙と鉛筆代がかかるだけで，お金の無駄はあまりないが[*10]，大規模な実験を行ったあとで，実は同様の実験がすでにあったとすれば，相当なお金が無駄になる。もっとも，既存の実験を知ったうえで追試するのならば意義あることだ。そのときは既存の実験のあら探しをし，より完璧な実験をすればよいことになる。

　"相対論は間違っている"と主張をする人の中には，単に実験事実を知らないだけで反論している場合もある。たとえば，「エーテル風によってレーザー光は流されるから，月にレーザーを当てれば着地点がずれるはずだ」というような主張である。すでに30年も前から月にレーザーを当てる実験は行われているにもかかわらずだ。(3)の条件というのは，理論に対する"ふるい"なのであるから，理論構築に際しては少なければ少ないほど都合がよい。100年前なら，光行差現象とマイケルソン-モーレーの実験を両立させるだけであり，なおかつ精度的にも甘かったのだが，現在は，原子時計の遅れ，サニャック効果，高エネルギー粒子の寿命の伸び，シンクロトロン放射，メスバウアー効果，太陽による光および電波の曲がり，重力レンズによる天体の観測，太陽近傍での光速の変化，水素原子から前後に放出されたバルマー線による横ドップラー効果の検証，ジェットを出す天体SS433での横ドップラー効果の検証，重力波放出によるパルサーの回転速度の減少…等々，数えればきりがないくらいである。どれか1つだけを説明できる理論ならばつくるのは簡単だろうが，すべてにつじつまが合うものでなければならないのである。

　思うに，1つですべての実験の説明が可能な理論と，個別に説明はするが個々の説明は互いに矛盾を含む理論群は，金田一探偵の推理と警部の推理のようなものだ。金田一探偵は，いろいろな証拠が出てきてもずっと考えているが，警部の方は新たな証拠が出るたびに，手をポンと叩き「よし，わかった！」と犯人をすぐ断定してしまう。しかし，そのたびに容疑者は違うし，その段階で前の証拠は忘れてしまっているようである。最終的に金田一探偵が導き出す結論は，それまでの証拠をすべて説明できるものであり，つじつまがすべて合っているからこそ，話が完結するわけだし，名探偵ということになるのだ。

　さて最後は，科学理論がどのような経過で認知されるかである。(1),(2),(3)を

通過すれば，"相対論は間違っている"という理論であってもそうでなくても晴れて学会デビュー(?)となる．が，当然ながらこれで終わりではなく，これがスタートラインである．公知となった理論なり実験なりが，世界中の研究者たちの目にふれ，追試を受けることとなる．この過程を経なければ，科学理論が認知され，広まることはない．逆に，この段階ですぐに消えてしまうものもあるし，ニュートン力学のように数百年経た後に実験によって理論の破綻が露呈するものもある．

　(1),(2),(3)を通過し科学的に正しいとしても，主要な理論とはならないものもある．簡単にいえば，現状の理論を押し退けてまでそちらを採用するメリットがないのだ．そこで，科学的に正しいという(1),(2),(3)の必要最小限の条件に付け加え，より積極的に，次のような条件が必要であろう．
(4) 新しい予言を引き出せる理論か？
(5) 現存する理論中もっとも単純か？

　(4)の条件がなければ，何の役にも立たないものとなってしまう．しかし，世の中にはおもしろい人がいるもので，万能方程式なるものを提案した人がいる．この方程式は素粒子の運動から株価の変動まで，名前の通り何でも説明可能なのだそうだが，事実に合う説明をするには，実際のデータを入れないとダメなのだそうである．つまり，事後でなければ何もいえないわけであり，実質的な価値はない．(4)の条件を逆に述べると，"反証可能性があるか？"ということになる．何らかの予言ができるということは，その予言が外れれば，理論の方が間違っていたということになる．だからこそ実験や観測を行い，検証をするわけである．反証された理論は破棄されるか，手直しして再び発表されるかのどちらかであるが，あまりに後手後手に理論が補強されていくと，それは"アドホックな"理論ということで，嫌われる傾向にある．もっとも嫌われたからといって，それが間違いかどうかはわからない．しかし，嫌われる原因を考えると，それは(5)の条件が潜在的に利いているからだと考えることができる．

　すなわち，実際の実験や観測をちゃんと説明できる理論ならば何でもよいのであるが，その中でも，もっとも単純なものがよいだろうという考え方である．これは象徴的に"オッカムの刃"の原理とよばれる．同じ現象を説明できる複数の理論があれば，より単純なものが残り，一方は剃刀で切り落とされるということだ．

　たとえば，天動説から地動説に変わった理由は，地動説が正しいと見なされた

〈表1〉科学と科学の"ようなもの"

	主流の理論	亜流の理論
科学的に正しい	教科書的科学	異端の科学
科学的に間違い	科学的迷信	疑似&非科学

からではなく，"オッカムの刃"によって天動説が切り落とされたからである。プトレマイオスの天動説では，40個もの回転する大円（デフェラント）があり，さらに惑星個々に小円（エピシクルやエカント）がくっついているという複雑なものであった。それでも天体の運動を完全には記述できず，いくつかの改良案が提案されたが，それはプトレマイオスの理論よりもさらに複雑怪奇なものになってしまっていた。また，大円と小円の比率はわかるが，それぞれの大きさは理論的に説明することができないものであった。これに代わり，新たに登場した地動説は，これらの計算が単純になる可能性をもっていた。コペルニクスの提唱したそれは，まだ可能性を示唆しただけで終わっており，だ円軌道を導入しなかったために，観測を正確に説明するには余分な小円が48個も必要であった。それでも，あまり正確さを必要としない場合ならば，天動説より計算が簡単で，天体の運動を航海に使用する船乗りが先に使用し始めることとなる[*11]。その後，ケプラーがだ円軌道を思いつき，ニュートンが新しい力学を完成するに至り，大円と小円は必要なくなり，たくさんの変数は劇的に減る。ちなみに，地球が動いていることを示す直接的な証拠は，1851年フーコーの振り子の実験で示された。それまでは天動説も地動説も物的証拠は少なかったといえるのだが，この時代にはすでに地動説を疑うものの方が少なかったはずである。つまり，どちらが単純かを考えれば，地動説に軍配が上がったということなのだ。

　そろそろまとめてみよう。相対論に反する理論が迫害されたという事実はない[*12]。要は，科学的に正しければよいのである。"相対論は間違っている"という主張だからリジェクトされるのではなく，それが科学的に正しくない場合にリジェクトされる。科学的に正しいか否かと，現在主流の理論に合っているか否かは別なのだから，〈表1〉のようなことを示すことができる。

　"相対論は間違っている"という主張であったとしても，科学的に正しければよ

い。それははじめ"異端の科学"とよばれるかもしれないが，やがては主流になる可能性がある。しかし，科学的に間違いならば，それは"疑似科学"あるいは"非科学"とよばれるものであり，"異端の科学"とは区別せねばならない。しかし，ここで注意すべきなのは，"非科学"には文字通り最初から科学では扱わない範疇のものもある。いわゆる人文科学的なものや宗教的なものだ。これらには，科学的手法を当てはめることそのものが無意味であるし，たとえもちこんだとしても結論は出ない[*13]。「相対論は常識に合わない」という主張があったとする。何を常識とするかは個人の思想信条の問題であるから，これに"科学的に反論"することはできない。もしも，この信条に続けて「相対論に代わって〇〇を提案する」と，反証可能な科学的主張が登場したときに初めて科学的に反論できるのだ。

また，〈表1〉で"科学的迷信"と表現したものは，一般には常識として広まっているが，正確には間違っているというもので，「ニュートン力学では重力によって光は曲がらない」といった類いのものだろう。このような迷信はあらゆる分野にあるといってもよい。たとえば"量子論の正しい間違え方"を書くとしたら，「光電効果は光を粒子と考えねば説明できない」という間違いがある[*14]。これらも1歩間違えば疑似科学の1つになり得るので注意が必要であろう。

【正しい間違い12-3】
　相対論に都合の悪い理論や実験は隠蔽される。

このような意見も"相対論は間違っている"と述べる人々には根強くあるようだ。そもそも，何の目的で隠蔽する必要があるのかわからないと述べると，「相対論で飯を食っているため，相対論が間違いだと仕事がなくなる」などの理由があげられるのである。事実，e-mailでやり取りした工学部教授は，自らを相対論の素人だと称した上で「相対論に関しては立場的にフリーであり，思い切った批判的なこともいえる」と述べるのだ。歴史的事実などを考えれば，これがいかにおかしな考えであるかがわかる。相対論に対して異を唱えた理論はいろいろあるが，相対論の研究者はそのたびに"仕事が増えた"のである。

象徴的なのはブランス-ディッケ理論が登場したときだろう。1961年に発表されたブランス-ディッケ理論は，太陽の自転によるであろう太陽の偏平率をディッ

ケ自身が観測した1966年から急速に表舞台に出た。なぜなら，この偏平を考慮すると，水星の近日点移動の相対論効果分は1世紀40秒となり相対論の予言と食い違うことになるが，ブランス-ディッケ理論ならば，パラメーターを操作することにより観測に合せることが可能だったからである。つまり，相対論よりブランス-ディッケ理論の方が正しいかもしれないと当時は思われたのだ。では，世の相対論の研究者たちは，仕事がなくなると戦々兢々としていたのだろうか。

　実態はその逆である。1970年を中心に，ブランス-ディッケ理論に関する賛成および反対論文や，あるいはもとになった太陽の回転の観測が急激に増えたのである。そればかりではない。理論の違いによる差はわずかであったため，実験による検証は惑星探査衛星を使用した精密なものとなり，実験相対論の分野が大きく発展したのだ。

　このように，新しい理論の登場という節目では，その分野の研究が活発になる。量子論が登場した直後を称して，「二流の研究者でも一流の仕事ができた時代」といった研究者もいる。すなわち，できたてホヤホヤの理論体系であったから，まだ手つかずの研究領域が無数に残っており，誰もが先駆者となり得たということだ。最近の例では，高温超伝導フィーバーが記憶に新しく，それこそ各大学は物性研究の学生も総動員であらゆる物質をすり鉢でゴリゴリと擦ったものだった。そんな家内製手工業でも，他より抜きん出て論文に発表できれば一番乗りだったわけである。相対論に対抗する新理論が世に出たなら，理論屋はその違いがどういうところに現れるかを検討するだけで論文が書けるし，それをもとに実験屋は具体的な実験を行うことができる。逆に，新たなブレイクスルーが何もない状況では，その分野の研究はし尽くされ，落ち穂拾いのようなものしか残らなくなってしまうのである。そういう意味で，相対論の研究者は，相対論に対抗できる理論の出現を喜びこそすれ，嫌がるとは思えないのだがどうだろうか？

　ただ，相対論に対抗できる理論というのは，いわゆる科学的に正しい"異端の科学"でなければならない。"疑似科学"では話にならないからである[*15]。

　つぎに，相対論に都合の悪い理論や実験は隠蔽されているという主張をする人々について，別の角度からみてみよう。実は隠蔽していると"思いたい"のは，彼ら自身なのだ。

　そもそも，世の中には隠蔽できる事実とできない事実がある。たとえば，過去

の歴史的実験が，捏造であったり，弟子のでっち上げだったり，そこまでいかなくても後世に正しく伝わらなかったということはあり得ることだ。たとえば，ガリレイがピサの斜塔から重さの違う玉を落としたという話は弟子のつくり話であるし，ニュートンのリンゴの話も同様である。これらは，隠蔽できる事実だ。なぜならば，誰も過去に戻ってみることができないからである。しかし，ピサの斜塔から重さの違う玉を落とした場合，空気抵抗さえ考えなくてよいならば，同時に落ちるかどうかは，いまでも確かめることができるし，実際にエトベシュの実験というものに形を変えていまでも行われている。この事実は隠蔽できない。なぜならば，いつでも誰でも実験できるからだ。すなわち，"ガリレイが実験したかどうか"という事実はわからないが，"玉が同時に落ちるかどうか"という事実は隠蔽しようがないのである。

　別の言い方をしてみよう。歴史的事実というのは曲げられて伝わることがある。しかし，科学的な事実というのは何度でも実験でき，かつ，法律のように人が決定しているものではなく，決定権は自然にあるため，隠蔽のしようがないといえる。たとえば，右側通行だった自動車が急に左側通行になることはあり得るし，実際，返還後の沖縄はそうなったのだが，「今日からリンゴは上に落ちると定める」と法律で決めたとしても，自然がそれに従うことはあり得ない。

　科学理論についても同様である。"誰が発見したか"は時の権力者によりゆがめられたりすることはあるが，"どの理論が正しいか"は変えようがないのである。事実，第二次世界大戦中のドイツでは，相対論はユダヤ人のつくった退廃的な理論だとされてしまった。そうはいっても，これを使わねば研究ができない。自然法則は自然が決めるもので，都合が悪いからといって別なものに取り替えるというわけにはいかないからである。では，当時のドイツ人科学者たちはどうしたかというと，アーリア人物理学者ですでに戦死していたハイゼンエールに相対論と重なる研究を見つけ，その名前をちゃっかり借用することにした。つまり，相対論といわずに"ハイゼンエールの原理"と名前を変えて使っていたのである。心からそう思っていたか，不本意ながらそうよんでいたかは人それぞれだろうが，結局のところ，中身は変わっていないのだ。

　さて，相対論に都合の悪い理論や実験は隠蔽されていると思いたがっているのは，実は"相対論は間違っている"とする人の方なのだということを具体的に示

そう。前出の工学部教授と，GPS衛星の時計の遅れについて議論していたときである。カーナビなどで使われているGPS衛星は原子時計を積んでいるが，地上の時計と同期を取らせるには特殊相対論的効果と一般相対論的効果の両方を考慮せねばならない。これを考慮した上で時計がセッティングされ，それがちゃんと機能しているのだから，それを非相対論で説明する必要がこの教授にはある。それどころか，最近の時刻合せは，GPSを使って行うようになってきたので，その時計の進み方が狂っていたならば，それこそ世界的な大問題になる。その点を指摘すると，次のような解答が戻ってきたのだ。

「干渉測位は一種の相対測位で，differential測位同様に各種の固定的誤差が相殺され，高精度です。単独測位でも，4つの衛星情報を使い，測位したい地点の『経度・緯度・高度・時間』を未知数としてこれらを解く。もちろん自動ソフトによって。ここに時間とはGPSタイムで，ただちに地上時計をその時間に合せる。これ自動的です。だから地上基準時計と同時刻でGPSタイムが正確でないと困る。したがって，自動的に調整されるようになっているのでしょう。わたしらにこっそりと。そう信じないと，不安でしようがありません。」

つまり，地上にある原子時計は，"わたしらにこっそりと"調整されているそうである。論法が本末転倒になっているのがおわかりだろうか？ GPS衛星が登場しない昔から，各国の原子時計は電波を使って相互に調整され，その精度は1日で100ナノ秒程度の誤差であった。計算してみるとわかるのだが，GPS衛星の原子時計に相対論的効果を組みこむか組みこまないかによって，半日で$*^{16}$数マイクロ秒もずれることとなる。このような状況で，いままで構築されていた地上基準時計群の時刻合せをGPSに委ねることはあり得ないことはおわかりだろう。いままでの数十倍も"狂っている"と思われるGPS衛星の時計を，新たな時刻合せの手段と選んだりはしないことは明らかだ。

また，これに対する反論は簡単である。地上に"GPSに同期している"原子時計と，"孤立している"原子時計を並べておけばよい。ある瞬間にヨーイドンで動かせば，半日で数マイクロ秒ずれるのが観測されることになる。原子時計の値段はいまや高級車並みであるから，大学などの研究期間で実験することは比較的簡単だろう。それとも，売られているすべての原子時計にGPSに同期する装置が"わたしらにこっそりと"埋め込まれているというのだろうか(^_^;)。

どちらにせよ、このような奇妙な指摘は、最終的には「それは〇〇の陰謀である」という陰謀説に落ち着くようである。

【正しい間違い12-4】
新しい理論はまず啓蒙書に発表される。

最近になって、"相対論は間違っている"という主張を載せた啓蒙書が多く見られるようになった。もちろん以前からこの手の話はあったし、自費出版などではいろいろ個性的なものもあった。海外に行っても状況は同じようだが、少し違うのは、日本では最近になって大手出版社からの刊行も増えてきたという点だろうか？

さて、"相対論は間違っている"という主張だとしても、科学的に正しければそれは"異端の科学"であって、いまは主流とはなっていないけれども、今後主流になる可能性を秘めている。しかし、これら"異端の科学"は科学的に正しい方法でまずは登場するのだ。具体的には、レフェリーのいる雑誌に投稿された英語の論文となり、全世界の同業の研究者に届き、賛成や反論を受け、反論は検討して再反論を書いたりするという段取りである。であるから、のちに啓蒙書になったとしても、それは文字通り科学的討論の成果や結果を、同業者だけでなく、広く一般に啓蒙するためのものであり、読者は興味があれば原論文を読むことが可能である。

これとは違い、いわゆる"疑似科学"としての反相対論は、いきなり啓蒙書で書かれる。すなわち、オリジナルが啓蒙書なのである。この段階ですでにおかしいと思わねばならないだろう。"相対論は間違っている"という物理の根幹にかかわるような理論展開を、対象が素人だと思われる啓蒙書の形態で、なおかつ、日本国内に限定して発表するとはどうしたわけか？

むろん、これらの本を書くのは、本当に素人である場合もあるから、いきなり英文雑誌へ発表するのは敷居が高いと思われるかもしれない。それで、前出の工学部教授に聞いてみた。彼は、自らの分野では、論文を雑誌に英語でちゃんと発表しているのにもかかわらず、"相対論は間違っている"という主旨の文だけはなぜか啓蒙書にしか書かないのである。そこで、

「なお，新理論はぜひとも，素人相手の商用誌ではなく，論文として書かれることを希望します。『こんな大発見をしながら，決して学会には発表しない』といわれませんように。」
と聞いたところ，次のような返事が戻ってきた。
「かっての官憲のように（たとえとしてあまりよくないですが），こちらの出版（実際あるなしにかかわらず）をあらかじめ阻止しようとするような言説は控えて下さい。」
…もちろん，出版を止めるようなつもりは毛頭なかったので，この返事には少々驚いた。われわれは出版の自由を奪うつもりはまったくない。「あなたの主張には反対だが，あなたが主張する権利は守る」というスタンスでなければ，学問は，というより，自由な討論一般が成り立たないからである。出版の阻止どころかまったく逆で，啓蒙書だけでなく，論文として世界に発信してはどうかと述べたのだ。

　結局その後，この教授との議論はGPSの問題等残したまま一方的に打ち切りにされてしまったのが心残りである。今度はぜひとも論文の形式でお目にかかりたいと思っている。それが科学のやり方なのだから。

★　★　★

さて，『相対論の正しい間違え方』と称した本書も本当に最後になってしまったが，科学的に見た場合，後々で考えても，「ああ，あれは仕方ない間違いだったのだな」という意味での"正しい間違え方"とは何かを最後に考えてみたい。われわれはいまの時代以外を生きることはできないのであるから，のちの世からみれば，非常につまらないミスを犯しているのかもしれないし，笑い話になってしまう学説だって存在するだろう。しかし，その時代時代で最良の選択肢を選ぶということが，真の意味での"正しい間違い"なのではあるまいか？
　2つ例をあげよう。天動説か地動説かで意見が分かれていたとき，ティコ・ブラーエは地球が不動だという根拠として，遠くの星の位置が変わらないことを指摘した。また，進化論が登場したとき，ケルビン卿は太陽の年齢に言及し，太陽の熱源が尽きるのは数千年単位であり，数十億年はもたないことを指摘している。前者はのちに星の動きが年周視差として発見されるが，当時は恒星がそれほど遠くにあるとは見なされておらず，なおかつ，高性能な望遠鏡がなかったために観測不能だった。後者の熱源は，もちろん核エネルギーが担い手だったが，当時はまだ知られていなかった。
　このような"正しい間違い"をわれわれはすべきなのではないだろうか？　そして，その間違いに気づいたとき，いつでも修正できる柔軟性を常にもっておく必要があるだろう。

補注

*1 誰がそうなのかはみずからの目で確かめてほしい。
*2 遠隔作用の力を忌み嫌っていた1人にデカルトがいるが，彼はニュートンの理論が登場する以前に亡くなっている。もし同世代に生きていたら，一番の論敵になっていただろう。
*3 事実，特殊相対論も一般相対論も原論文はドイツ語で書かれている。
*4 M. Israelit, N. Rosen: Astrophysical Journal, **400**, 21 (1992) の解が，G. C. McVittie: Monthly Notices of Royal Astronomical Society, **93**, 325 (1933) にすでに出ていたという話。ちなみに，このN. Rosenという人は，有名なEPRパラドックスに名前を残す，あのローゼンである。
*5 理学部の分野の中で，"実験＆観察"という授業がないのは数学科くらいだということになるだろう。では，数学科はそのぶん楽かといえばもちろんそんなことはない。数学科には代わりに"演習"が待っている。小学校ならば，"ドリル"が待っているということになろうか。
*6 たとえば，コリオリ力などで有名なCoriolisは，アスペとはまったく逆である。彼もフランス人であり，ふつうにフランス語的に読めばコリオリと発音されるべきなのだが，何ごとにも例外はあるもので，実際は"コリオリス"とよぶのが正しい。思うに日本に紹介されたときに，訳者が生半可にフランス語の知識があったために広まってしまったのだと推測される。
*7 アインシュタインは相対性理論という名を好んでおらず，不変性理論とよんでもらいたかったようである。
*8 彼は双子のパラドックスは数学的に無矛盾であることを最後までみずから調べようとはしなかった。その能力は確実にあると思われるのにである。
*9 必ずしも理学部の人，文学部の人という分類ではない。じゃあどう分類すればよいのかというと難しく，妥当な定義がない。まあ，このように先に定義を考えてしまうのが理系かな？
*10 最近は，理論の検証にコンピューターを使ってシミュレーションする場合もある。スーパーコンピューターなどを使うと使用料が馬鹿にならないこともあり，いまどきの紙と鉛筆はそんなに安くないかもしれない。
*11 コペルニクスを異端としたイエズス会の宣教師たちが，航海に際してちゃっかり使っていたようである。
*12 もっとも，あまりにおかしな理論の場合，聞く人も少なく，物理学会では早朝に集中して行われることも多い。
*13 象徴的なのは，進化論と創造論の対立であろう。この2つは土俵が違うため，結論が出ることはない。
*14 光を古典的な波動と考えても，飛び出すべき電子の方を量子力学的に扱えば，電子の遷移確率が計算できる。
*15 相対論は間違っているといった疑似科学で"仕事が増えた"のは筆者たちくらいのものであろう。それでも，その研究は『パリティ』といった日本語の雑誌でしか発表できず，科学者の業績としてはカウントされないのが残念である。
*16 GPS衛星の時計は，衛星の公転時間が半日であることもあってか，半日ごとに調整されている。

あとがき

 本書は丸善出版事業部発行の雑誌「パリティ」に1995年から3回，1999年から13回と断続的に発表された同名の解説をまとめたものである．内容は基本的にそれらと変わってはいないが，章の名前，番号などは統一した．
 その解説を書くにいたった動機は2つある．1つは1993年ごろから，相対論は間違っているといった種類の本が，比較的知られた出版社から出版され，1つのジャンルをなしたことである．内容は専門家から見れば明らかに間違いであり，なかには抱腹絶倒の間違いもあり，そうとわかって読めば結構楽しめるものもある．いわゆるトンデモ本の一種である．ところがその著者には大学教授などがいたりして，さらにこれらの本が書店で物理学の棚に並んだりして，初学者の誤解を誘発するという批判があった．これらの本を単に無視するというのも1つの（大人の）態度であり，実際，ほとんどの専門家は黙殺している．しかしきちっと反論すべしという意見もあり，著者はその立場をとることにした．
 同じころ，著者の一人（木下）は，パソコン通信のニフティサーブの科学フォーラム，物理学会議室のサブシスオペをしており，松田はその会議室の常連であった．そこでは相対論とくに特殊相対論は人気のあるテーマで書き込みも他の分野に比較して圧倒的に多かった．そのなかで人気のあるテーマは，（特殊）相対論は間違っているというものであった．木下はそれらに対して徹底的に批判的に考察し，松田もそこでの議論から多くの示唆を受けた．現在，相対論の研究者のテーマは圧倒的に一般相対論であり特殊相対論の専門家は少ない．そこで一人くらい，物理学者の端くれとして特殊相対論に関して発言してもよいだろうと考えたことも解説執筆の動機である．
 一般相対論はまだ100％完成した理論かどうかは問題もあり，代替理論も数多く提案されている．それに対して特殊相対論の代替理論というものは多くはない．完成した理論だと思われているからである．とはいえ特殊相対論が未来永劫正し

いなどと，私たちは主張するつもりはない。科学の歴史を見れば，アリストテレス理論がニュートン力学に，ニュートン力学が相対論や量子論に置き換えられたことから明らかである。私たちが本書で主張するのは，先に述べたような疑似科学本で述べられている議論はきわめて初歩的であり，初歩的な過ちを犯しているということである。両者を混同してはならない。

　相対論は間違っていると主張する人も2種に分類できる。専門の科学者と疑似科学者である。実際，松田の恩師である佐藤文隆京都大学名誉教授は，10^{20}eVの宇宙線の存在を根拠に，特殊相対論は非常な高エネルギーで破れていると70年代から主張してきた。もっともそのような理論は，ある数式の項の数が，特殊相対論の2項から40数項に増えるなどして美しくなく，自然は単純であるとするアインシュタインの主張に当然のことながら反している。特殊相対論が破れているとする説は学会の認知を得ていない。

　超光速で進む光子が実験的に観察されたとする報告が80年代以降いくつも出ている。エバネッセント領域を通過するマイクロ波に関してである。とくに2000年，アメリカにあるNEC研究所のワンたちの報告は，異常分散媒質のなかの光速が$300c$にも達したという画期的なものであったので，一躍注目を浴びることになった（cは真空中の光速度）。従来，電磁波の位相速度はもとより，「群速度」もcを超えることがあり得ることは知られていた。しかし波の先端速度はcを超えないことも証明されていた。そこで問題は情報の伝達速度がcを超えられるか，特殊相対論は破れているかということである。もし情報が超光速で伝達できると，原理的にはタイムマシンがつくられる。学界の大勢は，どちらに対しても否定的である。しかし本当にそうかどうかはさらなる研究が必要であると私たちは考えている。

　19世紀末のマイケルソン-モーレーの実験から20世紀初頭に特殊相対論は誕生した。20世紀末の超光速光子の発見から，21世紀には特殊相対論を超える，まったく新しい理論が展開する可能性も否定はできない。しかしながら，再度言うが，そのことと，疑似科学本に述べられている「相対論は間違っている」という主張を混同してはならない。後者はあまりにも初歩的な（誤った）議論なのである。

　もし読者が相対論の改訂に挑戦しようと思うなら，まず数学，物理学の基礎を修めてほしい。そして相対論を（間違いと思うかどうかにかかわらず）数式も含め

て徹底的にマスターしてほしい。それからが勝負なのである。世の多くの相対論懐疑論者にはこの条件が欠如している。それはたとえて言えば，絵画の基礎であるデッサンや具象画を学ばずに，いきなり抽象画を描いたり，書道で楷書を学ばずに草書を書いたりするようなものだ。科学と疑似科学の違いは，本書でも強調したように，科学的方法論を採るかどうかである。つまり論文を英語で科学雑誌に発表して，議論を世界の専門家相手にするか，日本語で商業出版で発表して，アマチュアを相手にするかである。もし相対論が破れているとすれば，これはノーベル賞級の大発見であり，そう信ずるなら，とくに大学教授のように英語の科学論文を書き慣れた人は，世界に挑戦してほしいものだ。本書を通じて相対論に興味を持たれた若い人が，将来，相対論を越える理論を展開するとすれば，それは著者にとっても非常な喜びである。

2001年5月

松田卓也，木下篤哉

索 引

欧 文

CERN　　34
COBE　　22
EPRパラドックス　　34
GPS（Global Positioning System）　　25, 219
UFO　　37
VLBI（Very Long Baseline Interferometer）　　30

和 文

あ 行

『アインシュタインロマン』　　12
アキレスと亀　　82
アスペクトの実験　　210
アスペの実験　　34, 210
アポロ11号　　68
亜流理論　　117

異端の科学　　216
一様重力場　　182, 185, 186, 194
一般相対論　　29, 111
一般相対論法　　185
インフレーション宇宙　　123
インフレーションモデル　　208

『動いている物体の電気力学』　　74

宇宙項　　118
宇宙黒体放射　　22
うなり　　24
運動量保存　　116

エーテル　　4, 52
エーテルの風　　22
エーテル理論　　22
エカント　　215
エトベシュの実験　　218
エネルギーテンソル　　116, 149
エネルギーの局在化　　148
エネルギー保存　　116
エネルギー保存則　　144
エピシクル　　215

オッカムの刃　　214

か 行

カーナビ　　25, 28
皆既日食　　124
回転座標系　　133
確率の波　　204
加速器　　32
加速度運動　　74
加速度系の時空　　186
ガリレイ変換　　212

カルツァ‐クライン理論　118
ガレージのパラドックス　17
干渉縞の変化　71
慣性質量　138
γファクター　40

偽兄　195
擬似科学　216
局所慣性系　114, 119
距離観測法　180

空間距離　169
クェーサー　30, 38
クラウザーの実験　36

ゲージ理論　117
ケーニッヒの接続空間　118
ケネディ‐ソーンダイクの実験　7, 73
原子時計　21
　——の遅れ　213

光行差現象　4, 24, 52, 158, 160
光速　119
光速度　21
光速度一定の原理　14
光速度不変　21
国際原子時　23
国際度量衡総会　21
固有時間　169
コリオリ力　133

さ　行

最小作用の原理　115
サニャック効果　135, 213

斜交座標　15
重力質量　138
重力場　182, 185, 186
重力レンズ　213
シュバルツシルト半径　161, 162, 199
シュレーディンガーの猫　205
小円　215
シンクロトロン　38, 138
シンクロトロン放射　38, 69, 160, 213
人工衛星　29
　——の時間の進み方　199
真の重力場　186

水星の近日点移動　118, 128
スカラー場　118
スターボウ　155

静止質量　137
世界協定時　37
世界線　14
セダルホルム‐タウネスの実験　66
接続　114, 120
接続空間　118
接続係数　187
絶対時間　9, 22

絶対静止系　22
ゼノンのパラドックス　82

相互信号受信法　171
相対時間　10
相対性原理　75
相対論懐疑派　11, 19
相対論的アキレスと亀　82
相対論的剛体　112
相対論的質量　137
相対論的ドップラー効果　190
測地線方程式　126
速度合成則　39, 44, 45, 48, 51

た 行

大円　215
大気差　127
大局的慣性系　114, 119
タイムマシン　152, 192
縦質量　75

中性子星　143
超光速　29, 36, 38
超長基線電波干渉計　30

デフェラント　215
電磁波　70

等価原理　118

等加速度運動　76, 77, 82
等加速度系の時空　185
同時線法　175
同時の相対性　10, 15
等速直線運動　74
トーマス歳差　135
時計の遅れ　153
ドップラー・シフト　64
ドップラー効果　155
トンデモ本　37

な 行

偽の重力場　186
ニュートンのリンゴ　218

は 行

π中間子　34, 45
波動方程式　204
パラドックス　17
反証可能性　214

非科学　216
光ファイバージャイロ　131
非計量理論　118
ピサの斜塔　218
微分線素　114

ファイバージャイロ　7

フィゾーの実験	70	ミンコフスキー時空	120
フィンスラー空間	118	ミンコフスキー時空図	14
フーコーの振り子	215		
『不思議の国のトムキンス』	109	メーザー	64
双子のパラドックス	82, 166	メスバウアー効果	213
ブラックウォール	82, 87, 178		
ブラックホール	143, 148, 161	モノサシ	40
──の蒸発	148		

や・ら 行

ブランス-ディッケ理論	111, 118, 216		
フリーメーソン	37	横質量	75
フレミング左手の法則	105, 140	横ドップラー効果	213
		4次元的距離	169
ベルの定理	34		
		リーマン・テンソル	116, 121, 186
ポインティング-ロバートソン効果	130	リーマン幾何学	112, 114, 119
ホーキング放射	148	リッチ・テンソル	116, 186
補償板	54	リング干渉計	7

ま 行

		レーザー	7, 64
マイケルソン型干渉計	7	レーザーポインタ	67
マイケルソン-モーレーの実験	4, 56, 71		
マクスウェル方程式	212	ローレンツ収縮	3, 59, 84, 93, 96, 100
		ローレンツの収縮仮説	56, 59
見かけの伸び縮み	102	ローレンツ変換	2, 69
右ねじの法則	140	ローレンツ変換式	71
μ中間子	50	ローレンツ力	108
ミンコフスキー空間における距離	19	ローレンツ理論	52

著者紹介

松田卓也（まつだ・たくや）
神戸大学理学部地球惑星科学科教授。理学博士。
主な研究分野は，銀河の渦状腕や降着流の数値シミュレーション。

木下篤哉（きのした・あつや）
気象庁観測部環境気象課。
主な研究分野は，微量気体成分輸送モデル。

パリティブックス
相対論の正しい間違え方

平成13年6月10日　発　　行
平成19年10月15日　第5刷発行

著作者　　松　田　卓　也
　　　　　木　下　篤　哉

発行者　　小　城　武　彦

発行所　　丸　善　株　式　会　社

出版事業部
〒103-8244　東京都中央区日本橋三丁目9番2号
編集：電話(03)3272-0512／FAX(03)3272-0527
営業：電話(03)3272-0521／FAX(03)3272-0693
http://pub.maruzen.co.jp/
郵便振替口座　00170-5-5

©Takuya Matsuda, Atsuya Kinoshita, 2001

組版・薬師神デザイン研究所／印刷・暁印刷
製本・株式会社松岳社

ISBN 978-4-621-04892-4 C3342　　　　　Printed in Japan

『パリティブックス』発刊にあたって

　『パリティ』とは，我が国で唯一の，物理科学雑誌の名前です。この雑誌は1986年に発刊され，高エネルギー（素粒子）物理，固体物理，原子分子・プラズマ物理，宇宙・天体物理，地球物理，生物物理などの広範な分野の物理科学をわかりやすく紹介した解説・評論記事，最新情報を速報したニュース記事を主体とし，さらにそれらの内容を掘り下げたクローズアップ，科学史，科学エッセイ，科学教育などに関する話題で構成されています。

　この『パリティブックス』は『パリティ』誌に掲載された科学史，科学エッセイ，科学教育に関する内容などを，精選・再編集した新しいシリーズです。本シリーズによって，誰でも気軽に物理科学の世界を散歩できるようになることと思います。

　また，本シリーズには，新たに「パリティ編集委員会」の編集によるオリジナルテーマも随時追加されていきます。電車やベッドのなかでも気軽に読める本として，皆さまに可愛がっていただければ嬉しく思います。

　ご意見や，今後とりあげるべきテーマに対するご要望などがあれば，どしどし編集委員会までお寄せください。

　　　　　　　　　　　　　　　『パリティ』編集長　大槻義彦